陈嘉映著译作品集

第 4 卷

哲学·科学·常识

陈嘉映 著

商务印书馆

创于1897　The Commercial Press

总　序

　　商务印书馆发心整理当代中国学术,拟陆续出版当代一些学人的合集,我有幸忝列其中。

　　商务意在纵览中国当代学人的工作全貌,故建议我把几十年来所写所译尽量收罗全整。我的几部著作和译作,一直在重印,也一路做着零星修订,就大致照原样收了进来。另外六卷文章集,这里做几点说明。1.这六卷收入的,多数是文章,也有对谈、采访、少数几篇讲稿、日记、谈话记录、评审书等。2.这些篇什不分种类,都按写作时间顺序编排。3.我经常给《南方周末》等报刊推荐适合普通读者的书籍。其中篇幅较长的独立成篇,篇幅很小的介绍、评论则集中在一起,题作"泛读短议之某某年"。4.多数文章曾经发表,在脚注里注明了首次刊载该文的杂志报纸,以此感谢这些媒体。5.有些篇什附有简短的说明,其中很多是编订《白鸥三十载》时写的。

　　这套著译集虽说求其全整,我仍然没有把所写所译如数收进。例如我第一次正式刊发的是一篇译文,"瑞典食品包装标准化问题",连上图表什么的,长达三十多页。尽管后来"包装"成为我们这个时代一个最重要的概念,但我后来的"学术工作"都与包装无关。有一些文章,如"私有语言问题",没有收入,则是因为过于粗陋。还有一类文章没有收入,例如发表在《财新周刊》并收集在《价值的理由》中的不少文章,因为文章内容后来多半写入了《何为良好生活》之中。同一时期的不同访谈内容难免重叠,编订时做了不少删削合并。总之,这套著译集,一方面想要呈现我问学过程中进退萦绕的总体面貌,另一方面也尽量避免重复。

我开始发表的时候,很多外文书很难在国内找到,因此,我在注解中标出的通常是中译本,不少中译文则是我自己的。后来就一直沿用这个习惯。

我所写所译,大一半可归入"哲学"名下。希腊人名之为 philosophia 者,其精神不仅落在哲人们的著述之中,西方的科学、文学、艺术、法律、社会变革、政治制度,无不与哲学相联。所有这些,百数十年来,从科学到法律,都已融入中国的现实,但我们对名之为 philosophia 者仍然颇多隔膜。这套著译集,写作也罢,翻译也罢,不妨视作消减隔膜的努力,尝试在概念层面上用现代汉语来运思。所憾者,成就不彰;所幸者,始终有同好乐于分享。

这套著译集得以出版,首先要感谢主持这项工作的陈小文,同时要感谢李婷婷、李学梅等人组成的商务印书馆团队,感谢她们的负责、热情、周到、高效。编订过程中我还得到肖海鸥、吴芸菲、刘晓丽、梅剑华、李明、倪傅一豪等众多青年学子的协助,在此一并致谢。

陈嘉映

2021 年 3 月 3 日

序

　　我有很多困惑，很多问题。思想对生活有什么意义？更明确一点儿，理论对生活有什么意义？例如，伦理学教人为善吗？如果一切理论皆是灰色只有生命之树常青，那怎么竟会出现理论这种东西？这些思考带向希腊，思想的理论形态大概是在那里出现的。希腊哲人曾尝试为世界提供理性的整体解释。然而，那是不是太遥远了？看起来，哲学自负的工作早已被科学接了过去，哲学也许已经寿终正寝。然而，科学在何种意义上为我们提供了对世界的整体解释？现在想弄懂任何一门科学分支都需要很多年的专门学习，谈何整体画面？远为根本的是，科学把心灵留在了画面之外，科学世界观没有为喜怒哀乐美丑善恶留下席位。那么，我们有两套真理——科学真理和生活的真理？柯瓦雷质疑说：两套真理，那就是没有真理。真的如此吗？也许真理是在不同的层面上显露？也许我们凡人从来只生存在断续相连的局部真理之中？一个疑问带到另一个疑问，往往不断地追索又把我引回最初的疑问。问题互相缠绕，疑惑互相渗透，它们以各种不同的形式不同的明确性呈现出来。

　　哲学思考难得产生值得付诸文字以与他人分享的果实。就算出现了几个有意思的想法，把这些想法表达清楚连贯成章也非易事。这本小书以眼下的形式开始动笔，至今也在五六年以上了。每一节刚刚写成，就又抹去重新写过，不知凡几。摆在眼前的这一沓稿子，仍百般不满意。但出于种种外部的考虑，现在就要把这本小书付印。

眼下这本小书，既不是一个开端，更不是一个结论。它只是我行在困惑中的一些片断思考，为了付印多多少少按一个主题组织起来。这个主题是哲学和科学的关系，以及两者各自和常识或曰自然理解的关系。沿着这条主思路，上篇先粗略回顾了哲学方式的整体解释到科学方式的转变。下篇分专题讨论实证科学对经验的关系，科学概念的特征，科学的数学性质，预测、假说和实在问题。最后一章集中讨论常识、科学、哲学三者的关系，有点儿像个小结。

这本小书大量借用了科学哲学的研究成果，但它并不是一本科学哲学方面的论著，对科学的内部理论结构无所发明。我关心的是哲学的命运，或者，思想的命运。

按设想，这本小书是两部中的前一部，后一部正在写作之中，从还原论展开对社会科学和人文学科性质的探讨，结之以对道理和真理的思考。

本书很多章节曾陆续发表，这些章节在纳入本书的时候都做了大量修订。

引文按我自己的旧例，若手头有中文译本，就标中译本书名页码，以便读者查找所引书；译文却可能是我自己的，这有时是因为对现有中译本的译文不够满意，有时是因为在本书的行文中有些译名需要统一。柏拉图和亚里士多德的引文则通常只标出"洛布古典丛书"（The Loeb Classical Library）版本制定的边码，译文多采自王太庆、汪子嵩、张竹明、苗力田、王晓朝、徐开来等学者，有时参照英文德文译本乃至希腊原文稍做改动。

　　本书是教育部人文社会科学研究"十五"规划第一批立项课题"科学世界与日常世界的分合"的成果，在此对教育部的支持表示感谢。我还要感谢华东师大和童世骏教授，感谢卑尔根大学和希尔贝克（Gunnar Skirbekk）教授，他们为我安排了在卑尔根大学做三个月的研究交流，使我得以专心为本书定稿。不少朋友和学生总认为我在做什么重要的工作，我将错就错，受到鼓励。妻子和女儿不觉得我在做重要的事情，但既然我爱做，她们就支持，这种支持当然是最重要的。感谢简宁张罗本书的出版，书稿完成后，他读了一过，说是像读小说；那当然最好不过了。南京大学的郭洪体、华东师大的刘晓丽校读了打印稿，建议了不少修订，在此特表感谢。

2006.10.23，于上海外环庐

既得其母，以知其子；
既知其子，复守其母。

——老子

目　　录

上　　篇

导　　论

第一节　科学认识

近代科学①的出现，若不是人类史上无可相比的最大事情，至少也是几件最重要的事情之一。科学对人类的影响可以分成两个大的方面。一是改变了我们的生活现实，二是影响了我们对世界的认识。科学和技术相结合，生产出了无数的新东西。我们住的房子，我们乘坐的汽车，汽车越过的桥梁，我们吃的蔬菜和水果，我们穿的衣裳，没有哪样不包含现代科技。当然，还有，在有些人看来，尤其有，我们用来杀人的步枪和氢弹。借助科学技术的力量，人终于有了这种能力，只要他愿意，他可以在一个早上把整个地球连同他自己一道毁灭上几轮。单就这一点说，近代科学也一定是人类史上特大的事情了。

这些不是本书所要讨论的。本书要谈论的是科学怎样改变我们对世界的认识：科学在哪些方面促进了我们对世界的了解和理

①　除了特别加以说明之处，本书不讨论各门科学之间的关系，一般径以物理学为科学的典范。这是通常的看法。卢瑟福有隽语曰：All science is either physics or stamp collecting（科学若非物理学就只是集邮）。

解，在哪些方面又给我们带来了新的困惑，为我们理解这个世界带来困难。

近代科学通过很多途径改变我们的认识。一是通过科学精神、科学方法。科学精神是一般理性态度、理性精神的发展，注重事实与逻辑，力求客观。[①] 二是通过科学技术所生产的东西。有了电视、卫星摄影、微型摄影，我们可以直观地看到地球是圆的，看到月球上的尘埃，看到细菌的活动。更不用说科学技术的产物已经改变了我们的世界，我们今天不生活在草木扶疏万物生长的世界里，我们身周的事物一大半是批量制造出来的，而不是生长出来的、培养出来的。这不能不改变我们关于自然的观念、关于事物的观念、关于生长和生产的观念。

在另一个层面上，**科学通过它所提供的世界图景改变我们对世界的认识**。近几百年来，日心说、进化论、相对论和量子物理、基因理论，一步步为我们勾画出了一幅宇宙图景。宇宙物理学家认为他们已经弄清楚了大爆炸一毫秒以后宇宙发展的所有步骤。宇宙是从大爆炸产生的，然后产生了一些粒子，后来有了星系，有了地球，地球上产生了生命，或者陨石从太空中为地球送来了生命，生物不断进化，基因越来越复杂，最后产生了人类。考古学家、人类学家、心理学家再进一步告诉我们，人怎么学会了制造工具，学会了用火，学会了用语言交流也学会了群体之间互相厮杀。科学提供了从大爆炸到人类诞生的整体画面，提供了自然界乃至人类社会运行的机制，从消化到爱情。虽然还有很多细节需要填充，但大致轮

---

① 参见第一章第四节"理性与理论"。

廓已经勾画出来。

真实的世界就是科学所描述的那个样子，至于自由意志、道德要求、爱情和友谊，所有这些，平常看到的或平常用来思考的东西都是一些幻象。科学是真理的代表，甚至科学等同于真理，是全部真理的代名词。在现代汉语里，部分地由于继承了马克思对科学一词的用法，科学这个词本身就具有排他的正确性、真理性等基本含义。

上述看法被称为"科学主义"。科学主义，像别的很多主义一样，多半是反对者使用的名号。关于这个名号有繁多的争论。有的反科学主义所反对的是科学万能论，但似乎没有谁会持有科学万能论这么极端的主张。我这里说到科学主义，笼统地指这种观念：科学是真理的代表，甚至科学等同于真理。关于这一点，我也不预备争论。实际上，在我看来，关于这些笼统说法的争论没多大意思。并不是有谁宣称了"科学等同于真理"，但孔德的实证主义，爱丁顿所称的构成桌子的电子和电磁力比我们平常所看到的桌子更为实在，维也纳小组 1929 年发表的宣言"科学的世界观"，还原论，各个学科都把物理学的真理方式设为自身的标准，等等，都相当明确地表达了科学主义的观念。本书是就这些具体事绪来讨论科学主义的。我谈的是一种认识论上的结论，而不是态度。有些论者并不像逻辑实证主义者那样兴高采烈地拥抱科学主义，但他们仍然认为科学主义立场是无可避免的。

科学似乎给我们提供了世界的真相。但在这幅从大爆炸到基因的严整画面中没有哪里适合容纳我们欢愉和悲苦，我们的道德诉求与艺术理想。事实上，科学研究要求排除这些，"建构这个物质世界的代价就是把自我即心灵排除在其外”①。真和善似乎不得不彻底分离。科学越进步，感情、道德、艺术就显得越虚幻。科学所揭示的宇宙是一个**没有目的没有意义的宇宙**。今人常谈到“意义的丧失”，这种局面是很多分力合成的，“科学的世界观”恐怕是其中的一种重要分力。我们原以为自私和无私是重要的区别，贪赃枉法和清廉自律、贪生怕死和舍生取义不可同日而语，道金斯告诉我们，这些行为背后的基因选择遵从同样的机制。我们的行为由基因决定，基因反正都是自私的。社会生物学也许名声可疑，不过这不要紧，堂而皇之的显学经济学在原理方面和社会生物学初无二致。

这个进程在科学革命时代开始。科学革命的胜利，科学观念的统治，柯瓦雷称之为 kosmos 的坍塌。大地和天界的区别被取消了，几何化的空间代替了各有特色的位置，在这个无限的、无特质的空间中，静止和运动不再具有性质的区别，各种事物的本体论差异也消弭了，物质由微粒组成，微粒转而成为夸克和弦，成为只能由数学来把握的东西。实验取代了经验，量的世界取代了质的世界，“一个存在的世界取代了一个生成与变化的世界”。“所有基于价值、完满、和谐、意义和目的的想法”都是些主观的东西，“都要从科学思想中消失”。②剩下一个祛魅的世界。正是由于世界不再被看作一个有意义的统一体，而是被当作一种具有因果联系的场所，对世界的宰制才成为可能，工具理性的行为因而才兴盛起来。

----

① 薛定谔（Erwin Schrödinger）：《心灵与物质》（*Mind and Matter*），剑桥大学出版社，1959 年，第 39 页。这是薛定谔引述查尔斯·谢灵顿爵士（Sir Charles Sherrington）的观点。

② 亚历山大·柯瓦雷：《牛顿研究》，张卜天译，商务印书馆，2016 年，第 9 页。

第二节　建构主义

科学引发的这些问题，使很多人对科学的真理性心存疑虑。关于科学是否代表真理，这从一开始就有争议。在近代科学滥觞之际，人们曾因科学与宗教真理相冲突而质疑科学的真理性。后来又有浪漫主义对科学世界观提出强烈抗议。近几十年来，则又爆发了人文文化与科学文化的争论，即所谓**两种文化之争**。1959 年，有一个科学家，C. P. 斯诺，在剑桥做了一个讲演，题目叫作"两种文化与科学革命"，斯诺站在科学文化一边，对人文学者的流行态度提出质疑。当时所谓人文主要是指文学，在当时的大学里，文学教授很骄傲很自豪，看不起科学，觉得学科学的没什么文化，不懂莎士比亚，不会引用荷马，懂点专业，怎么算有文化呢？技术你可以到专科学校去学，而大学应该是要学文化的。斯诺反对这种态度，他认为，我们现在生活在科技的世界里，科学揭示了关于世界的很多新的真理，你们人文学者却连科学的基本常识都不知道，怎么算是合格的学者呢？科学和科学家在大学里应该有更高的地位。①

后来的局面发展像斯诺所愿望的那样，应该说，超出了他的愿望。今天的局面已经完全颠倒过来了。电子学、生物学、理论物理学，这些学科在大学里是最重要的学科，在社会上得到了广泛的尊重。人文知识分子反过来叫苦了，你出去说你是教哲学的或者你是教现代文学的，人们心想，瞎混混的，没什么真才实学。

---

① C.P. 斯诺：《两种文化》，陈克艰、秦小虎译，上海科学技术出版社，2003 年。

幸亏科学家们都忙着做实验呢，在报纸杂志上写文章的还是人文知识分子，他们还掌握着很大的话语权。他们强调科学技术统治人类生活所带来的危险，对科学的真理霸权也提出质疑。科学自称提供客观知识，但他们指出，科学实际上像其他人类活动一样，是在特定的社会环境中发展起来的，是受社会影响的，"物理学和化学、数学和逻辑烙有它们的特定文化创造者的印记，殊不亚于人类学和历史学"[①]。再进一步，似乎也可以说，科学是科学家们建构起来的。于是就有了建构主义或曰社会建构主义。所谓建构主义，属于解构主义的大思潮，虽然两个名称在字面上相反。**建构主义**对抗科学主义，张扬人文精神，对科学的真理性全面提出质疑。在欧美，人文知识分子在政治上多数是比较左倾的，反对资本主义。他们把科学霸权和资本主义意识形态联系起来。强建构主义或曰强纲领的建构主义（SSK）主张，科学并不是什么客观知识，而是科学家共同体内部谈判的结果；科学理论是一种社会构造，其合法性并不取决于事实性的因素；在科学知识的建构中，自然界仅仅充当微不足道的角色，科学不过是一种意识形态，就像另一个神话故事；拉图尔明称"要消除科学和小说之间的区分"[②]。法伊尔阿本德的"科学无政府主义"和库恩的"科学研究范式转变"是建构主义的重要理论资源，但建构主义要走得更远。

---

① 桑德拉·哈丁语，转引自索卡尔等：《"索卡尔事件"与科学大战》，蔡仲等译，南京大学出版社，2002年，第112页。

② 转引自杰拉尔德·霍耳顿：《科学与反科学》，范岱年、陈养惠译，江西教育出版社，1999年，第193页。也可参见索卡尔等：《"索卡尔事件"与科学大战》，蔡仲等译，南京大学出版社，2002年，第65页、第350—352页等处。

　　在很多人文学科，特别在知识社会学领域、文化研究及科学
学 ① 领域，建构主义势力强大。这种局面惹恼了纽约州立大学的一
个物理学家——索卡尔。他认为这些人文知识分子对科学的攻击是
不公正的，而且，这些知识分子不懂科学却经常在文章中引用科学
来支持自己的观点，有点儿欺骗读者的意思。索卡尔本人是个科学
家，同时是个左派，这尤其令他对建构主义恼火，他认为左翼知识
分子不应当用这种带有欺骗性的方式来宣传自己的主张。这位索
卡尔于是写了一篇"诈文"《超越界限：走向量子引力的超形式的
解释学》，其中他介绍了不少现代科学的成果和结论，然后把这些
科学结论驴唇不对马嘴地用来支持一些左派主张，例如把数学里的
选择公理（Axiom of Choice）和妇女堕胎自由（pro-choice）扯在一
起。反正，这篇长文总的意思是说，最新科学成果表明左翼知识分
子的主张是对的。他把这篇长文寄给一家最权威的"后现代"杂志，
《社会文本》。《社会文本》很有名，但从来没有著名科学家写来文
章。不久，这篇文章登了出来，登在《社会文本》题为《科学大战》
的一个专刊上。② 然而一个月后，索卡尔就在另外一个杂志上发了
另一篇文章，说明他在《社会文本》发表的是一篇"诈文"，里面引
用的所谓科学成果在科学界是些人所共知的东西，而这些成果根本
推不出那些社会意义的结论，其中的推导完全是荒谬的，明眼人一

_____

　　①　Science studies 或译作科学研究，例见下引书《科学大战》，但这太容易和普通
所说的科学研究（scientific study）相混了。也有译作科学元勘的，例见上引书《索卡尔
事件》，但"元勘"似乎太造作拗口。
　　②　这个专刊有中文译本，即安德鲁·罗斯主编：《科学大战》，夏侯炳、郭伦娜译，
江西教育出版社，2002 年。不过其中未收入索卡尔的文章。该文的中译本见上引书，
《"索卡尔事件"与科学大战》。

眼就能看出来。其实，"超越界限：走向量子引力的超形式的解释学"这个题目就够荒谬了。

好几个月里，美国、法国等地的建构主义知识分子目瞪口呆。他们上了索卡尔的套。怎么办呢？似乎只能反击说你索卡尔这样做是不对的，不严肃，缺德。后来，一边有罗蒂、德里达这些大牌文科教授起来批评索卡尔，另一边有很多著名科学家起来支持索卡尔，包括领军物理学家温伯格，鏖战不休。索卡尔事件发生在1996年，十年过去了，很多杂志上还在争论这些事情。

德里达批评"可怜的索卡尔"，说他使得"进行一次严肃反思的机会被浪费了"。[①] 这个批评让人摸不着头脑。在我看，倒是建构主义者在回应索卡尔的时候曲为自辩，不肯检讨自己这边出了什么毛病，结果浪费了一次严肃反思的机会。本书的论述范围和知识社会学极少重叠，这里简单谈一点儿我对社会建构主义的看法。

在我看来，尽管建构主义的很多主张在流俗议论界风行，但颇少学理上的力量，最多是体现了自然态度和人文态度对科学主义的本能反抗。我自己算个人文学者，呼吁人文精神，反对科学对真理的霸权，义不容辞，非常愉快。但是面对科学主义的挑战，需要比呼吁人文精神这种愉快活动远更艰巨的思考。强纲领主张，科学并不是客观真理，科学的身份和希腊神话、《圣经》、阴阳五行、几内亚的传说的身份相仿，仿佛这样一来，我们就可以逃脱科学主义的罗网了。但在我看，这样迎战科学主义未免轻率，几乎可说放弃

---

① 索卡尔等：《"索卡尔事件"与科学大战》，蔡仲等译，南京大学出版社，2002年，第255页。

了思想者应有的智性责任，丝毫没有触及科学的本质，因此也根本算不上对科学主义的迎战。科学主义提出的挑战要严厉得多。把问题轻描淡写一番无法让我们当真摆脱困境，甚至还可能使我们更容易陷入科学主义的罗网，建构主义者时常引用科学成果来论证其社会主张就是一例。的确，为了在科学认识的巨大压力下挽救道德和艺术，人们有时急不择路。人们引用测不准原理来弥合主客观两分①，引用量子力学所依赖的波函数表达来反对牛顿-拉普拉斯的决定论，捍卫自由意志。他们一面反对科学主义，一面眼睁睁企盼科学为他们提供最终解决方案。这让人想起有些反对西方霸权的论者，动辄引用西方权威，"你看，连西方人都说咱们东方更好"。然而量子活动的概率性质对自由意志并未投以青眼，我们且慢自作多情。正如有识之士指明的，一饮一啄莫非前定固然取消了个人的道德责任，然而，无缘无故的随机事件也并不增加道德责任的分量。科学成果能不能用来论证人生-社会主张？何处寻找论证的途径？这恰恰也是索卡尔的"诈文"本应引我们从学理上深思的问题。

科学认知对我们的道德诉求和艺术理想提出了严峻的挑战，但

---

①　科学家们的哲学论述同样可能产生误导。海森堡就测不准定理说："科学家不再作为客观的观察者来面对自然，而是把自己视作在人与自然的相互作用中的演员。"索卡尔的"诈文"引用了这句话。温伯格在讨论索卡尔"诈文"时也特别就这话提出批评。参见索卡尔等：《"索卡尔事件"与科学大战》，蔡仲等译，南京大学出版社，2002年，第4、111页。科学家在哲学层面上所做的论断不像他们在本行中的论断那样具有权威性。不过，这一例所表明的却是，任何人的言论都可以因断章取义而遭误解。海森堡曾明言"量子论并不包含真正的主观特征"。（W. 海森堡：《物理学和哲学》，范岱年译，商务印书馆，1981年，第22页。）我认为，海森堡的下述表达"我们所观测的不是自然的本身，而是由我们用来探索问题的方法所揭示的自然"更适当地概括了他的观点。（同上书，第24页。）无论这话对还是错，都含有很深的道理。

我们无法因此拒绝科学。科学提供了从大爆炸开始一直到我们周围世界的一幅严整画面，这样一个画面是神话、常识、传统哲学完全无法提供的，与各种伪科学理论也完全不同。科学不仅提供对世界的系统的理性的解释，而且它通过对事件的预言以及技术性生产证明其真理性。乃至科学技术的破坏力量，很多也是我们通过科学才知道的，臭氧层出现空洞即其中一例。

亚历克斯·罗森堡评论说，按照科学社会学中的强纲领，若要理解达尔文进化论何以逐渐成为生物学的主导理论，仿佛我们所需要的不是去理解化石记录，更不需要去理解变异-环境过滤的来源，仿佛我们需要的不过是了解 19 世纪的各种社会-政治力量，看它们会允许哪些理论出现。

应当提到，罗森堡在这里表达的更多是一种理解而非指责，他回护说："科学客观性的反对者并不在意说服别人承认他们的观点是正确的。他们的辩证立场很大程度上是防御性的；他们的目标是保护智力生活的领地不落入自然科学的霸权。"[1]

的确，如果我们只把某些建构主义者的极端论断挑出来读，那真是一派荒唐。[2] 其实他们在科学学方面做了很多重要的工作，尤其是科学史案例方面的深入研究。但我个人仍然认为建构主义的"纲领"是领错了方向。总的说来，科学显然不是和神话并列的一种意识形态[3]，按照我们今天对真理的理解，而不只是按照科学主义

---

① 亚历克斯·罗森堡：《科学哲学》，刘华杰译，上海科技教育出版社，2004 年，两段引文分别引自第 216 页和第 224 页。

② 例如哈丁称牛顿的原理和"强奸手册"是一类货色。这类极端言论常被引用。

③ Ideology，观念体系。

对真理的理解，科学是真理而神话不是真理。有《圣经》研究者据《圣经》文本推算，世界是在公元前 4004 年创造出来的。现在我们都认为这是错的。地质学家告诉我们地球的年龄大约是 45 亿年到 46 亿年。两个科学家对地球的准确年龄可能有不同的看法，但这个争论很明显不同于关于《圣经》的争论，如果出错，错法与《圣经》的错法也不一样。科学体系有办法改变自己，提供更正确的结论，而对于《圣经》来说，不存在更正确的东西。若说科学是另外一种神话，那它和本来意义上的神话大不一样，不一样到了把它叫作神话对我们理解相关问题毫无补益，只会造成混乱。

第三节　哲学-科学

也许，科学主义和建构主义都是片面的，我们应当全面地看问题。这样的句式属于官老爷的总结报告，严禁出现在哲学写作中。我还没学会怎样写哲学，但我相信已经学会了不怎样写。

我想，要谈论科学的真理性及其限度，最好从科学的源头谈起。科学是从希腊特有的哲学传统中生长出来的。别的民族都没有这个传统。希腊哲学史专家伯内特说，科学就是"以希腊方式来思考世界"，"在那些受希腊影响的民族之外，科学从来没有存在过"。[①]有一个所谓"**李约瑟问题**"：为什么中国没有发展出近代科学？李约瑟是中国科技史的专家，有他特殊的关切，故有此一问。但一般

---

① 　约翰·伯内特（John Burnet）：《早期希腊哲学》（*Early Greek Philosophy*），第四版，亚当·布莱克和查尔斯·布莱克出版社，1930 年，第三版序言。

说来，这个问题是应该倒过来问的，即为什么西方发展出了科学？换个问法不是一个简单的概念游戏。我反过来问，是因为在没有发展出近代科学这点上，中国和大多数民族差不多，没有什么特别的地方。按常情，**我们只有针对比较特殊的事情才能问"为什么"**。村头老张家生了个毛孩，大家问这孩子为什么浑身是毛，孩子浑身长毛是个例外，不正常，我们才会问"为什么"。谁也不问：老李家的孩子为什么生出来不浑身长毛？反过来，灵长目动物都长一身毛，人不长毛，不正常，于是动物学家就要提出各种理论来解释咱们人类为什么是些"裸猿"。"李约瑟问题"之所以有它那个提法，是因为西方的思想、制度等等在上两个世纪统治了世界，我们很容易把西方的发展当作是正常的，当作正道，你要是和它不一样，我们就要问"为什么"。如果不从这种西方中心来看问题，更好的问法就不是为什么中国没有发展出近代科学，而是西方怎么就发展出哲学–科学。

科学不仅是从哲学生长出来的，早先，哲学和科学本来就是一回事。

今天，我们会说，**哲学跟很多领域相毗邻**。哲学跟诗歌相邻，海德格尔有所谓诗思比邻的说法，后来还有所谓诗化哲学；哲学跟艺术相毗邻；哲学跟宗教也相邻，在外国的书店哲学书与宗教书摆在一起，中国的书店里也开始这样做了。今天，我们也许会觉得，哲学、诗、艺术、宗教，这些领域比较近乎，都算在文化这个大领域里。科学呢，好像独成一类，我们会说"科学与文化"。的确，科学早已蔚为大观，即使把一所大学里的哲学、诗、艺术、宗教诸系加在一起，往往还不如各门科学总和的一半。

然而在从前，哲学不仅是与科学的关系最近，实际上，**哲学就是科学**。在柏拉图那里，philosophos 爱的、追求的是 episteme。[①] Episteme 这个词现在经常就被译成科学，在英文里则经常译作 science。哲学家爱智慧、爱客观真理、爱科学，哲学家与 philodoxos 相对，philodoxos 爱自己的看法，爱成说，爱成见。柏拉图通过 episteme 这个词把哲学家和诗人或神话家区分开来。神话是传统智慧，从祖先传下来，提供了我们的世界图景和人生规范，episteme 则是一种反省的认知，批判的认知，源远流长的东西可能是错的，真理需要通过批判才能获得。我们今天所说的"科学态度"，就是哲学态度。

同样，在亚里士多德那里，哲学的目标是达到 episteme。Philosophia 与 episteme 常替换使用，例如他也把理论科学称为理论哲学。[②]

伽达默尔说，一开始，哲学和科学是无法区分的，他还顺便说到，用"哲学"这个词来谈论中国思想或印度思想很容易误导。[③] 的确，中国学生说到哲学，往往首先想到的是诗、文学、人生意义这些，往往会忽视 philosophia 这个词的突出的科学含义。伽达默尔不是西方文化沙文主义者，这里谈论的是问题，不是感情，把中国智慧和印度智慧叫作 philosophia，对我们的理解大概没什么帮助，常有坏处。

古代哲学和近代科学都是要提供真的理论。如果像现在这样

---

① 柏拉图：《理想国》，476a 及以下。

② 例见亚里士多德：《形而上学》，卷六，1026a 及以下。

③ 伽达默尔（Gadamer）：《科学时代的理性》（*Reason in the Age of Science*），弗雷德里克·G. 劳伦斯（Frederick G. Lawrence）译，麻省理工学院出版社，1983年，第1—2页。

把哲学家和科学家这两个词分开使用，柏拉图和亚里士多德既是哲学家又是科学家，笛卡尔、伽桑迪、波义耳、莱布尼茨同样既是哲学家又是科学家。牛顿称自己是哲学家，有时为了区分，自称为实验哲学家。直到康德以后，哲学家才逐渐无法染指科学工作。但直到十九世纪，大多数科学家还是被称作自然哲学家。到二十世纪，仍有一些物理学院系沿用自然哲学的名号。Scientist 这个用语是十九世纪发明出来的，很长一段时间，多数人不习惯这个词，听着觉得怪怪的。

但无论怎么说都有别扭之处，因为这里总牵扯到不同的语言，牵涉语词意义的转变。说亚里士多德是科学家，我们感到别扭，因为我们今天更习惯用科学这个词专指近代科学。为了突出 philosophia 中包含的强烈的科学意味，我个人有时就把古代的 philosophia 叫作**哲学-科学**[①]，既用以表明哲学和科学是一个连续体，也用以表明哲学之为科学是哲学-科学，和近代实证科学有根本区别，与此相应，今天的哲学已不复是康德之前的哲学-科学。

哪怕只是溜上一眼，我们也能看到今天的哲学和科学全然不同。随便从表面上举几点。

科学从原则上讲是一个集体的工作，你打开任何一部科学史，比如说天文学史，你就会发现在其中出现无数多的名字，其中有些很有名，有些不是专门研究这门科学历史的史家恐怕从来没有听说过，但是他所做的那个实验，他所发现的一项定律，却是现代天文

---

① 哲学-科学旨在提供真理论。并非所有古代哲学家都以此为诉求，关于这一点的进一步讨论见本书最后一章。

学不可忽略、不可或缺的。与之对照，每个伟大的哲学家似乎都有一个独立的体系，康德有康德的体系、胡塞尔有胡塞尔的体系。这还有一种表现：哲学概念似乎人言人殊，说到"形而上学"这个词，我们常常会说，在康德的意义上，在黑格尔那里，在海德格尔看来。科学术语很少有这么说的。我们只有一个物理学体系，是整个物理学在积累、在进步。哲学却好像没有什么进步，今天的哲学学生仍然在读孔子和庄子，读柏拉图和亚里士多德。书读得越古，反倒越像哲学专家。伽达默尔半开玩笑说，书龄小于两千年的他不读。理科学生读最新的论文，只有那些本来也兼哲学家的科学家才去读柏拉图和亚里士多德。牛顿的英文版《原理》现在每年还出售约700部，这本书的买主不是学力学或学数学的学生，而是文科学生。怀特海说，全部哲学史只是柏拉图的脚注。好好做注也罢了，哲学家却似乎永远在争论不休。这被人们视作哲学不是好东西的一个证据。我暂时不管好坏，只是想说明，哲学工作和科学工作的确很不一样，如果你用科学的模式来理解哲学、要求哲学，你恐怕从一开始便是在要求一个不可能存在的东西。

人们常常提到这些一眼可见的表面区别，它们已足以提醒我们，**"哲学"的含义古今已大不相同**。在希腊，哲学是个笼统的概念，所有学问都包罗在哲学名下。而今天，只有一些大学里设哲学系，在这些大学里，哲学系也是个小小的系。我常对哲学系的学生说，我们不要被名称弄糊涂，并非咱们哲学系是柏拉图和亚里士多德的传人，整所大学才是柏拉图和亚里士多德的传人。当然，传到今天，差不多传到头了，大学正在逐步变成职业训练班，若说不止如此，那么，对教师还是学术名利场，对学生还是青年娱乐城。

想想学科关系的巨大变化，想想哲学如何从无所不包的学问、从科学整体转变为今天一个小小哲学系里几个人从事的工作，是件饶有兴趣的事情。记得这一转变，很多事情才顺理成章。我们今天习惯于把哲学和科学分开，我们把哥白尼、开普勒、霍金这些人称作物理学家，把柏拉图、亚里士多德这些人称作哲学家。我们会想，像行星轨道这样的问题，本来该由科学家去探究的，柏拉图和亚里士多德为什么要关心行星理论呢？因为他们要建立整体性的理论，提供对世界的整体解释，统一理解。对自然的研究是哲学研究的一部分，大致可称之为自然哲学。自然哲学不仅在论证的方法上保持和哲学其他部门的一致，且它本不限于对自然的研究，而是探讨自然界与人世的统一。[①] 天空和星星是这个样子的，这一点对生活、对政治意味着什么？不是说，例如小行星撞击地球对地球上的生命会产生什么后果，而是它如其所是意味着什么，它的 being so 意味着什么。宇宙的如其所是和人生不是一种偶然的、外在的、物质的关系。柏拉图的《蒂迈欧篇》(Timaios)是他的自然哲学，它以宇宙的有序创生来说明人类社会不能放任自流。行星的运行方式不会是没道理的，不是说，有天文学上的道理，而是说，有和各种事物之理相通的道理。"在古代世界观中，天文学概念和非天文学概念被编制在一个单一而连贯的概念织品中。"[②] 在韦伯看来，前现代的社会，也就是祛魅之前的社会，都有一个共同的特点：把世界理解为一个统一的、充满意义的整体，"这是由于一种自觉对待生活的

---

　　① 但请注意，这种统一和近世所说的统一科学即物理学对世界的统一解释是两种类型。本书会不断谈到这一根本区别。

　　② 托马斯·库恩：《哥白尼革命》，吴国盛等译，北京大学出版社，2003年，第76页。

统一的、富有意义的态度而获得的……总是包含着将'世界'作为一个'宇宙秩序'的重要的宗教构想，要求这个宇宙必须是一个在某种程度上安排得有意义的整体，它的各种现象要用这个要求来衡量和评价"。[①]

第四节　本书章节

本书分上下两篇，外加这个导论。

上篇以历史叙述为引线。我们读认知的历史，有多种读法。一是努力理解各种认知方式的道理何在，我们怎么一来就改变了那种认知方式，一直转变成现在这个样子。在这种读法里，更有一种，抱有这样的信念：古人比我们高明，读思想史，就是向古人学习，改造自己。也有相反的读法，有时称之为启蒙时代的读法，按照这种读法，我们今天的认识是最进步的、最正确的，历史不读也罢，若读，无非是用我们的标准，找出从前有哪些人比较接近我们的认识，比较进步。我听劳伦斯·M. 普林西比（Lawrence M. Principe）讲授的科学史[②]，他在导论中打了个比方。一个单会到麦当劳吃饭的美国人到了法国，找不着吃饭的地方，半天才找到一家麦当劳。回到美国对人说，法国人和我们的吃法倒是一样，只是饭馆比我们少多了。

上篇分成三章，第一章从初民的感应认知讲到希腊的哲学发展。本书涉及的很多论题，如理性的界说、哲学的性质、科学的性

---

① 马克斯·韦伯：《经济与社会》，上卷，林荣远译，商务印书馆，1997 年，第505—506 页。

② Lawrence M. Principe: *History of Science: Antiquity to 1700*, The Teaching Company.

质，对照初民的感应认知方式来看，容易看得比较清楚。我接着讲
到理性态度的兴起。哲学是坐落在理性态度之中的。在爱智慧有
智慧的意义上，各个经历了轴心时代的民族都有哲学。但在哲学-
科学的意义上，哲学主要是希腊的事业。所以，探讨科学的性质，
我们不能不从希腊说起。历史中哪些东西是重要的，没有一成不变
的标准。如果希特勒 1925 年被汽车撞死了，谁也不会去研究他小
时候的家庭环境和他的中学成绩。像所有历史一样，科学的历史也
不是按照某个预先制定好的计划发展的。"伟大的艺术作品可能会
改变美学标准，伟大的科学成就可能会改变科学的标准。有关标准
的历史是标准与成就之间批评的相互作用的历史。"[①] 希腊精神的种
种细微之处都很重要，这的确在很大程度上来自事后西方传统的重
要地位。希腊是西方科学精神的源头，而西方的科学精神今天又统
治了世界。结果重大，源头上的细小差别也变得重大了。这就是我
们为什么言必称希腊。从今天的眼光看，希腊不是单属于西方的，
希腊是属于全世界的。

　　上篇第二章从希腊天学谈到哥白尼革命。本书的主要内容是
哲学和科学的关系，近代科学主要是从哲学的一个分支即自然哲学
分离出来的，因此，本书在谈到哲学的时候，就比较侧重自然哲学
这一分支。不过，也许无论从什么角度着眼，若要对哲学有比较清
楚的了解，都不能不高度重视自然哲学。我会想，正是自然哲学使
希腊人开拓了哲学这个精神领域。在亚里士多德的知识体系里，自

---

① 伊·拉卡托斯:《科学研究纲领方法论》，兰征译，上海译文出版社，1986 年，
第 281 页。

然哲学或曰物理学与形而上学有最紧密的关系。在哲学的诸分支中，自然哲学最突出地具有理论形态，其结论格外倚重论证。相比而言，我们主要不是通过论证建立道德信念或宗教信仰的。舍自然哲学，反思性认知不大会往系统理论的方向发展。中国思想传统可看作一个实例。

甚至 physika 和 metaphysika 这两个名称也提示出自然哲学在形而上学中的枢纽位置，虽然 metaphysika 这个名称并不出自亚里士多德本人。用形而上学来翻译 metaphysika 可算是得当了，但 metaphysika 与 physika 的字面联系还是失去了。

自然哲学在希腊思想中的独特地位，还可以从如下事实看到，当伊斯兰世界大量翻译希腊著作的时候，自然哲学著作成为首选。当基督教世界从伊斯兰世界引回希腊经典的时候，自然哲学著作又成为首选。这些事实可以从很多方面来解释，但它们强烈提示自然哲学在哲学整体中的突出地位。

希腊的自然哲学在亚里士多德那里集其大成。亚里士多德之后，希腊出现了一些有强烈实证倾向的研究。在那个单吃麦当劳的朋友眼里，从近代科学的视点回溯，欧几里得、阿基米德、希帕恰斯是进步的起点。在多数哲学史著作中，欧几里得、希波克拉底、阿基米德、希帕恰斯这些名字或者不被提及，或者一笔带过，可是在科学史著作中他们占有突出的位置。他们的工作可以写进初等教材，而只有在思想性较强的高等教材中才会谈论柏拉图和亚里士多德。

第三章草描近代科学革命。我想表明，现代物理学离开可感可经验的世界已经很遥远了。在我提供的这幅草图里，我们应能隐约看到近代科学和哲学-科学的一些主要差异：实验 vs. 经验，数学性

vs. 自然理解，假说 vs. "形而上学原理"，团体工作与积累 vs. 由一个个哲学家提供的思辨体系。这一章也多多少少表明这些特点是如何联系在一起的。

我对科学史没有做过第一手的研究，本书中所述的科学史内容，都是从专家的著作中改述的。一般说来，哲学探索本来就是反思性质的，而不是对事实的原初确认。我关心的是基本概念，概念的历史，概念的演变。前面已经说到，无论你说古代哲学是科学还不是科学，怎么说都有别扭之处，因为这里总牵扯到你是从哪个时代的意义上使用这些语词。在本书的进程中，我们一路上会不间断地遇到类似的困难，亚里士多德的物理学和牛顿的物理学，它们是同一门物理学的两个阶段还是两门物理学，抑或亚里士多德的 physika 根本不是近代意义上的物理学？空间、力、运动、原因、原理、为什么、知识、理解等等，这些基本语汇本身都经历了根本的意义转变。

上篇虽然以历史叙述为导线，不过，历史不是本书的主题。我谈到哥白尼比谈到伽利略多，绝不是因为哥白尼比伽利略在科学史上的地位更重要，而只是因为哥白尼革命更适合于展开我的某些论题。

下篇由几篇专论组成。

"科学概念"章探讨日常概念和科学概念的关系。我们知道，有些科学术语是从日常语汇中借用来的，比如力、光、能量、运动，但是它们却被赋予不同的意义。本来，光是可见的，或者使物体可见，但后来在物理学中有不可见光这样一个概念，和我们平常所讲的光差不多是相反的。本来，杯子放在桌上，静止着，但现在也可以说是它在做匀速直线运动。本来，运动是运动，静止才是处于某种状态，语法书因此区分过程词和状态词，现在大家都习惯了运动状态这样的说法，不觉得这样的说法别扭了。这些新的意义是怎么来的？有些术语是科学自己创造出来的，比如质点、虚数等等，这些概念是我们日常生活中没有的，那么它们是怎么被赋予意义的？科学概念和日常概念或曰自然概念是什么关系？

"数学化"章考察了数这个概念的演变以及近代科学数学化的过程。这一考察表明，数的观念或其变体和各种理论形态都有密切的联系。这一章中关键的一节是"为什么是数学"，我的初步回答是：数学的最大特点在于进行长程推论而不失真，因此，科学可以借数学语言通达感官远远不及的世界而仍保持真实。但反过来，数学对理解充满感性的日常世界只有很少的、间接的帮助。

"自然哲学与实证科学"章从更宏观的视野来概观相关问题。了解科学革命时期所谓的形而上学-物理学之争对本书有着根本意义。简单说，自然哲学的目的是对众所周知的事情提供解释，理解基本事物-现象的所以然。它主要通过对自然概念的梳理来理解自然现象，而近代意义上的物理学则建构技术性概念来说明自然现象。例如，亚里士多德在谈论运动的时候，谈的都是我们每天都见到的各种运动形式，他的工作方法主要是审慎考察我们用来谈论运动的种种概念，例如时间、空间、运动、变化、增加、减少等等，而牛顿在他的《原理》中则一上来先给物质、运动、力等等基本概念下定义，这些定义与我们通常对这些概念的理解相去甚远。自然哲学以形而上学为原理，而物理学则最终要抛弃形而上学。要读懂自然哲学著作，读者需要有良好的思考训练，但无需任何特殊学科的技术准备和专门的数学训练。自然哲学并列有不同的体系，每一个体系更多地展现某个哲学家首创的总体解释，而不在于为这一学科的知识积累做出贡献。

形而上学家抨击物理学，主要是因为物理学不具形而上学基础，因此不能提供具有必然性的理解。科学的一个目标是掌握自然规律，但黑格尔断言，自然律的必然性本身应被视作偶然的东西。

从这一根本区分出发，这一章考察了操作、假说、预测、机制等核心概念，并基于这一系列考察了物理学对象的实在性。文中提出，在争论物理学对象是否实在之前和之时，我们须问：物理学的实在性为何需要证明？这种需要分成两个层次，一是物理学内部的对象和假说是否实在，这要由物理学的发展去解决。二是物理学对象相对于日常对象是否实在。日常实在对象提供了实在概念的原型，但并不提供实在概念的定义，不能因为物理学对象不似日常对象而否定其实在性。然而，由于物理学对象只能由数学通达，所以，"实在"概念在物理学中已经发生了变化。

本书说到近代科学，多半是以牛顿力学为范本的。近代科学学科繁多，演变复杂。且不说社会人文和科学学科，诸如语言学、心理学、社会学、政治学、人类学，单说自然科学，就包括天文学、物理学、化学、地质学、生物学等等。单就物理学论，又有从牛顿物理学到相对论和量子力学的演变。各门科学各有特点，同一学科的不同阶段也各有特点。我说到近代科学的数学化，但生物学中的演化理论至今仍主要是定性的。我会说到实验取代经验，经济学没有多少实验可言，但大量应用数学。本书谈论的是从哲学到科学发展的一般趋势，不涉及这些具体的差别，虽然某一具体差别若对一般结论有直接影响，就应当列入考察之列。

最后一章多多少少是本书的总结。作为对自然界的整体理论解释，实证科学已经取代了哲学思辨。哲学思辨无法提供普适理论。哲学具有概念考察的性质，而概念考察受到特定语言的约束。亚里士多德的四因说是不是关于原因的普适学说？只说一点：亚里士多德谈论的不是"原因"，而是 aitia。在他的四因中，形式因和质料因我们今天根本不叫作原因。亚里士多德还常使用 arxe，我们有时也译作原因，但有时则译作原理，那么，亚里士多德究竟是在追索原因还是在追索原理？抑或追索原因就是追索原理？也许有谁愿说，他追索的不是原因、cause、Ursache、causa、aitia、arxe，而是所有这些词之上或之下的普遍的原因概念或客观的原因。我不知道有没有这种普遍的东西，但即使有，你怎么把它表示出来，怎么不把它还原为原因，或 cause 或 Ursache 或什么，否则我们转了一圈不又回到了起点吗？当我们说"所有这些词之上或之下的普遍的原因概念"，我们中国人不知不觉间已经把这个概念叫作"原因"了，似乎我们即使想谈论普遍的东西，也总是从一种特殊的语言开始的，从我们的母语开始。

这个论证当然是不充分的，否则也用不着本书的长篇大论了。但我想说明，在二十世纪通过哲学上的和一般人文学科上的所谓语言转向之后，对哲学-科学本质的思考不可避免和我们对语言本质的思考联系在一起。我们的问题不能还原为单纯的语言哲学问题，但对当代语言哲学多一点儿了解，对思考这些问题是有好处的。

作为结论，我愿说，今天的哲学不再可能以建立普适理论为鹄的，哲学的任务是回到它的出发点，以理性态度从事经验反思和概念考察，以期克服常识的片断零星，在一定程度上获得更为连贯一致的理解。这个结论，会有多方面的意义，我希望能在今后的工作中有所展现。

上　篇

第一章　理性与哲学

第一节　感应思维

哲学和科学都是理性的思考方式。何为理性？我们不妨对照初民的思考方式来审视理性思考方式的特点。

远古人类把世上的事物理解为互相感应的东西，本书把这种理解方式直称为**感应思维或感应认知**，相当于有些人类学家所称的"巫术同一律"或"互渗律"。死人和活人互相感应，星辰和生死兴衰荣辱感应，木星主福而火星主祸，女人梦见了神人，或者跑到山里踩了一个脚印，就怀孕了。到庙里求观音菩萨送子也属此类。初民社会中大行其道的**巫术**就建立在感应思维之上，是控制感应的技术。人们施用魔魇，让敌人、对手得病甚至死掉。初民之间的战争包括了大量仪式性的东西，去掉对方的阳气，增加自己的阳气，都依赖于对感应的信赖。祈雨、祈福、占星术、降灵术、招魂，这些都是我们多少有些了解的感应方式。人类学著作中充满了感应思维的例子。列维-布留尔引用了菲利普斯（Phillips）记述的一个故事：在刚果的传教士们在祈祷仪式上戴着一种特别的帽子，土著把一次旱灾归咎于这种帽子，说这种帽子妨碍了下雨，要求传教士们离开他们的国家。[①] 早期的人类学家相信，在远古时候，感应思维是无所不在的。

我们把它叫作初民的思考方式，或者野蛮人的思考方式，但在我们心里还留存着这类思考方式的很多遗迹。直到不久以前，民间还常见施用魔魇的。义和团民口中念念有词，相信自己受了什么功，刀枪不入。民间所说的跳大神，就是一种感应式的治疗方式。我们身边的人，也有不少仍然相信占星术，相信降灵术，很多人到庙里烧香、求签，想生孩子去求观音菩萨。谐音字的避讳，吉祥用语，也都属于此列。今天，凡是不用因果机制来解释事物的发生，我们都称之为迷信，而我们现在叫作迷信的东西多一半属于感应。种种气功此起彼伏，其中很大一部分在于相信感应，例如意念致动：使劲盯着一个杯子，心里使劲移动它，杯子就动起来，或者，瓶子没打开，药片就到手里了。[②]

列维-斯特劳斯早就指出，所谓"野性的思维"（la pensée sauvage）并不随着文明的发生而消失，尽管驯化了的思维的确对野性的思维造成威胁。[③] 也许我不信意念致动，也不去烧香求签，但

---

① 列维-布留尔：《原始思维》，丁由译，商务印书馆，1995年，第64页。

② 有人相信意念致动，但不承认那是感应，他们设想这里有个隐秘的物理过程，例如瓶子里的药片变成粉末，到手上又结合成药片。这里混合着物理思维和感应思维，意念使得药片变成粉末，又合成药片，这一部分所依靠的不是物理力，而是感应。如果我相信全部过程都可以获得物理解释，那么我就不是在通行的意义上信气功，而是相信有一种没有得到物理解释的物理机制存在。例如，有人相信遥感，并认真考虑用电磁波来解释遥感现象。这样的尝试不是登在八卦杂志上，而是登在颇有信誉的学术刊物上。罗姆·哈瑞（Romano Harre）：《理论与物事》（*Theories and Things*），谢德和沃德出版社，1961年，第70页。

③ 列维-斯特劳斯：《野性的思维》，李幼蒸译，商务印书馆，1987年，第249页。他说，我们在艺术中为野性思维保留了一块类似国家公园那样的地带。

是有些想法我们每个人都很难逃脱。今人不一定还相信天垂象则见吉凶，但逢巨大的自然灾变，人们仍难免会感到它与人事有一种内在关联。有个恶人朝你的父母照片上吐唾沫或者扎一个钉子，你再理性也会怒不可遏。你知道这在物理上对你父母不会造成一点伤害，但你仍然怒不可遏。你可能会说，这里虽然没有物理上的伤害，但却有感情上的伤害。这正是我要说的。感情是原始的认知，或曰源始的认知，它并不遵从物理因果机制。你受过高等教育，可仍然会把负心人的照片撕碎以泄愤，你不一定把这告诉你的负心人，从感情上伤害她，你撕碎照片，在感应世界里，已经伤害他了。

在孩子身上可以发现更多的感应思维元素，皮亚杰的研究表明，幼童的思想是以"象征性游戏"的形式出现的，他同时提示这种思维方式与原始思维的相似之处。[1]梦是由大量的象征构成的，这些象征通常有极为古老的渊源，精神分析学派的研究反复表明这一点，无须引述。

不过，除了在幼童阶段和梦中，今人相信感应和初民的感应思维有重要的区别。今天只是有些人、在有些事情上相信感应，大多数人不再相信流星和死人有什么关系，而更重要的是，即使你相信流星和人死有关，你所相信的仍然可能和初民有很大不同，因为既然我们无论愿意不愿意都已经有了理性认识，有了科学常识，由此就造成一个区别：初民之相信感应，是他感到事物的感应，而今人之相信感应，多半是一种理智上的信念，不是真真切切感到什么感

---

① 皮亚杰：《儿童的心理发展》，傅统先译，山东教育出版社，1982年，第42页、47页。

应：大多数人今天没怎么见过流星，见到了也没什么感觉，无从谈起感应。

人们在茶余饭后谈论星相学或梦中征兆，大多不过是理智上的怀旧。但感应认知还以远为重要的方式和我们生活在一起。感应认知弥漫在感性中。在我们的感情中，在梦境的象征中，在我们的思维深处的隐喻中，感应认知仍然起着极为重要的乃至根本的作用，这是个值得认真对待的话题。我把这个话题留到下节再谈。

感应与因果

天上地下的很多现象互相关联，其中最引人注目的是，天界的事物与地上的事物竟会息息相连。太阳带来光和热，太阳的轨道和四季的变化相关。月亮的盈亏和潮汐相关，也和女人的月经相关，大而言之，月亮与湿润相关。火星则与干旱相关。向日葵总跟着太阳转，磁针总指向北极星。彗星和灾祸相连。古人所相信的联系，我们现在看来，并不属于同一类，而且，有些联系真实存在，有些联系并不存在，或者只是偶然的联系。我们能够明确区分这些联系，在很大程度上依赖于我们建构了复杂的物理理论，为一些联系提供了因果致动机制。

在轴心时代之后，感应思维渐渐退位，理性思维逐渐占据主位。与感应思维对照，理性思维可说是因果式的思维，原理和事实、原因和结果占据着中心地位。相信感应跟相信因果是不一样的。在物理因果关系中，受动的那个物体是完全消极的、被动的，比如施力给桌子，桌子是完全消极的，力来了它就动，力撤了它就不动。而在感应中，受感者并不完全是被动的，并不只是被驱动，它有所感、有所应和，**它在受感而动之际是积极回应的**，就像是对呼唤的响应一样，是一种感动。

正因为有这个重要区别，我们不可把我们自己的因果观加到初民头上。一样事情通过感应引发了另一样事情，但引发感应的事物并不是今人所理解的原因，感应并不是使得原因产生结果的某种机制。受感而发和自然发生没有多大区别。初民相信感应受孕，不是说梦里的神人或所踩的那个脚印就像我们今天所说的精子那样是致孕的原因。我扎一个小人，往上扎针，于是你会受伤，甚至我慢慢咒你的名字，也能伤害你。你要问我是什么机制造成了这个结果，我是答不出来的，这里没有因果机制，我并不像今人控制导弹那样是在控制某种物理机制。[1]

和因果致动机制一道阙如的是规律观念。今人会想，初民虽不关心事物背后的因果机制，但他们总要借助某种规律，某种概率，才能确认某种感应关系是大致可信的。不是这样。感应不意味必然联系，也不意味高概率的联系。使用魔魇而未致病，只不过是这一次魔魇失灵，如果必须有个解释，随便什么都可以充当解释。[2]只发生一次的事情也可以让人相信感应，奇迹、神迹即属此类。实际上，即使事实上的联系阙如，也不妨碍人们相信感应，因为只是相干的个人碰巧没赶上奇迹罢了。

感应不隐含因果机制。不过，因果这个词有两个意思，一个是佛教里的因果报应，一个是我们现在所讲的原因和结果，物理因果。

---

[1] 根据同样的道理，不应说初民是"现象主义"的，因为在这里，现象不是和本质、和本体或实体相对的东西。

[2] 列维-布留尔：《原始思维》，丁由译，商务印书馆，1995年，第57页。

因果概念的这两层意思的联系和转变非常有意思。一方面，佛教里的因果报应恰恰是感应的一个突出例子，和现在所讲的因果关系迥然有别。你做了件坏事，后来你得到报应，这里的联系不能用我们今天所说的因果关系来理解。但另一方面，感应在原始思维中所处的地位与原因-结果关系在理性思维中占有的地位是类似的，简单说，都占有核心地位。葛瑞汉说，宋学里的感应和西学里的因果关系地位相似。[①]他所说的，当然是感应和因果在两种不同思维方式中的地位相似，不是说感应就是因果。这话很有见地。就营建理论而言，中国远比西方偏重感应，伊川甚至说："天地之间，只有一个感与应而已，更有甚事？"[②]而西方理论是很少直接诉诸感应的，甚至连基督教神学理论也是一样。不过，这并不等于说，中国人普遍更多相信感应。我后面会谈到，这只是因为中国那些不相信感应的理性主义者不稀罕营建理论罢了。

感应与感性

魔魇怎么导致疾病，火星通过什么机制带来灾祸，这些不是初民的关心所在。但何者与何者发生感应，还是有踪迹可寻的。**有一些现象似乎天然对应**，广泛出现在世界各地的初民思考和神话之中，流星雨和灾祸、西方和死亡、梦中神人与受孕、鲜花与爱情、秋冬与刑杀。用列维-斯特劳斯的话来表述，"尽管在感官性质与物质属性之间没有必然的联系，在二者之间却至少经常存在着一种事

---

①　葛瑞汉：《二程兄弟的新儒学》，程德祥等译，大象出版社，2000年，第83页。
②　《二程遗书·卷十五》。

实上的联系"。① 日出与生命的出生、兴旺，日落与衰亡，星辰和命运，大地和母亲、生殖，这些联系是那么自然，所有文化都从这样的联系来理解世界。我们简直无法不从这样的联系开始来理解世界。我们不大可能发现哪里的初民相信鲜花和死亡感应，或相信染上皮癣和怀孕感应。

　　总的说来，感应思维依赖于现象的种种感性联系。尤其是，**相互感应的事物有某种相像之处**。苋菜是红的，血也是红的，苋菜应有补血的功效。核桃和脑子的形状颇有几份相像，应有补脑的功效。当然，这种说法难免有点儿模糊，因为什么和什么都有点儿相像。不过，有一种相像对认知特别具有诱惑力。人参有人形，同时有滋补益寿的药效。这里，形象上的相像和事实上的因果作用联系在一起，很容易诱人把前者当作对后者的说明。与此相似，毛地黄的花形像人的心脏，同时也能使心脏兴奋，这也对认知构成同样的诱惑。我们会看到，基于感应的理论很容易被这类事例诱惑而发展出形与质相应的普遍原理。

感应与共鸣

　　在世界这个相互感应的整体中，物物共鸣，泠风则小和，飘风则大和。不仅人会发生共鸣，各种事物都能对其他事物发生共鸣。我们不仅会与他人共鸣，也会对秋风渭水发生共鸣。从共鸣出发来理解感应，远比从投射出发正当。我们不是自己有了一种悲秋的情绪，然后投射到秋风渭水之中，我们不如按照常情，说是秋风渭水

---

① 　列维-斯特劳斯:《野性的思维》，李幼蒸译，商务印书馆，1987 年，第 21 页。

与悲秋之情里外应和。

就感或感应意味着心灵而言，原始认知是万物有灵论的。但万物有灵不是拟人化，"吹万不同，而使其自己也，咸其自取"①。只是到了经验-理性时代，万物有灵才得到拟人化的理解。

神话

隔一节要谈到理知时代的开始。在这个时代即将来临之际，在感应思维的最后阶段，初民对宇宙的思考变得更加系统。我们在每个民族那里都会看到一个神话系统，提供一个从世界的起源、人类的起源、自己种族的起源直到当下的故事，构成了典型的宏大叙事。

历史和世界，无论在现实中还是在想象中，皆枝蔓丛生，芜杂不齐。神话用一种统一的眼光对它们加以剪裁，使之成为一个完整的故事。完整的故事才有明确的意义；或不如说，意义赋予完整性。小学作文老师评论一篇作文，说它不完整，老师关于完整的隐含标准是什么呢？意义。作为一个从开天辟地至于今的完整故事，**神话开始了对世界的统一解释**。kosmos 的概念就来自希腊神话，kosmos 与 chaos 相对，说的是在本体论上有种种区别的事物按照特定秩序构成的整体。②

在很多神话中，我们都能看到以人体为核心的微观宇宙和天地

---

① 《庄子·齐物论》。

② kosmos 我们一般译作宇宙或世界。按古人的解释，"往古来今谓之宙，四方上下谓之宇"（《淮南子·齐俗训》）。后来佛经的翻译者创造了"世界"这个词，所谓"世为流迁，界为方位，汝今当知：东南西北、东南西南东北西北上下为界，过去、未来、现在为世"（《楞严经》）。宇宙和世界这两个词都不像 kosmos 那样特别强调与 chaos 相对的内在秩序。

大宇宙的系统对应，肉体和泥土对应、骨骼和石头对应、毛发和草木对应、呼吸和风对应。这些对应是感应认知的反映，现在在神话系统中组织起来，成为对世界做出统一解释的一种典型方式。

对宇宙的解释同时也为人的生活提供规范。一个氏族有它的图腾，这种图腾指示着这个氏族的起源，同时指示一套禁忌。在神话中，人之所是与人之应是并不分离。

神话解释的另一个特征是把原因指派给某种超自然的力量，一种生物。关于月食和日食的解释是一个典型。人不是世界和生活的主宰，有一种更高的力量，会给人带来福和祸，让人敬重、让人惧怕。而且人虽然可以通过各种办法来取悦这些力量，防备这些力量，但归根到底无法控制这些力量。[①] 远古时候，初民就有形形色色的超自然信仰，有对各种神明的信仰，例如对自然力神的信仰，萨满信仰。但神话不仅仅是这类信仰。神话是对信仰的明确而系统的表述，各种原本也许有内在联系的也许是零星的信仰在神话中形成了一个融贯的体系。

神话可以视作信史和整体理论解释的前奏。理知时代兴起的种种理论形态，作为对世界的整体解释、作为宏大叙事，是神话的一种反对，也是一种延续。这些理论形态不同于神话的主要之点在于：推理越来越多地取代了想象。宏大叙事必然包含不曾经验到甚至无法经验到的环节，神话用想象补足这些环节，理论则通过推理来补足。

---

① 有些人类学家特别注意到初民通过祭祀之类来 manipulate（通过耍花招的方式来操控）神明，于是认为初民自认为能够控制超自然力量。然而，敬畏可以和 manipulation 并行不悖，这一点我们从孩子对待长辈那里可以清楚看到。

感应认知不仅体现在神话里，它也系统地反映在理知时代的一些理论形态之中。阴阳五行之类的理论中有明显的感应维度。阴阳错行，则天地大骇，于是乎有雷有霆。与气象物理学对雷霆的解释对照，立刻可以看出这是感应式的解释。托勒密是希腊天文学的集大成者，而他同时也是当时星相学的集大成者。他的星相学后来连同他的天文学一道对中世纪的阿拉伯学术和拉丁世界学术产生了重大影响。

第二节　觉醒的心智

在我们理性的头脑想来，相信感应是迷信。义和团相信自己受了什么功，刀枪不入，真刀枪不入当然好，可他不是，上去一枪还是把他打死了。你扎一个稻草人让他受伤让他元气受损，但客观上并没有这样的效应。只有糊涂愚昧的头脑会陷入这些迷信。

启蒙时代，人们觉得自己最聪明，从前的人不免糊涂愚昧。然而到了后启蒙时代，思想家变得比较谨慎，留心不要把历史上存在过的东西简单地宣判为一种错误，存在必具有某种合理性，我们须努力去发现如今看似荒唐的东西在当时的历史条件下有何种合理性。这一基本态度在黑格尔那里得到了最系统的阐释。

黑格尔哲学可以视作一种思辨的进化论。在落实了的进化论背景上，我们的问题就更加清晰了。从进化的观点看，今天的人进化了，变聪明了，以前的人理所当然比较愚蠢。但是反过来想，人是猴子变来的，那么，初民虽然不如我们聪明，却应当比猴子和黑猩猩聪明。黑猩猩不会那么愚蠢，靠求签拜菩萨来求子嗣，黑猩猩变成初民之后，怎么反倒从现实主义者变成了去求签拜菩萨的迷信人呢？他们即使不是越演化越聪明，总也不该越变越傻。我们当然会犯错误，任何一个族类、任何一个个体都可能犯错误，但是按照进化学说，我们似乎不可能产生几万年那么长期的、系统的迷信。实际上，人类、原始人、的确没有因为有了迷信就不适合生存，他们在生存竞争中还是大大占了上风，甚至最后统治了地球。

弗雷泽写过一本小书，叫作《魔鬼的律师——为迷信辩护》。弗雷泽辩护的大致方向是："在某些特定的部族和特定的时期内"，迷信有助于社会秩序的稳定，有助于对私有财产的尊重，有助于加强对婚姻的尊重，有助于加强对生命的尊重从而有益于建立人身安全保障。弗雷泽并不认为这些人类制度以迷信为基础，在他看来，任何牢固的制度都必然"建立在事物的自然属性之上"，然而，在某些特定的部族和特定的时期内，迷信有助于维护这些制度。[①] 用柏拉图的话说，就是些高贵的谎言吧。

马林诺夫斯基沿着同一思路为迷信提供辩护。但他比弗雷泽更加强调，初民的巫术并不是无处不在的。研究原始思维的前辈经常强调初民是不注重经验的。列维-布留尔断定："在原始人的思维中，经验是行不通的"[②]，他们通过感应和迷信来理解事物，而"不需要经验来确证存在物的神秘属性"[③]。在列维-布留尔看来，反对迷

---

① 　J. G. 弗雷泽译：《魔鬼的律师——为迷信辩护》，阎云祥、龚小夏译，东方出版社，1988 年，导言。巫术等等作为仪式，还经常有服务于统治者的重要政治意义，但本书不涉及这一方面。

② 　列维-布留尔：《原始思维》，丁由译，商务印书馆，1995 年，第 68 页。

③ 　同上书，第 56 页。

信、质疑神话、注重理性和经验，这些特点把文明人与原始人区别开来。马林诺夫斯基虽然也承认初民中广泛存在着迷信，但他不同意过于夸大这一方面。列维-布留尔等人主张以巫术为代表的感应思维是科学的前身，是**原始科学**，而马林诺夫斯基则认为巫术只是初民思维的一个方面，初民另有其科学、知识、技术，和现代科学技术在原则上没什么两样。初民的"原始科学"才是后世科学的前身。①

　　马林诺夫斯基指出，迷信不可能无处不在，因为原始人像我们一样，他们要生火，盖房子，烧瓦罐，要捕鱼，要抓野兽，要种地，要治病疗伤，在这些活动中，他们依靠的是科学和技术。水手们有航海的知识，战士有作战的知识，农人了解土质、种子、节气。如果他们成天在那儿算卦占卜祈雨跳大神，这个物种早就灭绝了。据马林诺夫斯基考察，实际上初民只在一些特定的事情上才大量使用巫术。在什么事情上呢？那些反正你拿它没办法的事情，比如说祈雨，祈雨并不能让天下雨，但你也没有别的办法让它下雨，不像捕鱼，编好渔网辛勤下海就能捕到鱼。还有海上的航行，我们知道水手的迷信特别多，水手的仪式特别多，因为在那时，海洋的力量人几乎完全无力控制。在知识和技能束手无策的地方，就发生了巫术活动。巫术应用最广的地方，就是疾病。即使今天的理性人，一旦自己或亲人得了不治之症，就很容易相信各种没有科学根据的古怪疗法。

------

① 马林诺夫斯基对"科学"的这些议论，很大程度上依赖于对"科学"的定义，我觉得还有斟酌的余地。

不管理性多有能耐，人类生活中总有一片广大的领域，在那里理性没有用武之地。灾变、残酷的死亡、不公的世道。一个优秀水手，做了充分的准备出海，却被一场风暴卷入海底。一个善良的母亲，对女儿关怀备至，女儿长大了却恩将仇报。善人遭遇了可怕的灾祸，恶棍却一帆风顺。我们希望理解，却实在找不到合理的解释。若说这样的事情也有个道理，那就是前世来生、因果报应了。"所谓人事之外另有天命，事实虽是如此，天命固然难于逆料，但是它好像是含着深潜的意义，好像是有目的的。"① 对应这样无常的命运，仅仅技能是不够的，倒是由对命运的信仰，生发出各种仪式来，通过这些仪式，水手们坚定了信心，这种自信既能给他们危险的生涯带来宽慰，同时也有实际的效力。所谓实际效力，像弗雷泽一样，说的是社会方面的效力。巫术并不只是无可奈何的消极的活动，巫术以及其他类似仪式在进行社会组织、社会动员等方面起到积极的作用。

弗雷泽、马林诺夫斯基他们提供的是对迷信的一种功能主义解释或辩护，从心理功能，特别是从文化功能来解释巫术的发生。的确，我们现在的很多文化活动、政治组织仍然大量采用类似于巫术的仪式、程序。

功能主义部分回答了前面提出的问题：为什么初民虽然有不少迷信却并没有因此变得不适合生存。功能主义是从进化论来的，要澄清功能主义的解释原则是否适当及充分，需要从根本上重新考虑

---

① 　马林诺夫斯基：《文化论》，费孝通译，华夏出版社，2002 年，第 54 页。这几段的讨论参见《文化论》全书，特别是论巫术的第十七章。

进化论。这是我在这里无力尝试的任务。然而，我还是想指出，仅仅从感应认知的功能来解释初民的活动是不充分的。实际上，我们在初民的很多活动中所看到的"迷信"是不是迷信，在什么意义上是迷信，这些都有待进一步澄清。

初民当然不是成天念咒跳大神，他们有很多事情要做，他们打猎、捕鱼、养牛、种地，他们有很多实际的办法来做这些事情。然而，反过来说，人类，包括初民在内，也不仅是在应付这个世界，**他们想理解这个世界**。这包括并且首先体现在追问生死，追问世界的起源与构造，追问种族的起源，等等。初民也许不会像我们一样清晰地提出这些问题，但从墓葬、上古传说等等，可以看到初民已经提出了这一类问题。马林诺夫斯基说到世间的事物好像含着深潜的意义，好像是有目的的，这时他已经在提示，人不仅应付世界，而且要理解世界。列维-斯特劳斯用最平白的话说，对野蛮人和对我们一样，"宇宙既是满足需要的手段，同样也是供思索的对象"。[①] 这种思考带来的困惑，是他们的经验、知识、理智所不及解答的，他们无法"科学"地解答这些困惑，陷入了"迷信"。黑猩猩不会那么愚蠢，靠求签拜菩萨来求子嗣，这无非是说，对于黑猩猩来说，没有菩萨。

亚里士多德的《形而上学》开篇说：人天生求理解。从人诞生的那天起，人就是一种求理解的生物。哪怕我的理解是错的，我也要理解。哪怕是一种粗浅的、错误的或者我们叫它迷信的东西，总比没有理解要好。哪怕这种理解没有实用价值。我喜欢举一个例

---

① 列维-斯特劳斯：《野性的思维》，李幼蒸译，商务印书馆，1987年，第5页。

子，悬疑片结局的时候，一个垂死的人，还要问所发生的到底是怎
么回事，他知道了也没有用了，但是他还是想知道，明白了，死也
瞑目了。维特根斯坦说：

> 人的影子——这影子自己看起来就像是个人，人在镜子里
> 的像，雨，雷霆暴雨，月圆月缺，春夏秋冬，动物之间或与人之
> 间的相似处相异处，死亡、出生、性生活等种种现象，一言蔽之，
> 我们年复一年在身周感知到的事物，以形形色色的方式互相联
> 系，不言而喻，它们会在人的思想〔他的哲学〕和他的实践中
> 发生某种作用……火，或火和太阳的相似之处，这怎么可能不
> 让觉醒的人类心智印象深刻？……而觉醒的人类心智最突出
> 的特征恰恰就在于，某种现象现在对他有了意义。①

然而，我们是不是在另一个层面上重复一开始的问题呢？我们
似乎仍然不曾回答，按照进化论，初民怎么会对世界有一种整体上
错误的认识？

我们问"怎么会"，已经蕴涵了初民的错误是个事实，还蕴含
了我们现在对世界的整体认识是正确的认识。然而，这两点都可质
疑。先就第二点说几句。什么是我们今天对世界的整体认识？是
量子物理学吗？物理学是否为我们提供了一个正确的世界图景？
这是唯一正确的世界图景抑或是很多正确图景中的一种？我前面

---

① 维特根斯坦（Ludwig Wittgenstein）：《哲学偶作》（*Philosophical Occasions*），
哈克特出版公司，1993 年，第 126—128 页。

说，对世界、生死的思考带来的困惑，是初民的经验和知识所不及解答的，我们今天的经验和知识已经解答了这些困惑吗？面对这些根本的困惑，我们和初民相去几何？一种技术是否有效，祈雨是不是能够带来雨水，这件事情比较容易确定。但是我们对世界的整体认识是否正确，这件事就不是那么容易确定。整体认识怎么算是正确，怎么算是不正确？这些正是本书要探讨的问题。我们会谈到古希腊哲学，谈到从哲学到实证科学的转变，在这一步步发展过程中，我们对世界的整体认识在不断改变，而且，对我们的探究来说更重要的是，"正确"的含义本身也在变化。

这就把我们从第二点带回到第一点。我们不能从我们今天的整体理解出发，轻易把感应认知视作一些零零星星的迷信，或者视作神秘诡异。感应认知是世界得以获得理解的另一种整体方式。今天，我们习惯了另一种整体理解方式，理知的理解方式。在这种整体理解方式的统治下，感应认知瓦解成一些碎片，显现为一些零七碎八的迷信，或者显得神秘诡异。然而作为整体认知，感应世界并不神秘，也许相反，像我们这样把世界现实视作某种不可见机制产生出来的表面现象反倒是神秘的。

从人类学著作中，我们读到，初民在很多实际事务中应用巫术，但是我们不应轻易把我们的技术发明投射到巫术研究中去，仿佛初民为了对付一种情境发明出某种巫术，为了对付另一种情境发明出另一种巫术。巫术并非意在实用而发明出来的技术，毋宁说，巫术首先是对世界的一种整体理解，从这种感应式的整体理解出发，碰到具体的事情用某种巫术来应对就可以是相当自然的。

不过，在理性态度的冲击下，尤其是随着近代科学的确立，感应认知很大一部分蜕变成残存的迷信碎片。在今天，感应认知也不乏自我辩护的努力，但总而言之，它越用理性自辩，越要以科学的面貌出现，它就越发不是本真的感应认知，越发彰明为迷信。今天仍然盛行的各种民间理论，例如星相学以及气功理论，都是例证。

　　然而，感应认知还以一种远为重要的方式留存下来。在整体理知认知的统治下，感应认知被压抑成为一种下层认知。感应认知真正的生命力在于它提供了**各种认知原型**，这些原型仍然在深层调节着我们的认知，我们的理知理解仍不断从中汲取营养。我前面说，日出与生命的兴旺，日落与衰亡，大地和母亲，这些联系是那么自然，简直无法不从这些联系开始来理解世界。它们是"最古老、最普遍的人类思维形式。它们既是情感又是思想"。[①] 正是在这个意义上，荣格把它们称作认知原型。认知原型在艺术中仍然发挥着重要的作用，同样，它们在哲学认识中，甚至在科学理论中也仍然发挥着重要的作用。关于象征、隐喻等等的研究在不断揭示这一点。关于社会的大量隐喻，机体、阶层、网状、织物、机器等等，社会科学堂而皇之加以采用。近代物理学的数学化可以被视作消除隐喻的努力。但是即使物理学中的一些基本观念，仍然依赖于隐喻一类的认知原型。Current 或电流这个词是隐喻类的，对电流的描述携带着"流"这个字在水流等形象中所具有的语力。电流不是一个单独地带着隐喻的词，这里出现的是一族隐喻。电流通过电阻很小的导体，其中电流、通过、导体都带着隐喻，并且由此构成一幅统一

---

　　① 拉·莫阿卡宁:《荣格心理学与西藏佛教》，江亦丽、罗照辉翻译，商务印书馆，1999 年，第 48 页。

的图画。能量和能量守恒的观念大概也基于认知原型,在较早的时代它是炼金术士的秘密火焰,或赫拉克利特的"永恒的活火"。[1] 能量守恒观念是某种潜伏在集体无意识中的原始意象,同样的观念也表现在魔力、灵魂不死等等之中。这并不是心理分析学家的奇谈怪论。一部著名科学史这样评论物质不灭和能量守恒:"心灵为了方便的缘故,总是不知不觉地挑出那些守恒的量,围绕它们来构成自己的模型。"[2]

我们将在科学概念章里讨论科学理论怎样努力消除这些隐喻,以期把每一个术语都转变为哈瑞所说的"充分定义"的概念。然而我们有理由认为,这是一个不可能充分达成的目标。哈瑞就此说道,"我敢斗胆断言,没有哪个物理学家,无论多鹰派的物理学家,在说到例如'导体里的热流'时所意谓的丝毫不多于'温度随时间发生的变化'"。[3] 哈瑞敢于做出这个断言,是因为"〔电流〕这类语词不可能被人工建构的表达式替换而不毁掉电动力学的概念基础"[4]。

感应认知不曾从人心中根除。实际上,作为认知原型,它不可能从人心中永远根除。如前所述,今人相信星相学、到庙里烧香求签之类,都只是感应认知残留的皮毛。感应认知以各种更加隐秘的也更加重要的方式参与我们现代人的思考和理解。电流这一类概

---

① 荣格(Jung):《原型与集体无意识》(*The Archetypes and the Collective Unconscious*),普林斯顿大学出版社,1969 年,第 33 页。

② W. C. 丹皮尔:《科学史》,李珩译,商务印书馆,1975 年,第 16 页。

③ 罗姆·哈瑞:《理论与物事》,谢德与沃德出版社,1961 年,第 38 页。

④ 同上书,第 41 页。

念之被采用，不是偶然的，因为它们天然带有理解。用哈瑞的方式来表述，它们同时既在描述也在解释。[①] 实际上，我们今天所谓理解了，在很大程度上就是说：被纳入了认知原型。如荣格所断言，"追根到底，我们是从什么源头汲来意义的呢？我们用来赋予意义的那些形式都是这样一些历史范畴，它们深深地回溯到时间的迷雾之中"。不能被纳入原型的才需要另加解释，才需要另加论证。"各种解释要用到某些语言母体，而这些语言母体本身又来自原始意象。"[②]

第三节　理知时代

大约一万四千年前，最近一个冰川期逐渐结束。在此之前不大可能出现农业，而冰川期结束不久，大约一万年到六千年前，世界上有几处开始了农业，初民开始驯养植物和动物。农业使人类的生活发生了很大变化，例如，务农的人必须定居，这为积聚财产提供了条件。不久就有城镇出现。从今天的眼光来看，当然都是规模很小的城镇，几百人、几千人。国家大概也是那时形成的。人们把和农业、城镇、国家相联系的人类生活叫作"**文明**"。civilization 的词根是 civil，和城镇的出现相联系。大约在五千年前出现了两河流域的苏美尔文明，差不多同时出现的是尼罗河流域的古埃及文明。印度河流域的哈拉帕文明（Harappan Civilization）在公元前 2500 年进入成熟期，大约早中国商朝文明一千年，其文明程度甚高，据研

---

① 而自然概念获得充分定义时同时将失去可理解性。关于这一点，后面会有多处讨论。

② 荣格：《原型与集体无意识》，普林斯顿大学出版社，1969 年，第 32—33 页。

究古史的许倬云判断，哈拉帕文明，较之古埃及文明和商代文明"也不算十分逊色"。[①] 这些文明，我们统称为早期文明。

文明生活形态有好多新特征，本书最关心的，是理性态度的出现。农业是一种事先长程投资的行为，这就要求人们转而对生活采用理性态度，或者不如说，这一点粗粗地定义了理性态度。理性态度有广泛的表现，废除以人殉葬的习俗，就是理性或文明的一个重要标志。后来，印度佛教进一步反对以动物为牺牲。

和理性态度关系最密切的是文字的出现。第一位用科学方法研究古代社会的路·亨·摩尔根说："文字的使用是文明伊始的一个最准确的标志。"[②] 这是一种常见的看法，例如雅斯贝斯、林德伯格等人都把文字作为新时期的主要特征。汉语用来翻译 civilization 的"文明"一词几乎说出了这层意思。苏美尔文明出现在五千年前，同时，苏美尔出现了书面记录，可说是中东文字的开始。这种文字约一千年后发展为楔形文字。大约在相同的时间，五千年前，在尼罗河谷出现了写在纸草上的象形文字。此后，使用青铜器的大部分地区都开始陆续使用文字。公元前 1300 年左右，腓尼基人发明了两种字母文字，一种来自楔形文字，一种来自埃及的象形文字。第二种流传下来。"有了字母文字之后，僧侣集团以外的人也能够读书写字了。"[③] 哈拉帕文明也有象形文字，这些文字今天还不能解读。《梨俱吠陀》公元前 2000 年已经产生，最初似乎是口口相传，后来

---

①　许倬云：《中国文化与世界文化》，贵州人民出版社，1991 年，第 102 页。

②　路·亨·摩尔根：《古代社会》，杨东莼等译，江苏教育出版社，2005 年，第 24 页。

③　斯蒂芬·梅森：《自然科学史》，周煦良等译，上海译文出版社，1980 年，第 14 页。

形成文字。在中国，殷人已经会用毛笔在竹板上记事，但文字的使用仍然限于少数上层人士。

文字的出现，渐渐形成的理性态度，为轴心时代的到来做好了准备。大约三千年前，希腊荷马史诗成形，印度则有《奥义书》出现，中国进入春秋，人类进入了一个新的时代。

就像文字的出现对于文明有根本意义，在新时期的所有特征中，**文字的普及**特别值得关注，对我们的研究来说更是如此。按照对文字的最宽泛的定义，大概在五千年前就出现了文字。不过，文字最早就像一些神秘符号，由僧侣和史官等极少数人掌握。大概直到公元前 800 年的时候，在埃及、希腊、印度、中国，文字才开始有了广泛的使用。从中国历史可以看到，以前的文字都在史官手里，到了春秋时期，王官之学失其守而降于民间，逐渐兴起了士的阶层，他们掌握文字，会书写，但他们不属于特定的官府。文字不再是由王官垄断的东西。希腊书写字母的发明在公元前八世纪。《奥义书》大概从公元前十世纪至公元前八世纪开始陆续产生，它们不是纯宗教著作，应当说更接近所谓哲学著作，用思辨的方式而非神话的方式讨论世界的起源、人的本质、永生的问题。

新时代的一个重要特征是信史的出现，因此也称为有史时代。此前的时代则相应称为史前时代或史前文明。信史当然是与文字的普及相联系的。信史是用文字记载的，可以界定为"用文字记载下来的可信的历史"。史前社会也是有历史的，称之为"史前史"（prehistory）。"史前史"这个名称有点儿悖论的味道。在这里，第一个"史"指的是文字记载的历史，后一个"史"指的是初民所经历的事情，却不是他们所记述的历史。史前时代也有对历史的述说，口传的历史述说，这些历史传说和神话纠缠在一起，不是信史。我下面会说到，在某种重要的意义上，唯当有了文字记录的历史，才使一个民族在充分的意义上具有历史。

新时代的另一个重要特征是历法的形成。历法也和文字的广泛使用紧密相连。历法依赖于天文观测，而如林德伯格所指出，天文观测的精确记录几乎无法以口头形式传递。[①]

公元前 800 年左右是多数历史学家采用的分界线。学者或基于某种洞见，或本于自己的学科，以各种方式为这个新时代命名。我刚才提到有史时代或曰信史时代。也有称之为文字时代（literary civilization）的。孔德把新时期称作形而上学时代，此前的时代则是神学时代。

我愿特别讲几句雅斯贝斯提出的"轴心时代"这个名称。"轴心时代"与其他命名法不同，它不是用这个大转变时期出现的某种新事物来命名的，比如信史或形而上学。轴心时代的意思像是说，从这个时候展开了一个新的时代，就像从画轴上展开一幅画卷那样。轴心时代是轴心形成的年代，雅斯贝斯的轴心时代大致涵盖公元前 800 年到公元前 200 年，跨度大约六百年；但此后两三千年都从属于轴心时代。我们这个时代的画面不同了，但还是同一轴画的展开，我们今天的文明仍然是在那个时期的原则上开展着。春秋时代是我们视野的尽头，是我们的 horizon，我们往古时候看，一眼就能看到春秋战国时期，一眼却看不到春秋之前。春秋人物的行为、思想，我们可以直接理解，我们能理解孔子、子产他们是怎么想的，

---

① 戴维·林德伯格：《西方科学的起源》，王珺等译，中国对外翻译出版公司，2001 年，第 12—13 页。

而要了解此前的人类生活，就需要通过专门研究了。《春秋》是中国的第一部信史。从春秋开始的人类生活，由历史学家研究，此前的人类活动则更多要由人类学家作为科学对象去研究，通过实证方法去研究。

为本书的目的，我需要另一个称呼，从公元前 800 年左右开始直到今天。遵从根据主要特征来命名的原则，本也不妨把新时期命名为文字时代。不过，本书要谈的是认知态度和认知方式，可以考虑采用"理性时代"这个名称。不过，理性是个太大的词，有太多的词义，其中还包含很重的评价意味。而且，史家也经常用"理性时代"这个名称专称启蒙时代。所以我在这本书里采用**"理知时代"**这个命名。我这里说到的理知和"理性"的意思差不多一样。

本书所称的理知时代，是从公元前 800 年左右一直包括今天在内的。的确，上面提到，在一个基本意义上，从公元前 800 年起直到现在属于同一个历史整体。孔子、子产这些人开始了我们的历史画卷，我们今天这个时代仍然是这幅画轴的展开，当然也许已经展到尽头了。

· · ·

在中国，理性态度大约在周朝逐渐兴盛。商朝重鬼神，周朝重人道，"殷人尊神，率民以事神，先鬼而后礼。周人尊礼尚施，事鬼神而远之"[1]。商人的天是天帝，是商的部落神，到周朝，天被理解为

---

① 《礼记·表记》。

天命、天道，可说是普世的，天命靡常，唯德是亲。不少历史学家认为，周这么一个小邦竟战胜并取代了商，这需要一种解释，子邦灭母邦也需要一种辩护，于是产生了"皇天无亲唯德是辅"的观念。天命、天道观念中的宗教因素渐渐淡出。《周易》经文中涉及天、帝、神明的极少，据统计只有两条，而且并不涉及令风令雨的神力。筮辞中也很少事神的记载，绝大部分是对人事的预测。卜辞中却尽是"没完没了的卜雨卜年"。①

　　到了春秋时代，贤人智者更多和人道一并来理解天道，或径称人道来取代天道。《论语》中除了"夫子之言性与天道，不可得而闻也"没出现过天道这个用语。鲁昭公时，先是来了彗星，接着心宿在黄昏出现，申须、梓慎等人就断定郑国要有火灾，裨灶要求子产禳灾，子产不从，后来果然发生火灾。于是裨灶再次要求子产祈禳，否则郑国还会再次发生火灾，子产仍然拒绝，并且说了一段著名的话："**天道远，人道迩**，非所及也，何以知之？灶焉知天道，是亦多言矣，岂不或信？"《左传》的作者交代了上面这段争论，故事的结尾一句是"亦不复火"，作者怎么看待这场争论是明明白白的。子产和裨灶等人的争论是新兴的理性态度和旧时代感应思维的争论，子产看重的是可由经验了解的周遭世界，是可得而知之的人道，而非经验不及的天道。这样一种态度就是我们平常所说的理性态度。《左传》里还是有些怪力乱神的东西，但其作者大体上的理性态度是很显明的，拿《左传》和《公羊传》《穀梁传》比较一下，这一点

---

① 　陈来：《古代文化思想的世界》，生活·读书·新知三联书店，2002年，第83页。

无人能够疑问。后世儒家推重《左传》，^① 自有道理。

理性这个词有多重意义，^② 不过，在我们的日常用语中，理性这个用语的意思是大致可辨的。我们说某人理性，是说他着眼于现世、重经验重常识、冷静而不迷狂。理性态度是一种重常识、重经验的态度。

子产、孔子这些人代表着理性态度在中国的兴起。整部《论语》简直就是理性态度的范本。孔子的现世理性态度是那样深厚，其不信怪力乱神是如此彻底，直到今天读来都令人惊异。从世界观的转变来说，从认知态度的根本转变来说，孔子的思想是革命性的，代表的是一种新兴的理性态度。理性态度是在和感应认知的斗争之中生长起来的，子不语怪力乱神，这是有明确针对性的。我们早已习惯了理性态度，乃至于我们不容易感受到理性态度相对于当时占主流地位的感应认知曾是怎样一场世界观的革命。我们都知道孔子尊重传统主张复古。这并不奇怪，革命性的精神经常以恢复传统为号召。^③

我这里不是就孔子之代表儒家而与道家、墨家等相对谈到孔子的。孔子、老子、墨子、庄子、法家，他们整体地兴起了理性态度。我们从先秦诸子那里可以十分清楚地看到理知时代开始了。我当

---

① 《北史·儒林传》，"其公羊、榖梁二传，儒者多不措怀"。转引自杨伯峻编注：《春秋左传注》，中华书局，1990年，前言第24页。

② 现代汉语里的"理性"，专用于翻译 Vernunft 和 rationality 一类西文。古汉语里，"理性"连用最早见于《后汉书·党锢列传》，"是以圣人导人理性，裁抑宕佚，慎其所与，节其所偏……"，这里的"理"是动词，"理性"是"修养德性"。名词"理性"原为佛家语，儒家也用，《二程遗书》中有"性即理也，所谓理性"。

③ 下文马上要谈到，"传统"这个观念本身就是理知时代才能有的。

然不是说，诸子的思想是一致的，要之，尊崇理性原本意味着种种不同取向永不会有定于一尊的局面。先秦诸子是感应宇宙观崩解时代的不同应对，这些不同取向的交错、冲突、交织、借鉴、继承将塑造中国人的心灵结构，将铺展中华文明的大画面。[①] 秦汉一统造就了中国政治的主导格局，而从精神层面上说，中华文明则是由诸子时代奠定的。先秦诸子各家各派的"理性转向"的程度虽不尽相同，但总体上都相当彻底。在我看，诸子的导向使中国成为世界上最为理性的民族。

《诗经》被称作经，孔子被立作我们民族的圣人。老子、庄子、墨子，他们也是圣人。诸子构成了中国的轴心时代，他们的学说和气象是中华文明画卷的文化原型。你是个诗人，我是个诗人，谁的诗好可以一争，你是个哲学家，我是个哲学家，我们俩谁更深刻也可以一争，但是我们不会去跟《诗经》争，不会去跟孔子和庄子争。后世思想者和先秦诸子的关系不是并列比较的关系。不是说诸子的思想深刻得超不过了，正确得改不得了，而是说，先秦诸子提供了一套原型，使得我们能够在一种特有的精神中思考，我们赞成、发展、修正、反驳，都依据于这些原型。不是说比得上还是比不上孔子，而是这种比较没意义。

· · ·

---

① 正如当今，被笼统称为后现代的精神中包含着根本不同的取向，这些取向之间的冲突与融合、之间的此消彼长，将对后世造成不可估量的影响。

前面说到，理知时代和文字的普及有一种因缘。文字带来了一种横向的交流，带来了一种共时性，不同的文化、世界观、观点，并列存在。即使是从前写下来的东西，仍然原样放在那里，也和现在写下来的东西具有某种共时性。在史前生活中，一个民族的传说、神话、观念体系，是通过口头一代一代竖着传下来的，一个民族有一套单一的传说和神话。在旁观的研究者看来，口头传统当然一直在变，但是生活在这个传承里的人，由于接受的是口传的故事，没有古时候的文本作为参照，只有一个现存的版本，所以对他而言，只有一个统一而稳定的观念体系。这里几乎有一种类似悖论的情况：唯对于传统并存着不同的理解和解释，才谈得上传统，人们所说的"传统社会"，其中的人倒感觉不到什么传统。前面说到，"史前史"这个名称有点儿像是悖论。从我们现在对传统的理解来看，这个名称就不显得那么自相矛盾了：在我们看来，史前民族也是有历史的，但对于生活在那时的人，他们以当下的方式而不是以历史的方式生活在自己的传统里。

有了文字文本就不同了。文本不像口头传说那样一般只在本民族内流传，文字文本便于在不同的民族、种族之间传播。更重要的是，即使在一个民族内部，每个时期的不同观念都留下了自己的版本，即使同一个观念体系，在不同的时期也有不同的解释，哪些是原始文本，哪些是后世的解释，借助文本，大致上能够分辨清楚。不同观念体系之间的差异、同一个观念体系在历史演变过程中产生的差异，都清楚地摆在我们面前。这种情势造就了一种颇为不同的心智。例如，对既定生活方式的反省；与之相应的对当前时代的批判，这种批判一般以古昔的黄金时代为参照，但同时也就有了展望，对一个未来世界乃至神秘世界的展望。我们可以用其他许多方式来概括理知时代的心智特点，并思索这些内容之间的联系，这里只想提示，理知时代的心智特点和由文字造就的不同观念并列杂陈的状况紧密联系。

理性态度的第一个特征是反思，在他者的背景下看待自己。这甚至会让贤人智者体认到，别的种族像我们一样，他们的生活方式有它自己的合理性。这在我们看来也许没什么，但在当时，这是一种崭新的眼光。初民总是把自己的部落，自己的小民族，自己的共同体的利益、诉求或生活方式看作是天然正当的。若我们在这里也能谈论合理性，那么，自己民族生活的合理性是不受置疑的。这个部落里男人娶两个妻子，而另外一个部落里只娶一个妻子或者娶四个妻子，他们都会觉得对方古怪可笑。利益发生冲突的时候人们理所当然要维护自己部落的利益，这是生存斗争的一部分。在所谓精神或生活理想的层面也是如此。你所在的文化天然就是至高无上的文化，它是对的，是好的，别的文化是错的、可笑的、恶劣的。

到了理知时代，情况发生了变化。人们可能发现自己的东西不是那么好，而其他文化的一些特点和做法有时会被认为是更好的。读希罗多德的《历史》，这一点我们不可能不留下极为深刻的印象。希罗多德公认是西方的第一位历史学家，西方的信史从他开始。希罗多德是个旅行家，他有一双好奇的眼睛，在世界上走了很多地方，见到了很多奇特的风俗，此外他像古代大多数历史学家一样，喜欢听故事，他写的《历史》，主体是讲希腊和波斯的战争，但上部记录了很多故事，描述了好多民族的生活特点。有些故事很荒诞，希罗多德通常会加上这样的注解，他说：波斯人是这样对我说的，是否是真的我不知道，我只是把它记录下来。另一种常见的注解是这样的：听说在克什米尔那一带，祖先死了之后不是被埋起来，而是被吃掉，这在我们看来是匪夷所思的可怕陋习，但是平心静气想想，也许他们有他们自己的道理，我相信他们这样做并不是出于邪恶，因此也不会像我们这样感到愤怒或者恶心。近代人类学也研究这类习俗，认为初民吃人肉的风俗是为继承祖先的灵魂和勇气而举行的一种仪式，和"饥餐匈奴肉"的意思不一样。基督教仪式中的圣餐仍然象征性地保留了这种观念。希罗多德没得出这样的"科学结论"，但我想说的是希罗多德有这样一种跳出自己特定文化的眼光。希罗多德从习俗的相对性来看待这样的事情，说是"习俗高于一切"，说任何人如果能够选择，就会选择在他自己的那个民族的习俗中生活。当然，希罗多德仍然为自己是希腊人而骄傲，走了那么多地方，还是希腊最好。但这个最好，是理性反省的结论，是与他人比较而言的，这个话在前理知时代没有人会说它，自己这个种族岂止是最好，只有自己这个种族才是好的，这原是自明之事，我简直要说那是个分析命题。

现在，人们经常在极端理性主义的意义上理解理性。这样一来，理性几乎成了一个压迫性的词儿。的确，什么不会转变成压迫人的力量呢？人权、民主制度，连这些也会转变为压迫力量。这里说到理性，不是极端理性主义的理性。我们今天对理性抱有警惕，但我们读读《左传》《史记》，读读《论语》《庄子》，我们会强烈地感受到理性最初是一种解放力量，禁不住为这些弘扬理性的贤人智者鼓呼。理性转变为压迫人的力量，怪不到孔夫子、子产、希罗多德或苏格拉底头上。为此，在理性的多重意思里，我这里特别愿意提到理性态度这个用语所包含的宽容这层含义。对于同质传统的初民来说，善和美都是以自己为标准的，甚至人这个词也只用在我自己这个种族身上。虽然在一个种族内部，我们自己也人压迫人，也互相残杀，但"我们自己"似乎仍是一个整体，天生优越，反过来则非我族类其心必异，好像只要是我这个族类就都同心同德似的。而理性的反思精神中则包含着宽容的观念。各种观念并列杂陈，没有一种天然的统一性，我们因此才需要一种超越于特殊观念之上的态度，从而能与不同的观念相处。理性宽容由此而起。理性一词所包含的客观性也应从这个角度来理解，它首先并不是指"客观实在"。

第四节 理性与理论

上节说到理性，是就我们平常的用法来谈的，而我们在反思、谈论"理性"这个概念的时候，往往会把科学作为理性的典范，把理性和理论相提并论：理性倾向于上升为理论，理论是最理性的。本节和下节却想说明，**理论兴趣并不是理性态度的自发产物**，倒不如说，理性态度多半是抵制理论的。的确，哲学-科学以理性态度来从事理论，哲学-科学是理性的理论。然而我想表明，像这般把理性和理论结合在一起，并非普遍情况，而是属于希腊和西方的特例。

我在别处曾著文探讨"理论"这个概念，① 这里只重述该文与本

---

① 参阅陈嘉映，《何为理论》，载于陈嘉映：《无法还原的象》，华夏出版社，2005年。该文可视作何为理论这一探究的初步。该文有很多内容收入本书。

节密切相关的几个要点。

我们叫作"理论"的东西，首先是一般的东西、普遍的东西、抽象的东西，是和具体情况相对的。反过来说，凡是概括的东西都有一点儿理论的意味，彭加勒说："每个概括都是一个假说。"大意亦如此。概括命题都有点儿像是理论，比如像人之初性本善、物极必反、多行不义必自毙、历史是进步的，乃至于"理论概括"成了个短语。还有个常用的句式："从理论上来说当然多行不义必自毙，但是在具体情况下……"这个说法也提示了理论的一般性、普遍性。

这个说法还隐示，普遍性对于理论家是重要的，对于务实家却没什么用。物极必反，这不错，但也没什么用，因为麻烦总是在于弄不清楚什么时候是极点。你深明物极必反的道理，但你还是不知道什么时候该买进股票，什么时候该抛出。

理论还有另外一个简单的意思。侦探小说进行到一半时，侦探会提出一个理论，这个理论给出了案件的全貌。其中有些环节是设想、猜测，还有待证实，如果全都已经证实了，那就不是理论了，就是事实了。在这里，理论是个完整的故事，但其中有些环节是推论出来的。

现在我们反过来看概括命题，就可以看到，我们倾向于把概括称作理论，也是因为其中包含着推论。逻辑学所说的**全称命题其实有两种**。袋子里有一百个球，我说这一百个球都是红的，可能，这一百个球我都看过了，都是红的；也可能，我查看了三十个，都是红的，于是我推论说这一百个都是红的。这两者都是全称命题，但有重大区别，区别在于前者没有推论。这种全称命题不是概括，它就是一种描述，和特称描述没什么区别，只在逻辑学教科书上有区别。你查看了三十个球然后推论说这一百个球都是红的，这才是抽象概括。平常说话中的所谓全称命题都是这一种，都是包含推测、推论的。你说山东人豪爽，我可以保证山东人你没有全部见过，你也许见过十个，也许见过一百个一千个，然后你做了这个概括。

理论还有其他许多含义。物极必反这样一个简单的概括，或侦探靠推论补足的故事，只是其中两种，也许是比较边缘的含义。我举出这两种较为简单的形式，是因为我们往往更容易从这些简单形式里看到理论的一些基本特点，例如推测、推论这些因素。

理论的另一个含义是**对世界的整体解释**。这是理论的一个核心含义，也是本书中所采纳的主要含义。

我说到，一个民族对世界有一个总体的解释，在史前社会，这种解释一般表现在神话里。一个民族的神话系统开始对世界做出统一的解释，其中最重要的内容是：世界的起源、人类的起源、自己种族的起源、人的生活规范。到理知时代，对世界的总体解释转变了形态，转变为某种形式的理论，这类理论的特点是从现象的相似性进行概括和推论，形成一个无所不包的宏大叙事，本书称之为**概括类推理论**，或曰**类推理论**。这种宏大理论叙事继承了神话传统，意在为宇宙和人生提供一个总体的解释。理论起源于神话。[①] 理论把神话中的重大课题如世界和人的起源等等继承下来。整体解释，无论是神话形态，还是理论形态，其中都有很多臆测的或推论的内容。

阴阳五行理论是对世界的整体解释，它把世界上所有的现象和

————————

① 如果区分解释性的神话和唯美的神话，理论就起源于解释性的神话。

事物归拢到五行中，无论天文、地理、政治、人生，都纳入到同一个理论之中，形成一个宏大叙事。阴阳五行理论而且也是典型的类推理论，倚重现象的相似性，其中有大量与神话相通的感应认知因素。

不过，概括类推理论，作为理论，发展出了一个具有根本认知意义的新观念，**数的观念**。[①]通过数的观念，**世界被分离为实在与现象**。数作为现象背后的实在，其联系和循环决定着现象世界的变化，决定着世间的兴亡荣辱。数和现象世界的关系不同于现象之间的感应。在感应世界里，引发感应的事物和有感而应的事物都是可感的，数却是看不见摸不着的，它在冥冥之中决定着现象世界的运行。这种决定关系是机制观念的原型。当然，这里的机制不是物理因果机制。也正因此，我们会说，数与世间的兴亡荣辱的联系是一种神秘的联系。有一种隐秘的实在在冥冥中决定可见现象，是神秘主义的主要含义。与之对照，现象感应虽然不是物理因果的，但也没有什么格外神秘的地方，因为这里并没有什么隐秘的实在和隐秘的机制。

早期理论倾向重的思想家，无论是阴阳五行家还是毕达哥拉斯学派，都是偏于神秘主义的，这不是偶然的。理论总是在琢磨看不见摸不着的东西。即使在今天，爱好理论的还多是神神叨叨、狂热痴迷的人，成天张望六合之外。那些注重实际的理智人往往对理论没有兴趣，甚至轻蔑。我强调这一点，是因为关于这一点有太多的误解，人们说到理性，首先想到理论。

理性态度和理论态度是两种东西，不仅于此，**在通常意义上，**

---

① 这里说的是"数运"之数。对此的较详解说见后面"近代科学的数学化"章。

理智和理性是非理论的，甚至是反理论的。我们把什么人叫作富有理性？讲求实际，讲求经验。上节引述的子产的故事表明，子产就事论事、知之为知之，这种态度明显具有反理论的色彩，与邹衍一辈的闳大不经是相反的。我们经常拿诸子百家和希腊相比。的确，要说学术的繁荣、思想的生动、智慧的深刻，两者共同之处甚多。但先秦诸子总体上没有希腊人那种建构理论的热情。在先秦诸子中，孔子最突出地体现了重现世不重理论的理性态度。在孔子那里，我们能够明显地感觉到理性态度是一种非理论甚至反理论的态度，所谓六合之外圣人存而不论。孔子从不热衷于提供对世界的整体解释，"夫子之言性与天道，不可得而闻也"。[1] 实际上，孔子的这种态度，在很大程度上塑造了后世儒者不重理论的倾向。孔子读《易》，但他把《易》当作思想来读，而不是当作数运来读。《周易》的卜筮功能在春秋时期儒者群中已经式微，荀子所谓"善为易者不占"。[2] "从孔子到荀子，已将《周易》文本化，并走了一条理性主义的诠释之路。"[3]

在儒家传统中，孟子和荀子，比较起孔子，有较强的理论建构倾向。和儒家相比，老庄含有较多的理论色彩，此后的道家有更强烈的理论倾向。不过，在中华文明传统中，最突出的理论建构是邹衍、董仲舒一系的阴阳五行理论。邹衍在先秦诸子中不是最重要的人物，但到了战国晚期和秦汉大一统的世界里，他这一系的思想影响扩大了。

---

① 《论语·公冶长》。

② 《荀子·大略》。

③ 陈来：《古代文化思想的世界》，生活·读书·新知三联书店，2002年，第90页。

阴阳五行理论

阴阳是**到处可见的两分法的一例**。波斯教把万物分成光明的和黑暗的，恩培多克勒分出友爱和憎恶，中国则有阴阳。我们可以简单地把世界上的一切现象事物分成两大类，人分男女、君臣、贵贱，天分昼夜、阴晴、寒暑。如果阴阳只是所有这些两分的总称，那么阴阳并没有什么理论意义。"天地日月有阳有阴也罢了，树叶也要分出阴阳来，朝上的一面是阳，朝下的一面是阴。"翠缕问：那扇子呢？扇子正面是阳，反面是阴。[①] 这算什么理论呢？

阴阳也可以被理解为概念在形式方面的二元性。有冷就有热，有高就有矮，有因这个概念就有果这个概念，有集体这个概念就有个体这个概念。这种形式方面的二元性由于缺乏结构，也是不可能基以构建理论的。关于阴阳的概念思辨必然是空洞的。

阴阳之能成其为理论，既不在于它只是从现象上着眼把万物分成两大类，也不在于它提示了概念在形式方面的二元性，而在于它**被视作元素或原理**。从纯形式方面着眼，概念只会是成对的或曰二元的，而元素可以是一种、两种、五种、一百零六种。另一方面，元素的分类不同于万物的分类：元素不是事物的类，而是事物的始基。元素不等于事物，泰勒斯认万物的始基为水，但万物并不直接就是水。始基通过某些机制构成万物，造就芸芸万象。"万物负阴而抱阳"指陈任何一物中都含有阴阳这两种始基，不是像翠缕所能理解的那样，单在于把天下万物分成一半阴一半阳。

---

① 《红楼梦》第三十一回。

　　阴阳一开始被理解为自身包含构造机制的元素，伯阳父论地震可视作这种原始阴阳理论的范例："夫天地之气，不失其序……阳伏而不能出，阴迫而不能蒸，于是有地震。"[①]元素一开始通常被理解为自含动力的东西，进一步发育的理论则倾向于把元素和促动元素活动的力量或机制区分开来。我们可以在恩培多克勒那里看到元素和动力分开的例子：友爱和憎恶不是元素，他另有水、土、气、火四大元素，友爱和憎恶是使这些元素聚合或分离的力量。与此相似，当阴阳学说和五行学说结合以后，五行扮演了元素的角色，阴阳则转而成为力量和机制。机制中最简单的也是最自然的一种是先后顺序。[②]阴阳观念和时序观念从一开始就紧密联结在一起，所谓"阳至而阴，阴至而阳"。

　　须得注意的是，无论是元素和力量结合在一起的始基，抑或是分离开来的元素和力量，都是隐藏在现象–事物背后的。互相发生感应的现象是在同一平面上的，与此不同，原理是隐藏在现象背后的，需要被揭示、被发现。隐藏在现象背后的才是世界的真际。那个隐藏在事物现象背后的东西，那个在不同事物现象领域中不变的东西，那个不能直接看到而只能由理智把捉的东西，是数、秩序、结构。[③] **把现实和现实背后的隐秘结构区分开来，是理论态度的最基本的特征。**史湘云话说："阴阳可有什么样儿，不过是个气，器物赋了成形。"难怪翠缕不解："这糊涂死了我！什么是个阴阳，没影没

---

① 《国语·周语上》。

② 同理，先来后到是伦理学中最基本的原则。这一点尚未获得充分的注意。

③ "数学化"章还要讨论数的概念如何使得阴阳五行理论成为一种理论。

形的。我只问姑娘,这阴阳怎么个样儿?"[1]非读书人,要的是看得见摸得着的东西,听了这些没影没形的东西,真个越听越糊涂。然而,隐秘的元素通过不可见的机制造就芸芸万象,这是理论阐释的特征。

把现象-事物和隐藏在其后的东西区分开来,把隐藏在其后的东西区分为元素和促动元素活动的力量,这当然是我们事后才明确看到的。在早期的理论中,这些区分不是那样确切。初级的元素说在很大程度上依赖于现象上的相似,因此显得像是简单的归类游戏:一个元素和一类事物现象对应,像是这类事物现象的名称。但作为这种归类工作的纲领,二这个数目是太少了,显得有点单调,不足以形成丰富的结构。[2]更常见的是三元素到七元素,这些数目对思辨归类游戏来说是适当的数目。在恩培多克勒等希腊思想家那里流行四元素说,在中国最流行的则是五行说。

五行最早出在《尚书·洪范》,指水、火、木、金、土。继而有五色、五声、五味、五官、五体、五谷、五畜、五帝、五方——东方甲乙木、南方丙丁火、中央戊己土、西方庚辛金、北方壬癸水。后有五行相生、五行相胜、五行相克、五德终始说等。人性也分为五端,仁义礼智信。

五行说一开始像是个归类游戏。归类的根据,在于现象的相似性或其他的现象联系。春配东,因为中国的春天多东风;南方热,

---

[1]　《红楼梦》第三十一回。

[2]　如马王堆《称》篇罗列一些对子,"天阳地阴、春阳秋阴、夏阳冬阴、大国阳小国阴、重国阳轻国阴、有事阳无事阴、……主阳臣阴、上阳下阴、男阳女阴、父阳子阴、……制人者阳制于人者阴"。

和火归在一类；水火相对，北南相对，就把水和北归在一类。万物在春夏欣欣向荣，和德政、德性连在一起，秋冬肃杀，和用刑连在一起，据此不难领会为什么《黄帝四经》称刑阴而德阳，故春夏为德，秋冬为刑。这些内容的感应特点很明显。这些感应的因素虽然没有严格的科学根据，但是有很强的感性方面的支持。如果我们自己拿春夏秋冬来和阴阳对，大概也会用春夏来对阳、秋冬来对阴，拿春夏秋冬来和对德与刑对，大概同样会用德对春夏、刑对秋冬。这是些自然的想法，和现象感性的认知方式有密切的联系。

现象的一一对应提示某种更多的东西，那就是各个领域的整体结构上的对应。我们在一个领域里发现了某种最简单的结构或曰现象样式，pattern，③ 就可以尝试把它套到另一领域中去。顺序、秩序是一种结构，一种简单的、简明的结构。春夏秋冬是有顺序的，东南西北也是有顺序的。一旦发现并掌握了这个顺序，我们就可以从世界的这一部分推断出另一部分。一旦春配了东，就可以从春夏秋冬和东南西北共有的顺序推断秋配西，然后配金，配刑，等等。事实上中国的秋天多西风，冬天多北风，于是，推断和经验、观察交织在一起互相支持。家和国共享一个现象样式，那么，从国无二主可以推断一个家庭里也应当有一个做主的人，连同对其他一些因素的考虑，这个主人当然是男性长辈。这个共同现象样式也是很有根据的，早期的国在很大程度上本来就是从家发展出来的。"国家"这个用语，一开始是个词组，直到近代才成为一个单表国的单词。

---

③ 现象样式作为最初的一种结构，和归纳出共相不同，不是一个点一个点的归纳，而是整体归纳出一个样式。由于现在我们所谈的理论包含大量感应因素，现象样式也许是个比结构更合适的用语。

宇宙和社会共享一个现象样式，天无二日，国无二主，等等，因此，思想家们努力模仿宇宙秩序来建构社会秩序。当然这里的宇宙秩序有很多想象的成分，我们今天回顾，简直说不清到底人们是在用宇宙秩序来解说社会秩序，抑或是参照人间的既有秩序来设想宇宙秩序。

从上面的简述已经可以看到，五行的归类依据形式不一的好多原则，但大致上是在起点处根据已知现象事物的相似性，推及尚不了解或经验不及的事物。这种**相似归类、据类外推**的理论是"理论先行"的，类别的数目和各类的顺序一开始就设定了。所以顾颉刚说，这不是我们今天所说的归纳法，五行是通过演绎法来进行归类的。[①]《孟荀列传》这样说到邹衍："其语闳大不经，必先验小物，推而大之，至于无垠。"太史公说什么都要言不繁，切中肯綮：五行说先从眼下可知之事开始，利用类推，直及"海外人之所不能睹"。

把事物归为五类，比起两分法来，显得比较丰富些。但这样的归类，也更容易比两分法牵强，难免削足适履。我们可能正好有"五"官，但声音该分成五声还是七声，颜色该分成五色还是七色，味道该分成五味还是十味，似乎没有确定的标准。更有明显与五不合的。七大行星，十二个月份。方位只有四个，如何塞进五行？东西南北中。加个"中"，似乎还说得通。但季节呢？只有春夏秋冬四季，又似乎没有"中"。一个办法，是在夏天之后又造出一个"季夏"来，四时就变成了五时。《管子·四时》更有奇妙的说法："土德实辅四时出入。"这一"辅"，万金油似的，什么问题都迎刃而解，

---

① 顾颉刚：《汉代学术史略》，东方出版社，1996年，第1页。

但恰恰由于解释力太强，放之四海而皆准，就失去了解释力。至于《孙子兵法》说"五行无常胜，四时无常位，日有短长，月有生死"[①]就不知是为五行强说，还是不以五行为然了。

这样用简单的"演绎法"来进行归类难免任意。如果你主张三元素说，就可以分出天地人来，如果你主张四元素说，就可以分出天地神人来。总的说来，数目字越大，分类越容易牵强。例如邹衍关于赤县神州的说法，九九八十一分之一，人称海外奇谈。

阴阳和五行有不同来历，大概是邹衍把它们结合起来，形成一个整体理论，其中五行是元素，阴阳是动力。在我们今天看来，阴阳五行也许只是伪理论。但伪理论和真理论之间没有明确的界限。这种通俗理论包含了理论的很多要素。别的不说，阴阳五行之为理论，包含了借助推论建构起来的完整故事，天地人神、古往今来，莫不包括在内，形成了一种**宏大叙事**，司马迁说到邹衍，说"其语闳大不经"，这是含着批评的，但也指明了它宏大叙事的特征。

这种便宜的宏大叙事，似乎是对智性的愚弄，为正统儒士所不取，"官绅可以业余身份演运术数以启示民众，而绝不以此为正当学识、治生常业"[②]。众所周知，梁漱溟是顶推崇中国文化的，但说到阴阳五行理论，鄙夷溢于言表："姜若泡黑了用，就说可以入肾，因为肾属水其色黑。诸如此类，很多很多。这种奇绝的推理，异样的逻辑，西方绝对不能容。"[③]但这种理论很容易取信于无知识的广大人众。实际上，所谓"民众理论"差不多都是这类东西。一分为二、

---

① 《孙子兵法·虚实》。
② 王尔敏：《明清时代庶民文化生活》，岳麓书社，2002年，第93页。
③ 梁漱溟：《东西文化及其哲学》，商务印书馆，2000年，第38页。

民间血型理论、星座理论，皆属此类。老百姓而当了官、当了帝王，对这些东西尤为着迷。司马迁在《孟荀列传》中这样说到邹衍的影响："王公大人初见其术，惧然顾化。"老百姓对理论通常没什么认真的兴趣，姑妄信之，而那些有志于天下的枭雄却往往觉得自己和天命有紧密的联系，于是对理论有一种认真的兴趣，当真会为理论家推衍出来的结论兴高采烈或惧然顾化。

...

要说对宇宙人生提供整体解释的理论，阴阳五行是中国的主要理论传统。李约瑟从科学和理论的内在联系着眼，难怪会说邹衍是中国古代科学思想的真正创始者。然而，总的说来，阴阳五行这些东西是不入正统儒学法眼的，虽然从汉朝起，也有不少儒学议论里杂入了阴阳五行的因素。儒学是很理性的，对这种半神话式的理论原则上采取排斥态度。我一向认为，跟其他文明比起来，中华文明是个特别富有理性态度的传统。许倬云说中国知识分子"大多抱持理性态度的长久传统"，[1] 这种理性态度，尤体现在中国的政治治理方面，中国两千年前就建立起了相当健全的官僚制度，一千多年前就建立起相当完备的科举选拔制度。余英时概括说，近代以前，"中国一半的政治和社会状况不但不比西方逊色，而且在很多方面还表现了较多的理性"[2]。又说，"中国传统的官僚制度无论在中央

① 许倬云：《中国文化与世界文化》，贵州人民出版社，1991 年，第 87 页。

② 余英时：《中国思想传统的现代诠释》，江苏人民出版社，1995 年，第 32 页。

或地方的行政制度方面,都表现着高度的理性成分(rationality)"①。这些都是不刊之论。

不是说两千年来中国多美好,只是说在理知时代,跟绝大多数别的国家比,中国的文官、文人乃至平民百姓明显地更理性、更实事求是。在近代与西方遭遇之后,西方是强势的力量,不仅在经济力量、军事力量上是强势的,而且也是强势的文明,结果把我们这个"中央帝国"挤到了世界体系的边缘上,于是我们反省说我们的文明肯定有什么根本的缺陷。缺乏理性也是一条。这时候,"理性"不仅完全依西方标准来界定,而且特别由当时的西方标准来定,西方和我们差别最大的差不多就是科学了,我们就比西方人更倾向于用科学来界定理性。然而,缺陷在很大程度上是针对特定环境而言的,不能从本质主义的意义上谈论缺陷。在当今的世界格局下,中国的民族性是有诸多需要改造的地方,但好多毛病是近百十年新添的,或竟是我们自己这一两代人种下的,我们应当就事论事,不宜动不动就追溯到汉唐春秋那里。

我说中国人特别富有注重经验的理性态度,主要是描述性的,不是评价性的。实际上,中国人注重经验和现实,还可以从反面看到。例如,**中国没有史诗流传下来,中国远古的神话保留得很少。**鲁迅、茅盾都强调过这个事实。我认为我们的孔子、孟子、老子、庄子、墨子,尽管他们之间有很大的差别,但笼统说来都极理性,中国在轴心时期的转变特别彻底,理性态度占了绝对优势,几乎完全中断了史前史的神话传统。诸子时期留下了那么那么多东西,但其

---

① 余英时:《中国思想传统的现代诠释》,江苏人民出版社,1995年,第113页。

中没有完整的创世神话。庄子里面有不少神话，但其中多半不是继承下来的，而是编出来的，不如视作寓言。这种高度注重现实的理性态度的另一面就是缺少**理论兴趣**。在孔孟老庄杨墨的学说中，我们也看不到继承神话的关于世界的整体解释。先秦诸子不面对神话传统，没有用一种理性的整体解释取而代之的冲动。

先秦的各个学派都不怎么重视对宇宙的整体解释，后来成为中国主导传统的儒学尤其缺少对世界提供整体解释的理论兴趣，"从儒学史的发展看，安排世界的秩序才是中国思想的主流，至于怎样去解释世界反而不是儒学的精彩的所在"①。中国主流思想对宇宙论这类事情往往全不措意，所谓"唯圣人不求知天"②。结果，尽管阴阳五行理论不登大雅之堂，没有成为文化主流，但凡涉乎整体解释，仍只能到阴阳五行家那里去找。汉朝的儒学中掺进不少阴阳五行的东西。面对儒学和阴阳五行理论的合流，中国思想史上最富理性的思想家之一王充起而捍卫原始儒学的理性传统，他对各种流行理论的批判是毁灭性的。本来，理性人倾向于借重经验对神话、对过度概括、对各式各样的理论进行批判。王充自己并没有提供什么理论，因而也没有阻止阴阳五行式的理论继续流行，实际上，这类理论始终是中国思想史上的主要理论形态。正如包括拉卡托斯在内的很多论者看到的：与波普尔所声称的相反，证伪并不能毁灭一个理论，只有一个新的、更成功的理论才能取代旧理论。神话和神话式理论不会因为不应验甚至不会因为正当而锐利的批判而消亡，是

① 余英时：《中国思想传统的现代诠释》，江苏人民出版社，1995 年，第 211 页。
② 《荀子·天论》。

理性的理论取代了它们。

宋朝的理学或曰新儒学，受佛学的影响，或者说，为了要和佛学对抗，发展出了某些宇宙论方面的东西。但是和希腊的宇宙论及一般自然哲学对照一下就可以知道，理学的宇宙论并没有独立的理论建树，毋宁说是其一般道德-政治学说的延伸。中国士大夫传统始终缺乏真正的理论兴趣。这个传统一直延续到现在。这一百年多年来，我们开始学习西方以来，各行各业都有能人，在技术性的领域里学习成绩尤其好，但理论创新方面却很弱，在物理学、数学、生物学领域是这样。按说，在历史理论、社会理论、人类学理论、政治理论等领域，基于中国漫长而丰富的历史、基于中国人的特殊生活方式和特殊经验，我们应当能有所贡献，但实际上，在这些领域中，中国人在理论建设方面一无作为。在上引梁漱溟议论阴阳五行那段话之后，他又说："中国人讲学说理必要讲到神乎其神，诡秘不可以理论，才算能事。若与西方比看，固是论理的缺乏，而实在不只是论理的缺乏，竟是'非论理的精神'太发达了。"[1] 直到今天，中国人讲到理论，其范式还是阴阳五行那种类型，大而化之、阔大不经的一类。

先秦诸子极其理性，中国学术传统中缺乏理论兴趣，这两方面很可能互相关联。我们的神话系统没有得到完好的保存，我们不信宗教，我们设计了完善的官僚制度、科举制度，尽管思想、文学、艺术历久繁荣、技术创新一浪一浪，我们却没有形成强大的哲学-科学传统，这些事情看来是互相关联的。

---

[1] 梁漱溟：《东西文化及其哲学》，商务印书馆，2000年，第38页。

第五节　哲学-科学之为求真的理论

上一节提出，理论是一种特殊的兴趣，它不是理性态度自然而然生成的，毋宁说它发源于神话。一般所说的理性态度，注重经验，允许争论、纠错；而一般说到理论，高头讲章，闳大不经，唯我独尊。然而，希腊人把理性的态度引进了理论探究，以怀疑、讨论、求证来营建理论，产生了以希腊-西方的哲学-科学传统：**哲学-科学营建理性的理论**，以此取代神话。这是一种罕见的、奇特的结合，是个例外。哲学-科学与巫术不同，与阴阳五行理论不同，另一方面又和讲求实际的理性思考不同。简单讲，哲学-科学无非是讲求真实的理论。用我们今天的语汇说，希腊人以科学精神从事理论。

哲学有广义狭义之分，广义的哲学即以理性的态度来反思我们的经验，狭义的哲学指的就是这种理性的理论或理论的理性。在广义上，孔孟庄老都是哲学。但理性的理论形式主要是从希腊起源的，是属于西方思想的。史家说到哲学，主要是指为世界提供整体解释的哲学-科学理论。黑格尔说，回到希腊，我们就回到了家园。海德格尔说，哲学说希腊话。伽达默尔说，哲学或科学完全是属于希腊的。

须得说明，哲学并不只是哲学-科学。大量西方思想的展现方式和孔孟庄老的展现方式相似。自尼采以来，更有很多思想者反省、批判哲学-科学的总体方向，反对把提供普适理论当成哲学的任务。但西方主流哲学采取的是普适理论的形态。这是西方思想与中国思想的根本相异之处。本书也将主要从哲学-科学这种理论形态来谈论西方哲学。

　　咱们中国是泱泱大国,人家有的我们都有,哪能说哲学是希腊的或者西方的,那不成了西方中心主义? philosophia 分析为爱智慧,philo(爱)-sophia(智慧)。中国人没有智慧吗? 不爱智慧吗? 智慧这东西当然中国也有,印度也有,印加人也有,这样一来,philosophia 就成一种普遍存在的东西。而且据说,东方人比西方人更智慧。由此推断,中国的哲学比西方还多。① 然而,把中国的传统智慧叫作哲学,我们不仅可能错失了希腊人所说的 philosophia 的特点,而且说不定反倒落入了西方中心主义而不自知。我们现在习惯于从西方的历史来看待世界,说到理性就想到理论,想到哲学和科学。我愿不惮其烦地说:理论和理性在希腊的结合是一件特殊的事情。在本书开头我曾说到倒转李约瑟问题,全世界没有哪个民族发展出哲学-科学和近代科学,所以该问的不是为什么别人没发展出来而是为什么西方发展出来。

　　再说一遍,"哲学"有广义,有狭义。广义是爱智慧,或者是深刻、深层思考、玄乎的思想、无用的思想等等,在这个意义上,中国当然有哲学,每个民族都有自己的哲学,甚至可以说每个人都有哲学。而狭义的哲学,是理论的求真态度。这种态度主要属于希腊。各个民族都爱智慧,至少其中有一些人爱智慧。但并非各个民族都以理性态度来建构理论。

　　在本书中,我通常在狭义上使用哲学这个词,以期突显理论

---

　　①　近代中国人的大思路是:先尝试表明外面的东西不如我们的东西,如果外面的东西无论如何还是表明为很好的东西,那么就尝试表明它其实是我们自己早就有的东西:哲学、科学、民主。

的求真态度这个特征。为了少引争议，我有时不嫌麻烦写成哲学-科学。

像其他形态的理论①一样，哲学有其神话渊源。亚里士多德说，神话家在某种意义上也是哲学家。②神话和哲学都尝试为世界提供整体的解释。神话是宏大叙事，哲学也是一种宏大叙事。哲学是从宏大叙事开始的，继承了神话中的宇宙论或世界论问题。在神话的宏大叙事中，世界的起源和生活的规范是联系在一起的。哲学作为整体解释，也是这样，既重宇宙论也重道德论。

哲学与神话这两种整体解释当然也有不同。两者的根本差别在于，神话通过传说和想象来编织这种解释，而**哲学则通过经验-事实来编织这种解释**。与之相联系的是，哲学更多从人的经验层次上讲故事而不是从神的层面上讲故事。神话从创世开始展开宏大叙事，时间上的源头把整个解释组织起来，在哲学中，这个源头从时间的开端转变为原理，哲学的整体解释通过原理或曰 arche 获得其统一性。关于神明和创世，我们自己没有多少亲身的了解，必要以前人的传说为据，而经验-事实是我们自己身周的事情，它们以何种方式构成统一的整体是可以质疑、交流、探讨、校正的。

希腊人的理论兴趣，我以为，和希腊神话有关。和先秦已经失去神话传统正成鲜明的对照，希腊留传下了最完整的神话体系。希腊进入理知时期的一个特点就是所谓**诗哲之争**。诗哲之争不能从我们今天所说的哲学和诗歌来理解。柏拉图所说的诗哲之争，是一

---

① 例如阴阳五行这种概括类推理论。

② 亚里士多德：《形而上学》，第一卷第二章。

种新兴的理论态度和神话态度这两者的争论。也就是后来亚里士多德所说的自然学家和神话家的争论。亚里士多德把泰勒斯叫作第一个自然学家,这个自然学家是与神话家相对而言的。神话为我们提供了对世界的一种类型的总体解释,新兴的理性要提供另一种类型的总体解释取而代之。面对着对世界的神话解释,希腊理性要求理论。

哲学是一种质疑和辩护的活动。哲学提供论证,这是进行讨论必然要发展出来的技术。阿那克西曼德对地球位置的那个著名论证是哲学论证的一个好例。最早的思想者,大概没谁不琢磨大地为什么会在空间中静止不动而不"掉下去"的,人们设想大地躺在鲸鱼背上,或者大地底下有几根巨大的柱子。阿那克西曼德则主张,地球均匀对称地处于宇宙的中心,因此没有向任何一个方向运动的偏向,因此它没地方掉。我们在这里也见到一种想象力,这是理性的或科学的想象力,和神话想象的区别一望而知。

希腊的自然学家或哲学家为世界提供整体解释,他们自觉地把自己的解释和神话解释区分开来,把自己的解释称作 episteme。神话是一个不容置疑的传统,或者,如前所言,恰恰是不同观念的共时分歧才造就传统,那么,神话是当下的存在,甚至不叫传统。哲学通过质疑传统形成了自己的传统,其目标不是维持传统,而是寻求真理。对既有观念的批判、不同观念对何为真理的争论,是哲学传统的应有之义。与之相应,哲学家团体与宗教团体、政治团体、利益团体之类,不是同类名称,哲学家团体不是由他们的共同知识、共同结论界定的,而是由他们的共同探讨方式界定的。后世的"科学家团体"仍是这个意义上的团体。后来者质疑、反驳其前辈,不是某个传统的中断，而恰恰构成了哲学思考的大统。在哲学-科学领域内，学派的意义极其有限，完全不能与不同的文化传统、神话传统、宗教传统相提并论。但即使在一个较弱的意义上说到学派，标识一个学派的仍是其探索方式的相似，而不是其结论的一致。[①]我们想想从洛克到休谟的英国经验主义就可明了这一点。

哲学理论与神话有别，也与阴阳五行等概括类推理论不同。诚然，早期的哲学理论也含有大量概括类推的因素。亚里士多德把泰勒斯列为第一位科学-哲学家（自然学家）。从亚里士多德开始，没有哪位哲学史家不把泰勒斯所说的"一切是水"视作哲学的源头思想。不难看到，在泰勒斯那里，"一切是水"带有强烈的类推色彩。他注意到一些重要的事实或现象，例如种子是在潮湿中发芽的，其他生物也从潮湿中获取营养，而水是潮湿的来源。然后他把这样的事实加以推衍，设想一切事物都生于水。然而，泰勒斯的世界解释完全依赖于自然，不借助神话因素。所以，伯纳德·威廉姆斯这样评论说："米利都学派的思想在多大程度上是哲学的，这个问题是无益的，而其探索在多大程度上是理性的，却可能是个比较好的问题。"[②]然而，以理性态度来从事理论探索，这就是哲学了。

在哲学-科学的发展中，充满了错误和失败的例子，实则，错误和失败远多于成功。在我们今天看来，阴阳五行理论是一种错误的

---

① 罗斑在谈到学派、团体时说，哲学家的继承关系是由课题上的继承性规定的。莱昂·罗斑：《希腊思想和科学精神的起源》，广西师范大学出版社，2003年，第34—35页。

② F. I. 芬利主编：《希腊的遗产》，上海人民出版社，2004年，第237页。该章为《哲学》，伯纳德·威廉姆斯撰。

理论。然而，亚里士多德关于天体不动的理论也是错的，笛卡尔的以太旋涡理论也是错的。就是牛顿、达尔文，尽管他们的理论整体上得到了肯定，但其中照样有很多错误，例如达尔文的获得性遗传。但我们似乎不能因此把阴阳五行叫作科学，或把亚里士多德和笛卡尔叫作伪科学。我们能感到牛顿物理学对亚里士多德物理学有一种继承关系，但没有哪门科学和阴阳五行有这样的继承关系。不是正确和错误把亚里士多德、笛卡尔和牛顿的哲学-科学传统和阴阳五行理论区分开，而是一种广泛意义上的科学精神。**哲学-科学**与各种伏都教理论（voodoo theories）以及概括类推理论的区别**在于把我们日常实践活动中所具的求真态度带进理论思考**。从这种经验的批判的精神着眼，我们将会看到，尽管西方的哲学-科学传统经历了种种变化，尤其在十六、十七世纪经历了一个根本转变，形成了近代科学，例如，理论概念逐渐脱去和现象的直接对应，概念越来越多地依赖于理论体系内部的结构，理论变得抽象了，同时也越来越富于内在结构，等等，但我们仍能谈论哲学-科学理论的总体传统，与阴阳五行之类的理论相区别。

• • •

　　我们前面说到，早期的原始思维研究者倾向于认为在原始人的思维中，经验是不重要的。我们接着引用马林诺夫斯基，表明必须对这类论断加以限制。在日常实践活动中，初民不可能不注重经验，只有在涉及普遍原理的时候，他们才祈灵于感应和臆测。

　　今天也一样。人们在日常生活中是要讲求真实的，你要去的地方有多远，你兜里还有多少钱，物价高低，知道真实情况比胡乱自信要有益，用流行的话说，更适合生存。然而，对那些天边海外的事情，相信这种传闻还是相信那种传闻，抑或了解的是真实的情况，差别似乎不大。科学家从意大利的岩层一路研究到墨西哥的地磁波，证明恐龙是被小行星撞击灭绝的。如果恐龙是被火山喷发灭绝的，又怎么样呢，反正都是几千万年前的事儿了。历史学家皓首穷经，证明顺治并没有出家。老百姓没工夫读那些典籍，他们的"历史知识"是从小报从戏说类的电视剧里来的，他们顾自谈论顺治出家，谈论顺治出家的前因后果。我们了解的是实情抑或是虚假的传说，这有什么区别吗？实际上，对老百姓来说，顺治出家是一个更有意思的故事。

在非实用的领域，求真是一种边缘的要求。人们更多从自己的意识形态偏爱来编织国共斗争的历史。民族主义也是突出的例子。在这些大事情上，人们从宣传获得他所持信的事实，从意识形态偏爱来编织论据。说到这里，不禁想引用希特勒的几段话，旁人很少像他说得那么直白。这位操控民众意识的大天才发现，人们吞食大谎言远比吞食小谎言来得容易。由此发展出他关于宣传的基本思想：

　　宣传的功能不在于对个体进行科学训练……宣传的全部艺术在于巧妙地把群众的注意力吸引到某些事实、某些做法、某些需求上面来……不是要去教育那些渴望教育和知识的人，宣传的功效必须大部分瞄着情绪，而只在很小的程度上瞄着所谓的智力。……因此，它试图达到的群众越广大，它的纯智性水平就将必须调得越低。……智性内涵越少，宣传就越有效。宣传的成效可不在于成功地取悦于少数学者和爱美青年。……像科学教育那样从多方面来考虑看待问题，对宣传来说是个错误。广大群众的感受性是非常有限的，他们的智力是很低的，而他们的忘性却很大。……宣传的任务可不是对真理进行客观的研究。[①]

在大事情上，普通人不在意真还是不真。相对而言，理论求真的精神在西方历史中就格外突出。各个文明都发展出了某种宇宙论，同时也往往很关心天文观测，然而，除了希腊人，谁也没有把关于宇宙空间结构的理论建立在天文观测的数据上。罗马士兵闯进阿基米德家的时候，他正在研究沙盘上的一个几何图形，他在罗马士兵的刀光戈影下张开双臂试图护住沙盘，口中喊道"不要动我的圆！"这是一则动人的传说，不知是记述还是虚构，反正这句"不要动我的圆！"流传千古，也值得流传千古。因为它体现了一种极为典型的西方精神，很难套在别种文化头上。稍稍回想一下我们脑子里的历史故事，就明白这个传说不是孤立的。宗教法庭宣判伽利略为异端之后，伽利略传下另一句名言：Eppur si muove〔但地球仍在转动〕。[②] 每个民族都供奉过舍生取义的仁人志士，为真理献身也不单单见于西人。齐太史秉笔直书"崔杼弑庄公"，崔杼把他杀了，

① 阿道夫·希特勒（Adolf Hitler）：《我的奋斗》（*Mein Kampf*），霍顿·米夫林出版公司，2001年，第179—182页。

② 这话有时加于布鲁诺，布鲁诺活活被火烧死也不改口：地球仍然在围绕太阳旋转。

轮到他弟弟来写，仍然写"崔杼弑庄公"，把这个弟弟也杀了，轮到小弟弟来写，"少弟复书"，崔杼终于"舍之"。中国人特别在历史真实方面较真。中国人会为历史之真、为人之真，会为形形色色的忠孝节义杀身成仁，对于宇宙论的真却不很关心。太阳绕着地球转还是地球绕着太阳转，这种事情无关乎君臣大义，无关孝悌名节，无关乎任何主义，当然更与世俗利益无涉，却会有西方人为之赴汤蹈火。爱理论真理——这似乎是希腊人-西方人独有的激情。这种追求真理论的激情把西方人送上了哲学-科学之路。

第二章　从希腊天学到哥白尼革命

我曾建议，最好把李约瑟问题倒过来，不问"为什么中国没有发展出近代科学？"，而是问"西方怎么就发展出哲学-科学？"这是一个诠释学问题而不是实证科学问题。在诠释性的工作里没有唯一的答案。在很大程度上，诠释学提供一个故事。

本章就是这样一个故事，一个关于西方古代天学到哥白尼革命的故事。我只是用少许事实勾勒一幅粗略画面，这不仅不是一个完备的故事，而且也不是内容平衡的故事纲要。在本书的下篇，我将讨论一些概念问题，那些较为细致的讨论，容易让读者失去整体画面，因此我先讲这个故事。在这个故事里，我将回顾一下西方思想、哲学、科学发展的几个要点。我选择这些内容，一是借此让读者回忆起比较完整的西方思想史，回忆起西方哲学-科学在何种生活方式、精神氛围中发展起来的。二是为下篇的讨论做准备。叙述过程中出现的很多提法，未及深究，将在下篇那几章详加阐论。我主要是侧重下篇那几章将要讨论的问题来叙述这段历史的。我一边讲这个故事，一边做些思考。希望读者在有些地方会发现我讲这个故事的角度或所做的评论略有新意。

第一节 希腊哲学的文化背景

希腊时期出现了一些智者。他们或者说世界是由水组成的，或者说是由火组成的，由其他的元素组成的。这些理论在我们今天看来或许是挺幼稚的。但是他们谈问题的角度却一点也不幼稚。他们在寻求**始基**，寻求构成世界的最终元素，而今天的物理学在很大程度上还在继续这种寻求。中国人也说世界是由金、木、水、火、土组成的。五行学说和希腊的各种基质理论有相似之处，但两者之间也有明显的差别。这种差别，我在下篇会比较详细地讲解。总的说来，五行学说不是一个认真的自然哲学理论，它主要是从社会和政治的角度出发的，主要用来解释朝代变迁、人世更替，秦是水德，尚黑，汉是土德，尚黄，等等。阴阳五行家并没有认真去思考我们所说的物质自然。而希腊人很快就从关于基质的最初思辨进入一个更实质的阶段，其中包括他们提出的原子论。原子论是一种认认真真的关于自然的学说。当然，古代原子论跟近代的原子论有性质上的差别。近代原子论属于实证科学，是通过实验和计算建立起来的；希腊的原子论完全是思辨的产物。从思辨到实证是一个总体的转变。尽管如此，我们仍然应当说希腊的原子论是近代原子论的先声，实际上，近代很多科学家如伽利略、牛顿就把希腊原子论当作基本的假说，在那个基础上进行进一步的探索。我们不能说五行学说会对近代意义上的物理学做出同样的贡献。

希腊人在思考方式上还有一个特点，那就是对**数学**的重视。欧几里得的《几何原本》写于公元前四世纪，今天我们想到这里，仍然会很惊异，他竟然能在那个时代，把几何学归结为几条公理，据此推出我们平常所能想到的几乎所有平面图形的定理。我们在小学就学习这些东西，觉得它们好像天然就是人类知识的一部分，但世界上并没有别的文明产生过类似的东西，这些知识直到明朝才传到中国来，被视为特别新鲜的知识，只有最开明的士大夫才学到一点儿。希腊人却在两千年之前把这些知识创造出来，清楚加以陈述，成为受教育的人的必备知识。希腊人在数学方面的成就干脆不可思议。但成就还不是我所要强调的，我所关注的是产生这些成就背后的一种精神特质及其形成的氛围。

希腊有一种特殊的精神氛围，哲学就是在这样的精神氛围中产生的。

是什么造就了希腊的这种精神氛围？为什么希腊会产生哲学？这是个历史问题，这样的历史学问题没有唯一的答案。希腊的人文地理环境肯定有关系。希腊半岛多山，把适合人居住的地方隔成一小块一小块，和中国中原地区几乎正好相反。希腊多矿产而少粮食生产，希腊海岸线上多天然良港，东方和南方海域上岛屿棋布，这些地理、物产特点促使希腊人热衷于航海贸易、探险，较能接受新事物，容易质疑传统。希腊位于地中海的中心位置，是很多文化的交接点。当时埃及文明、克里特文明、两河流域的文明都非常发达，这些文明各有长处，比如巴比伦的天文学、数学，埃及的医学等等。它们通过各种途径来到希腊。不过，所有文明史作者都会提到，这些学识到了希腊之后，都获得了一种崭新的面貌，它们和人事和实用脱离开来，形成系统的理论。

此外，希腊有一些特殊的社会条件和哲学的产生有关，其中有两点比较突出，**一个是民主，一个是法庭。**

希腊的法庭已初具现代法庭的模样。希腊法庭最初只允许被告和原告出庭。出庭之前可以写状子，这由那些会把状子写得好的人去做，这类人跟中国的"代书人"差不多。后来希腊法庭上允许涉讼双方的代理人出庭协助或代替被告和原告辩论。他们可说是现代律师的雏形。很自然地，这些会写状子的人，对法律有研究、对法官和陪审团的心理有研究的人就走上法庭。

此外，众所周知，希腊有很多城邦实行民主制。今天很多人认为那是最好的政治制度。但若细想一想，民主制是有点儿奇怪的，古代其他地方不大看见这种制度。一些人要从事一项共同的事业，要建立一个团体，建立一个城邦，最容易想到的办法，似乎是去找出最有智慧的人，或者最有势力的人，或者别的什么人，由这些人或这个人来领导他们。实际上我们今天在日常生活中仍然主要采用这种办法。怎么一来，就有人设计出这样的制度：由很多人投票来决定每一件事情？这并不是顺理成章的，即使在民主制度最为发达的雅典，包括柏拉图在内的很多人仍然争辩说，治理城邦，就像做其他事情一样，应该由最懂行的人来做，而不是由没有专业知识的多数人投票决定。

有了民众投票选举的制度，就要竞选。据说，民主制度是用嘴上的功夫代替了剑上的功夫。这种说法对民主制不够恭敬，实际上也不够公正，但也有一点儿道理。只靠"会说"就能当政治领袖，这在今天已经为大家所接受，在电视上看外国总统竞选就知道。想一想，不靠财富、不靠家族渊源、不靠武力，只靠"会说"就当上了政治领袖，其实蛮新鲜的。

　　嘴上的功夫和剑上的功夫一样,需要训练。于是就有了智术师,专门教人"会说"的人。智术师教人演说的技巧、诉讼的技巧、竞选的技巧。有些智术师本人也参与诉讼,或投身政治。民选制度中的竞选,本来和西方法庭制度是近亲。这里我们见到的不是一个只面对长官的公堂,而是一个公开辩论的、面对公众意见的法庭。在这个法庭上,最重要的本事就是"会说"。这个"会说"包括不能截然分开的两部分:一个是懂得怎么样摆事实讲道理,一个是花言巧语,能打动人的感情。律师不能只管反复强调结论,既然原告和被告各执一词,结论总是相反的,要想说服陪审团,就必须为结论讲出个道理来。论证成为他们的专业。可以说,智术师就是职业的论证师。双方辩论,最后由陪审团表决。有时候陪审团的规模非常大,有四五百人之多,大家最后投票表示自己站在哪一边。

　　和中国的判案比较一下就能看到希腊法庭制度多么不同。在中国,案子是由各级长官来审的。当然,他经常要去勘查现场,要传地保、证人来做证,但没有律师一类的当堂辩论,也不是完全根据事实来做出判决。因为县官、巡抚等等都不只是行政官员,更不只是法官,他同时还是一个道德的维护者、教化的推行者。巡抚判了案还要写题本,题本里面引用儒家经典往往多过引用律文,事实原委往往只占一小部分,长篇大论都是在讲这个案子的道德意义,怎样通过最后的判决维护了纲常或当时所尊崇的道德主张。研究法律文化的梁治平曾总结说:"在中国古代,法律的生命与其说在于行政,不如说是在道德。"[①] 有关法律事务的安排不依据法律做出,

---

① 梁治平:《自选集》,广西师范大学出版社,1997年,第159页。

而是直接诉诸天理、天良、人情，更多是依据常识而非依据专门的法律训练。

对照一条条的成文法来办案是希腊、罗马的发明。我并不是说，中国古代官员在判案时引进道德考虑是不对的。中国的传统自有其道理，也在两千年里取得了很不坏的效果。不过，这不是我在这里要讨论的。这里要说的是，法庭制度、民选制度，这些都是形成智术师这个人群的社会条件。智术师是教师，教人怎么打官司，教人怎样演说、竞选。只有希腊的社会制度才需要这种教师。民主制度不是靠血统，也不是靠财产。当然，民主制度跟血统和财产有关，不过最直接的，它靠的是"说"，说服你投他一票。在希腊，logos 这个"说"，成为比在其他地方重要得多的本领。

希腊盛期的哲学是**两个源流**汇集而成的，一个源流是泰勒斯、赫拉克利特那样沉思的自然学家，physiologoi，另一个源流是普罗塔格拉那样的智术师，sophists①。苏格拉底、柏拉图、亚里士多德是这两个源流的汇合。从精神上说，他们更多传承了沉思圣贤的传统，从重视论证看，他们和智术师相当接近。如果说世界上所有地方都有沉思者类型的圣贤，都有对真理的追求，那么，希腊的特点就是法庭制度下和民主制度下的公开辩论。这是希腊的特点。想一想就知道，我们中国人说到哲人，更多是老子、释迦牟尼那一路的闷闷的、孤独的，而不是苏格拉底那种活跃在人群中的。

智术师在论辩技术上的发展，实是后世哲学的一个本质组成部

---

①　Sophist 这个词，词根也是 sophia，智慧，喜欢的人把它译成"智者"，不喜欢的人译成"诡辩家"。我觉得还是随某些译者把它译作"智术师"为好。

分。最初的圣智，经沉思、洞察提出了一套见地，并不在意给出形式上的论证。然而在理知时代，你有你的一套洞见，他有他的一套洞见，要相互争胜，论辩就是不可免的。到智术师出现的时候，上距泰勒斯等最初的贤哲已经一个半世纪，各种学说纷然并存，难免要互相辩出真假高低。中国也是一样的。老子、孔子自说自话，到了庄子和孟子，就卷入了论辩。庄子是贬低论辩的，但一部庄子，充满了论辩，好多极精彩的论证。孟子的多辩在当时就出了名，但他也是贬低论辩的，所以怪委屈地自辩说："予岂好辩哉？予不得已也。"①哲学和圣哲的智慧不尽相同，哲学是要求论证的。

当时的人并不区分智术师和哲学家，是柏拉图、亚里士多德开始加以区分。苏格拉底总是跟人辩论，总是在教育青年，看上去跟智术师没有什么两样，但在柏拉图眼里，苏格拉底当然不是智术师，他追随苏格拉底，同时反对智术师。他区分智术师和哲学家：智术师收费，他的老师苏格拉底不收费。这个区别乍一听有点奇怪：收费不收费这么重要吗？也许可以这样理解：收了谁的费用，就要把谁说成是有理的，也就是说，智术师要论证的结论是事先已经决定好的。哲学家在这个根本之点上是相反的，**哲学家不知道结论是什么**。他会有一些预先的设想，在科学中这叫假说，他要为这个设想寻找论证。但他的论证不是事后追加的外部的东西，因为在论证的过程中，他常常会自我否定。研究的结果可能否定开始的假设。因此，哲学家接受的是论证产生出来的结论，而不是预设的结论。

在哲学家那里，论证技巧、公开辩论和对真理的追求结合在一

---

① 《孟子·滕文公下》。

起。所以，智术师以论证见长，哲学家也以论证见长，但两者还是有根本区别。智术师的最终目标是打赢这场官司，这有点像大学生辩论会，碰巧抽到了哪个立场，就要为这个立场辩护，无论后来出现了什么反证，他都固执于最初的论点。因此，虽然智术师发展了论证技术，但他们并不是追求真理的人。苏格拉底是要让真理在对话中浮现，他自己事先并不知道什么是真理。智术师在讨论开始时就知道结论是什么，苏格拉底不知道。我们都知道柏拉图的辩证法。Dialectic 这个词大意是对话的技巧，柏拉图将它从一种说服术转化为一种怎么通过对话使真理出现的方式。

现在我们可以把哲学家的特点暂时归纳一下：他们是追求真理的人，这个"真理"虽然我们没加定义，但是和所谓"真人"或"圣人"不太一样。最重要的区别大概在于，哲学家不是宣喻真理，他为自己的结论提供论证。

这样一种不事先认定真理而让真理作为自由思考的结论出现，是哲学-科学思想的最根本的特质。这种特质是在一种总体的理性环境中生长出来的。

"理知时代"一节说到，初民总是把自己的部落的诉求或生活方式看作是天然正确的。即使人们愿意为自己的生活方式提供论证，这些论证也无关紧要，因为结论是预先已有的。我们提到希罗多德，跳出自己固有的传统来关照世界。这里有一种与苏格拉底共通的精神。

希罗多德提出"习俗高于一切"，这种提法，如果直线发展下去，会成为文化相对论。理性态度的确有它危险的一面，会对固有的风俗习惯、固有的信仰起到瓦解作用。本来好好的，各个民族信仰各自的神，遵循各自的道德规范，内部有共同的生活理想。而理性可能动摇以前固有的对神的信仰，以及对风俗的尊重和遵从。

　　后来雅典人把苏格拉底送上法庭，罪名就是"教青年不敬神"。我刚刚说到当时人不区分哲学家和智术师，这里又是一个实例。的确，哲学家和智术师似乎都在瓦解传统，阿里斯托芬喜剧里对苏格拉底的嘲弄，审判苏格拉底时所提出的指控，和柏拉图、亚里士多德对智术师的批评贬损很难区分。这里不是讨论这一问题的场所。我只想指出，哲学家和智术师本来都出现在礼坏乐崩的时代，两者都明了传统无法照原样维持下去，而两者的区别则在于，智术师不在意传统的瓦解，哲学家却在意，哲学家力图在新时代建造和传统的联系。苏格拉底其实是最努力维护传统的，只是时人不知底里，反以反传统罪处死苏格拉底。其实，在礼坏乐崩的时期，仅仅拘泥于传统是维护不了传统的。

　　苏格拉底被处死刑，这是雅典的一个耻辱。不过，我们不能因为苏格拉底的审判就认为雅典没有思想自由。这个事件另有曲折。例如，苏格拉底本来是可以和法庭达成妥协的，他没有这样做。为什么不？很多书专门研究苏格拉底的审判，这里不谈。一般说来，像我们诸子的时代一样，雅典时代的思想很自由。伊迪斯·哈密尔顿（Edith Hamilton）甚至认为，说到思想自由，即使现代的民主国家也比不上雅典。在雅典几乎没有"政治上正确"的观念。雅典和斯巴达在进行生死存亡的战争，这时候每个公民都有义务走上前线，保卫雅典或者为雅典去侵略别的地方。但是在思想上，在戏剧中，却可以任意说什么，可以嘲笑政府的各种政策，可以嘲笑刚刚得胜归来的将军。美国在朝鲜战争的时候，你写文章嘲笑麦克阿瑟，什么报纸都不会登，虽然它有新闻自由。轰炸南联盟，轰炸阿富汗，入侵伊拉克，主流媒体也是一片叫好。

自由的氛围的确是希腊哲学能够兴盛的基本条件，但也带来了问题，直到今天，我们仍然面临着这个问题。一方面各种文化似乎是多元的，各有道理。比如"9·11恐袭"这样的事件，我们既可以说是恐怖主义分子的疯狂行为，也可以视作他们对宗教理想和社会理想的追求。但若当真"此亦一是非，彼亦一是非"，我们就会失去国际关系中的是非判断和道德感，进一步说，将不知道怎样在个人事务中以及在公共事务中维护道德标准和道德理想。这不仅是我们当今普遍面临的问题。在理知时代刚刚到来的时候，春秋时候的人，希腊人，也面临同样的麻烦。可以说，这个麻烦就是因我们对世界进行自由思考而生，贯穿整个理知时代。不过，我并不是幻想，在理知时代之前，人类生活多么和谐。不自由思考，每个民族各执一端、自以为是，照样互相冲突。在这个民族内部，不被允许自由思考，或者没有习惯、没有能力进行自由思考，倒是少了思想不统一的麻烦。当然，那就会遇到别的麻烦。

在理论探索上，也是见解纷陈。希腊思想极为活跃，各种各样的看法都有人提出来。单说自然哲学，原子论、日心说、宇宙无边界的学说，都有人提出来。我们在亚里士多德的著作中读到他论证地球处在宇宙的中心，论证天只有一个，论证宇宙是有限的，他要论证这些，就意味着有人曾提出相反的主张，主张地球不处在宇宙的中心，主张有多重宇宙，等等。要是道术不曾为天下裂，就不会有哲学了。

第二节 亚里士多德的天学

本书关注的是从哲学到科学的转变。近代科学是从哥白尼在天文学中引发的革命开始的，所以我侧重讲讲希腊的天学。希腊哲学的鼎盛时期是从苏格拉底到柏拉图，从柏拉图到亚里士多德。亚里士多德是古希腊思想的集大成者，他几乎掌握了他那个时代的所有知识。他的著作大多数是讲义，是他讲课时学生做的笔记，后来流传下来。他的这些讲义，或者说著作，包括了物理学、动物学、经济学、政治学、伦理学、修辞学、逻辑学、心理学等等。今天上到大学，打开教科书，很可能上面写着这门科学或学科的创始人是亚里士多德。古代所称哲学，可不是读几本哲学教科书。

本节讲希腊天学，主要参照亚里士多德天学和物理学的内容。

天空和天文对初民的重要性

在远古时候，人特别关注天空，关注天上的事物。这一点也不奇怪。对狩猎人来说，对游牧人来说，确定方位是性命攸关的事情，而大地上的方位是由天空确定的，在地上直竖一根木棍，日影最短的时候，（在北半球）影子指向正北。对农业社会来说，确定节气、确定一年的长度是至关重要的，而四季变化和天象息息相关。一天，这是由太阳、由日出日落确定的，一个月，这是由月亮的一轮圆缺确定的。地上的事情还以其他形形色色的方式和天空连在一起。女人的月经周期和月亮盈亏的周期是一致的，在生殖崇拜的大氛围中，月经就具有格外一层神秘的色彩。方位、寒暑、阴晴、月经，无不与天空息息相关。

远古的人相信神明，这是他们关注天空的另外一组重要的原因。我们也可以反过来看：由于天空充满了古人的经验，因此古人就不免产生出对神明的信仰。

天空和天上的事物充满了古人的日常生活、宗教、科学、诗情。我们现代人很难直接感受到这种生存状况和精神状况了，尤其是生长在大都市的人。我个人觉得，如果对人、对文化的理解要从人心的原始处开始，我们恐怕必须到没有灯光的山野里去看看天空、看看夜空。

各个民族的神话，无不与天空、天象有格外紧密的关系，各个民族最早的理性思考，也同样与天空、天象有格外紧密的关系。天上的事物像地上的事物一样会引发多种多样的疑问。太阳转一圈就是一天，月亮一轮盈亏就是一个月，但一年呢？年和月是不能整除、不可通约的。一年的日数也不是个比较整齐的数字，比如一百天、三百天。三百六十五，这是个什么数呢？这个数字没有什么理由，所以人们用了不知道多少世纪才把这个数字确定下来。要把这个数字确定下来，需要很多细致的观察，需要比较发达的数学。精确地确定一年是多少天，月份又应当怎样依之调整，是历法的任务，在古代各种文明中，历法学都是一门显学，多少聪明才智被用到了这上面。而历法学的基础在于天学，所谓天文历算。

作为一个学科，天学，或天文学，在希腊最为发达。像多数学问一样，希腊人的天文学知识一开始是从巴比伦、埃及等地引进的，也像多数学问一样，天文学传入希腊以后，达到了一个远远超出前人的高度。一个变化是，有一大部分完全脱离开实用性，比如测量年月日这些事；另一个变化是，它和数学远为更加紧密地结合起来。

希腊人怎么知道地球是圆的

关于天空和地球，希腊人最基本的想法是：地是圆的，是地体，处在宇宙的中心，静止不动。地心说明显是比较自然的看法，很多古代文明都认为人所居住的地方处在宇宙的中心，静止不动。不过，多数文明不知道或不确定地球是圆的。

地球是圆的，这是希腊文化人的常识。他们在山顶上看见船只远去的时候，桅杆并不是一点点变小最后看不见了，而是在不远的地方就沉入大海，由此可见地表不是平坦的而是弯曲的。希腊人已经知道月食是因为地球遮蔽了太阳的光线造成的，发生月食的时候，月亏的形状是弧线而非直线。这就不难推想地球是圆的。在同一个日子里，不同纬度上插一根同样高度的木棍，影长不同。亚里士多德在《论天》中还提出了进一步的现象证据或所谓"感觉感性证据"：我们在南北方向上旅行，所见的星图会有所改变。这不但说明地球是圆形的，而且还说明它是个不大的球体。[①]

希腊哲人还从一般的自然图景来论证地球是圆的。在亚里士多德的自然学说中，土和水有向下运动的自然倾向，土石往下面落、水往低处流，久而久之，它们就会大致处在同样的高度上，或说，处在与地心大致相同的距离上，否则按照自然倾向它们就要继续向下运动。土和水向下运动的倾向早晚要把地球造成一个圆球。

---

① 哥白尼在《天球运行论》第一卷第二章论证大地是球形的，列举的理由也大致如此。

天球观念 vs. 天体观念

我刚才一直说，星星、星体，不过，在希腊人的主导观念中，太阳、木星、天狼星并不是一些独立在天空里周转的天体，它们被视作镶嵌在一个或一些大型的天球上。地球是一个小球，外面包着一个或一些大的天球。天球每天周转，天体镶嵌在天球上，跟着周转。

天球的观念并不古怪。我们现在要反过来想，地球是不动的，整个天穹一昼夜围绕地球转一圈，这时候，很难想象成千上万的星星日复一日准确地保持互相之间的位置同步周转，就像几千人在跑，永远步调一致；但若设想只有一个天球在旋转，天体都固定在这个天球上，它们日复一日年复一年同步周转而互相之间的位置却毫秒不差，就比较容易理解了。天球带动着所有星星，一昼夜转一圈。

两球理论（多天球理论）

最简单说，在希腊人的观念里，地球是一个圆球，天空也是一个圆球，地球在整个宇宙的中央，天球则每昼夜环绕地球旋转一周。这种观念，库恩称之为"两球理论或两球模式"。

天球旋转，但必然有两个点是不动的，亚里士多德用地球仪来加以说明，地球仪总是固定在两个顶点之上的。在北方看到的顶点是北极星。

说两球，只是最粗略的说法。绝大多数的天体之间的相对位置是不变的，不过，有些天体的周转却不那么规则，这些天体包括太阳、月亮、金星、火星、木星、水星、土星。这七个星星被统称为 planets，漫游者。在中国天学中，它们被称作七曜。我们今天知道，除了金星、木星等等，还有另一些行星，例如天王星、海王星，但它们当时都观察不到，人们不知道它们的存在。我们今天还知道，即使那些遥远的恒星之间的相对位置，实际上也在发生变化，但从肉眼观察，在几生几世的时间段里观察，看不出这种改变。因此，古代天文学，无论在世界上什么地方，都只注意到所谓七大行星的不规则运动。

行星的不规则运动给天文学家带来了很多麻烦，一直到哥白尼的时候，它们一直是天文学体系的难点所在，也是推动天文学发展的难题。

行星的不规则运动需要解释。按照天球理论，最简单的办法是为每一个行星单独配置一个天球。七大行星各有一个自己的天球，此外还有一个最外层的天球，即恒星天球，所有的恒星都镶嵌在这个恒星天球上。

然而，行星不仅不断变换它和其他天体之间的相对位置，而且，它们不像恒星那样，规规矩矩地匀速转动，从地面上观察，它们有很多奇怪的运行方式，甚至有时候会出现逆行，不是从东向西走，而是从西向东走。这里无法详细谈论行星的视运动，这些运动方式相当复杂，需要相当复杂的模型才能解释。给每个行星配置一个匀速旋转的天球是不够的。柏拉图的学生欧多克索斯（Eudoxus）为说明行星的视运动（表观运动），为多数行星各配置了四个天球，其旋转轴、旋转速度、半径都依所观察到的行星运动计算得出。整个体系设置了 27 个天球。

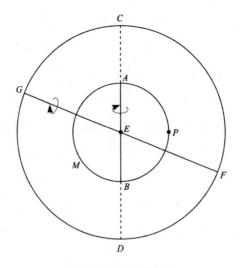

欧多克索斯体系的结构

欧多克索斯大概认为他的体系是纯数学性的，没有附加任何物理意义，仅仅是数学解释。

亚里士多德所采纳的宇宙模型是由五十五个天球构成的，五十五个由以太构成的互相连接的天球。层层天球由最外层的天球驱动。最外层的天球由不动的神所推动，神由此被界定为"不动的推动者"。运动则由较高的存在传递给较低的存在。[①]

月下世界与月上世界，四元素与以太

在七大行星中，月球距地球最近，月亮天球是最低的天球。月

① 　这是亚里士多德在《物理学》和《形而上学》中的说法，在《论天》里，他似乎提出了另一种思路：以太这种第五元素有它自己的自然运动，圆周运动，并以此来解释天球的转动。

球及月球以上的世界是天界或曰月上世界，月球以下的世界，称地界或月下世界，包括地球、大气及大气中的风雨雷电。月上世界由天学研究，月下世界由自然学研究。

地界或月下界由四种元素组成，土、水、气、火。每种元素都有其天然的运动倾向，明显的，水和土向下运动，气和火向上运动。水是重的，它总是在往下流，水往低处流不是由引力来解释，而是由水这种元素的禀性来解释。有的希腊哲学家认为轻重只是相对而言的，亚里士多德反对这种看法，认为轻和重是物质固有的属性。

土和水重，自然而然向下降落，造成了地球，火和气则处在地表，或者漂浮在地球上空。有点儿像我们的阴阳，阳清阴浊，阳上升形成天，阴下沉形成地。不过由气构成的天，只是大气这一层天，不包括月上世界的天界。

上升和下落，在亚里士多德的运动学说中，并不是纯粹相对的运动，上升下落都是参照中心说的，而中心是固定的。物体下落到了中心，就无处再可下落，久而久之，所有重的东西就都聚拢到中心来了，所以地球处在宇宙的中心。

如果元素按照自己固有的轻重属性，各就各位，月下世界就会分成一层一层，秩序分明。然而，地界没有这么秩序井然。有些轻的东西被压在下面，重的东西反倒在上面，于是，不断有轻的东西努力上升，重的东西要下落，于是，地界的事物总是扰攘不宁。如果元素只是按照自己的固有属性运动，当然终有一天地界会归于太平。然而，地上的事物并不只是按照本性运动，而是不断受到外力的扰动。而且，地上并非只存在纯净的元素，它们互相结合成复合的物质，所以地上的物质的运动实际上是混杂运动。

元素以各种各样的方式结合，形成复合的物质，这种结合不是永久的，过了一段时间，构成一种物质的元素又分化瓦解。这就使得地界的事物不断生成，又不断朽坏。

月上世界则是另一种景象。天界是由以太构成的。以太，在地界以外的元素，我们也把它叫作第五元素，它是一种没有重量的纯净的物质，因纯净而永恒不变。

地界的物质受到外界的干扰，互相扰乱，有生有死，有毁坏有修复。而月上世界，天界，是永恒的。有的哲学家因此把天界和数学联系在一起。我们说真理是永恒的，什么真理是永恒的？数学的真理是永恒的，二加二等于四，不因任何事件改变。而天界的事物的特点，就是它的几何关系永远不会改变。在这个意义上，天是不变的东西，所以它适合用数学来描述。

位置

在亚里士多德和希腊文里，没有我们今天的空间概念，与我们今天的空间相应的是 topos，位置。① 位置不同于牛顿空间，主要在于位置具有内禀性质：一个位置是适合于一个特定的存在物的，位置是某某的位置，是水的位置、弹簧的位置、王者的位置。王位有王位的特点，相位有相位的特点，君位在上，臣位在下。哪怕一时没有王，君位空着，这个位置还是在那儿，高高在上。王位有内禀属性，唯具有某些特质的人与之相配。有王者生，该坐在王位上，他适合占有这个位置。刘少奇对时传祥说，国家主席和淘粪工人不

_____

① 拓扑学，topology，就是从这个词来的。

过是为人民服务的方式不同罢了，似乎位置是无所谓的。但时传祥不能跟刘少奇说，咱俩都一样，咱俩都为人民服务。因为国家主席这个位置有内禀性质，不是什么人都配得上的。后来，民主制度多多少少减弱了社会地位的内禀性，把位置变得比较像牛顿空间了。

最高的位置当然是属于神的。亚里士多德说："所有人都有神的观念，都把最高处分配给神性，无论是野蛮人还是希腊人。"①

这和牛顿的绝对空间形成强烈的对照。**牛顿空间没有内禀性质**，空间就是一个坐标，用数学来表示，不能说这块空间有什么特点。它没什么特点。

反过来，每一物也有它的自然位置，按照它自己的性质和一个特定的位置相配。不能把位置理解成物体相互之间锁定的某种相对空间。哪怕你边上的东西都移动了，你和你的位置的关系并不改变。按亚里士多德的说法，即使地球被移到月亮那里，地球上的可分部分还是会落回它们原先所在的位置上，即地球原来所在的地方。亚里士多德曾根据这种观念来论证大地不可能在转动，他论证说，鸟和云都有自己的位置，按其本性都要坚守自己的位置，大地如果移动，鸟和云又要坚守自己的位置，那么在我们看来，它们就会像始终是在退行。

万物各有其位置，这是一种自然的观念，我们在别的文化中看到的似乎也是这样。"天在上，泽居下，天下之正理也。……古之时，公卿大夫而下，位各称其德，终身居之，得其分也。……〔后世〕

---

① 亚里士多德：《论天》，270b2 起。

亿兆之心,交骛于利,天下纷乱。"[1] 各安其位,各有其 telos(所归),是 kosmos(宇宙、世界、天下)能具有秩序的保障。王者坐在王位上,善辅者坐在相位上,这个天下就安泰了。像今天那样,各个阶层都取同一个 telos,利,天下就搅扰不得安宁了。这些想法,中外似乎都通行,只是在中国思想传统中,位置具有内禀性质的观念主要用来考虑人间社会,对人世之外的那部分天下的秩序,似乎没有多少本真的兴趣,只做大致的分辨。而希腊自泰勒斯起,固有自然学的传统,位置这一基本观念就在希腊的主流自然哲学中发挥了重要作用。

圆与直线运动

上与下不只是相对的,这是因为有中心。朝上和朝下的运动也是对于中心来说的,朝上指的是离开中心,朝下指的是到达中心。朝上和朝下的运动是直线运动。围绕着中心所做的运动则是既不朝上也不朝下的圆周运动。圆周运动和直线运动有着不同的级别,"圆周是完全的形状,直线则全然不是完全的形状。原因在于:无限的直线不是完全的,如果它是完全的,就应该有限界和终点"[2]。基督教兴起以后,无限被赋予崇高的意义。但在希腊思想中,空间意义上的无限是不可思议的,完美存在于限度之中,一个完美的人是一个知道怎样自限的人。圆和圆满在概念上紧密交织。圆就是圆满,perfection,天界是神明的居所,天上的运动是圆形的。地上

---

① 《周易程氏传》卷一。

② 亚里士多德:《论天》,269a20。

事物的运动是直线的，而在一个有限的宇宙里，直线运动是不可能一直持续下去的，它们有开始与终结，与此相应，地上的事物是有生有灭的。

自然运动

"每种单纯物都只有一种自然的运动。"[③] 由于位置有它的内禀性质，而物体也有它的内禀性质，因此，运动就不可能被理解为物质在空间的活动，而是一个物体与属于它的位置的关系。比如一个弹簧，它有它固定的位置或者有它固定的形状，你可以通过外力改变这个形状，比如把它拉长或者把它扭弯，但是它自身有一种倾向要回复到原来的位置。我们刚才说到，即使地球被移到月亮那里，地球上的可分部分还是会落回它们原先所在的位置上，即地球原来所在的地方。每一种物体都在寻找或者在回复属于它自己的位置，这样的运动就是自然的运动，而破坏这样一种位置跟物体的关系就是不自然的运动。你把弹簧拉长了，把它扭弯了，动用的是外力或强迫力，对于弹簧来说是不自然的。弹簧回到它本身是一种自然的运动。四大元素各归其位的运动是自然运动。

静止的优越地位

物体不受外力干扰，就会处在它该处的位置上，这是它的自然状态，也是一种高贵的状态。静、静止是高贵的，动、躁动是低俗的。这个观念不只是一个希腊的哲学观念，在我们平常的观念中也深有

---

③ 亚里士多德：《论天》，269a10。

根基。例如《大学》里说："知止而后有定，定而后能静，静而后能安。"又比如想当官，就需要去"跑官"，跑动的是那种有缺陷因此有需求的东西。自足而无它求的就无须去动。静止、不变、永恒是高贵的象征。地面上的事物老在变动，它们是比较低级的事物。

哥白尼仍然持有同样的看法。他为日心说提供辩护的一个理由就是，太阳比地球高贵，因此，静止不动的应该是太阳而不是地球。布鲁诺后来宣称，运动并不比静止更低俗，这话对习惯了近代科学概念的人来说不知所云，但它是在挑战两千年的观念。

亚里士多德为地不动辩护

亚里士多德理论不是古代唯一的宇宙论-天文学理论，此外还有各种理论。实际上，像我们春秋战国时期的人一样，古希腊人什么都敢想，什么观点都提出来过。毕达哥拉斯学派认为处在宇宙中心的是火，地球只是星体之一，此外还有一个对地。阿那克萨哥拉设想太阳是一块烧得又红又热的石头，比伯罗奔尼撒大不了多少。在德谟克利特的原子论中，地球和太阳之类都是偶然聚拢的原子。和亚里士多德大致同时的赫拉克利德曾用地球自转来解释恒星的视运动。持地球自转观点的人质问道：如果地球是圆的，我们这边人是这么站着，那么那边的人头朝下怎么过日子？这个地动说是一个非常古老的学说，显然也相当流行，因此亚里士多德还特别用心加以批驳。①

---

①　亚里士多德留下来的著述多半都是讲义、讲课记录之类的形式。处理各种课题，它们虽然相当周到，但并不像我们现在的教科书，倒更像是在与前辈进行辩论。

亚里士多德批判地动说的一个明显论据是经验。如果大地向一个方向运动，不系在大地上的东西，如鸟、云，就会退行，我们向上扔出去的东西不会落在我们的脚下，就像我们坐船平稳航行时的情形。须记取，惯性概念在当时是没有的。这些论据后来也为哥白尼学说的反对者广泛运用。

· · ·

亚里士多德的天学理论，一、大致解释了天体的运动，大致解释了星星、太阳、月亮的运动。当然，它只是大致解释，它没有更精确地符合关于"七大行星"运动轨迹的观察资料。二、它和一般的地面上的物理现象是融洽的。地球处在宇宙的中心，这说明了地球为什么静止不动，处在圆心上，自然就无法动。同时这也解释了为什么抛到天上的物体会下坠，所谓苹果落地问题，因为有重量的东西都会向下运动，所谓向下，就是向中心运动。三、它和美学上的圆和对称的观念相适配。天体的轨道是圆的，这个从毕达哥拉斯学派开始的信条一直延续到哥白尼。柏拉图在《蒂迈欧篇》里的著名论证就采用了这种美学观点：天球的运动一定是完全对称的图形，即正圆形，因为天球的运动是完美的、永恒不变的。直到哥白尼以后，开普勒才发现行星是以椭圆轨道绕太阳旋转的。那是一个巨大的突破，在关于天体运动的种种设想之中，正圆轨道竟是最少被挑战的。四、美学上的考虑还可以延伸到神学。神性是和圆、圆满连在一起的。

亚里士多德天学理论几乎具备了理论所要求的各种优点。其他初期科学理论差不多都要求这些因素，只不过美学上的、神学上的理由在天学上显得更加重要。其实，即使今天的理论，仍要求这些因素，大概只有神学的考虑被基本摒除。

当然，亚里士多德理论也留下了大大小小很多困难。就拿地球静处于宇宙中心这个重要论题来说。一方面，天在上，地体连同地上会朽坏的、较卑下的事物处在下方，这倒是和天尊地卑的一般观念相合。如果地体是个平面，倒也罢了，但希腊人知道地体是一个圆球，把地球放置在宇宙中心，且静止不动，就有点儿麻烦。因为，处于中心、静止不动都被视作高贵的，何以地位低下的地界处在宇宙的中心静止不动，高贵的天球却在周边围绕着地球运动不已？这些缺陷在今后两千年里将不断被人提出，引发异议和辩护。例如，哥白尼就质疑说：我们怎么能想象我们的地界、会朽坏的物界反而是处在中心，静止不动？尊贵的太阳静止地处在宇宙中心才是更自然的事情。[①]

第三节　托勒密体系

亚里士多德的时候，希腊思想达到顶峰，但是从希腊的城邦制

---

①　洛夫乔伊引用蒙田等人与哥白尼的争论，论证说在中世纪传统中，"世界的中心不是一个光荣的位置，而是……较低成分的堕落之处"，人在宇宙中的重要性"与天文学上的地球中心说无关"。（阿瑟·O.洛夫乔伊：《存在巨链》，张传有、高秉江译，江西教育出版社，2002年，第122—123页。）在中世纪的部分明述理论中，事情的确是这样。但这并不反证在我们的一般观念中，中心是与尊贵联系在一起的。从哥白尼的论点中我们可以清楚地看到这一点。

度来说，恰恰是到了它的晚期。我们学哲学的特别愿意提到：亚里士多德的父亲是北方马其顿国王阿敏塔斯的御医，他本人是亚历山大大帝少年时的老师。不过，历史学家似乎并不认为亚历山大所成就的伟大帝业和他的这位哲学家老师有多大关系。哲学和政治事业有什么联系，是最引人入胜的话题之一，不过这里无法及此。从亚里士多德的政治学著述看，他心目中的适当的政治体，始终是城邦，没有一句谈到帝国的建设。

亚历山大大帝是世界历史上数一数二的征服者，古称"英雄人物"。古人的观念跟我们不一样，我们说侵略，他们的观念里大概主要是征服，扩大他们的已知世界，跟今天人类渴望登上珠峰、登上月球、火星的想法有几分相像。亚历山大 33 岁就死在征战的前线，这么年轻，不仅征服了整个希腊，并且将版图扩展到当时可知的全部世界，征服了波斯，一直到达印度。天假以年，他说不定会一直打到中国来。有传说提到他对一个更遥远的东方国度很感兴趣。当时亚历山大的远征队到达了西方人已知世界的四极。在远征队里通常都配有科学家，他们收集所到之地的各种动物标本、植物标本并采集当地的风土人情，带回希腊，成为图书馆资料的一部分。当然也顺便成为亚里士多德的研究资料。从希腊开始就有这么个传统，一直延续下来，比如达尔文，他不是自己花钱租船出去航行做科学考察的，而是跟着贝格尔号军舰航行。就是在这次航行中，达尔文孕育了他的生物演化思想，开创了近代科学最伟大的革命之一。那时候，西方各国的远征队常带有科学家，军官有义务协助他们搜集各种各样的科学资料。

亚历山大年纪轻轻就死掉了，他的帝国也很快就分崩离析了。不过，亚历山大的远征打通了欧亚大陆及北非，造就了所谓希腊化时期。在希腊化时期，哲学思辨不再那么兴盛，但是力学、工程学、天文学都比以前发达得多。我们今天所熟悉的实证科学的观念在那时候发展起来。希腊化时期，地中海沿岸出现了一些metropolitans，大都会，其中最为著名的是埃及的亚历山大里亚。就像今天的纽约、巴黎一样，大都会会发展出一种开明精神，一种普世精神，不像城邦和小城市那样更富乡土的关切。也许这和实证精神有些联系。

　　用近代的科学观念来定义，古代世界里唯有几何学、力学、天文学可以称作科学，其代表人物有欧几里得、阿基米德、希帕恰斯等人，他们都是希腊化时期的人物。柏拉图和亚里士多德开创了哲学-科学传统，然而，从近代科学的视点回溯，他们没提出什么具体的定律，提出的具体见解尽是近代科学所驳斥所反对的。从实证主义的眼光判断下来，孔德把阿基米德定为古代科学的代表，把人类进步的四月献给他。欧几里得几何学，阿基米德的浮力定律，至今仍然可以直接写入相关的科学教科书，而柏拉图和亚里士多德的哲学-科学，从近代科学的眼光来看，只具有历史意义。温伯格说他在念大学的时候，听人家把泰勒斯和德谟克利特称作物理学家，总觉得有点儿别扭。等走进希腊化时代，听到阿基米德发现浮力定律，埃拉托斯特尼（Eratosthenes）测算地球周长，才感觉回到了科学家的家园。"在十七世纪现代科学在欧洲兴起以前，世界上还没有哪个地方出现过希腊化时代那样的科学。"[1]

---

① 　S. 温伯格：《终极理论之梦》，李泳译，湖南科学技术出版社，2003年，第7页。

天文学是第一门成熟的科学。天文学最早成为纯科学，有很多原因。我们说过，古代人对天上的事物充满兴趣。仰则观象于天。天远在人世之上，唯其远，易于成象。不像周身的事物，万般纠缠，难以显出清晰的轮廓。从更切近的方面说，天体运动最为简单、规则、稳定。天象适合测量，观察记录比较全，而且天体的运动很稳定，一千年前的观测资料记录下来，一千年后还可以用。天体运动是一切运动中最简单的，最规则的，适合于数学处理。我们能想象，比如流体，拿数学来处理肯定是很晚很晚的事，流体的运动太复杂了，不可能添个同心圆或者添个小本轮就来解释涡流。"天体实际上十分接近经典力学所处理的纯粹力学形式的理想。"① 我后面会讲到，数学是纯科学的语言，天文学适合于用数学（当时主要是几何学）来处理，而希腊的几何学是很发达的。实际上，天文学在古代被当作几何学的一个分支来进行研究。天文学之所以能够成为最早成熟的科学，主要原因在此。

本来哲学是关于世界真实所是的总体学说，亚里士多德的天学是他的整体哲学的一部分，是跟他的物理学、神学、伦理学在一起的；希帕恰斯、托勒密这些人是天文学专家，专门研究天文现象。在实证科学自成体系之前，伟大的思辨体系为实证研究开辟了空间。在柏拉图的学园里，他的学生们进行了重要的实证研究，最为著名的是欧多克索斯，前面已经讲到，他进行了大量的天体运动观测，并设计了多重天球，尝试用几何学对这些观测资料进行解释，可以说是第一个在宇宙论基础上发展出定量天文学的科学家。亚

---

① F. W. 奥斯特瓦尔德：《自然哲学概论》，李醒民译，商务印书馆，2019 年，第106 页。

里士多德学说更加敞开了实证研究的大门。吕克昂学园的下一代掌门人埃雷索斯的提奥夫拉斯图斯（Theophrastus of Eresos）据说著作等身，但传下来的不多。专家从传下来的著作这样描述他的工作："他像亚里士多德教导的那样，从搜集资料开始，……但他并不像亚里士多德那样，主要是为了揭示和展示所研究的对象领域中形式因和目的因的作用，……他提示说某些现象似乎并不源自目的因的作用，例如鹿角或男人的乳头。……他继承了亚里士多德的一个方面，从事大量观察并把这些观察整理分类，但他并不怎样倾心于理论——他质疑亚里士多德的综合，但并不拒斥它，也没有提供取而代之的东西。"[1]

托勒密、阿基米德等人的工作可以视作实证科学的开端。我常想，如果不是中间插入了中世纪，我们就能更清楚地看到哲学和科学的联系，看清楚从柏拉图和亚里士多德怎样转向阿基米德、欧几里得、托勒密的实证研究，再转向哥白尼、伽利略、开普勒、牛顿。但是中间插入了基督教的长长的一段时间，等到中世纪结束，近代哲学-科学是以反驳教会化的、教条化的亚里士多德的方式来继承他的，而不是像古代实证研究那样明显是哲学思辨的延续。

亚里士多德之后，适逢环地中海的世界一体化，为实证科学的蓬勃发展提供了良好的环境。亚历山大里亚在公元前后是整个地中海最文明的地方，有最好的天文台，是当时天文学的研究中心。前面说到，对于天文学家来说，两球理论最大的麻烦来自七大行星。

---

[1]　杰奥·伊尔比-马西（Geo Irby-Massie）：《希腊化时代的希腊科学》（*Greek Science of the Hellenistic Era*），劳特利奇出版公司，2002 年，第 13 页。

恒星镶嵌在天球上,随着天球周转,它们的相互位置是固定的,只有这七个行星,包括太阳、月亮和金星等五颗行星,它们的运动是不规则的,有时甚至会逆行。所以,它们不像是镶嵌在天球上的。因此,早在亚里士多德之前,人们就开始增加一些行星天球,它们处在最远的恒星天球和地球中间。于是天空上出现了以地球为中心的多重同心圆。为了从数学上更精确地说明行星的实际运动,说明相对于恒星的不规则运动,天文学家为每一颗行星配备一个乃至多个天球,几个天球的合成运动导致了一颗行星的复杂的表观运动。

天球越增加越多,在亚里士多德那里,标准的说法是五十五个。但是即使五十五个天球仍然不能充分说明行星运动,而且,多重同心圆模式无法解释行星亮度的变化。因为不管你加上什么样的天球,它离地球的距离始终相同,因此看起来应当始终亮度不变。于是,天文学家逐渐不再增添更多的中间天球,而是发展出了均轮和本轮的学说。一般认为,对这一宇宙模式做出最大贡献的是公元前二世纪的希帕恰斯。希帕恰斯被公认为古代世界最伟大的天文学家,除了建立均轮和本轮的学说,他还测算了地球到月球的距离、地球到太阳的距离、地球的周长等等。

均轮是指大致以地球为圆心的大天球,本轮则指以均轮上某一点为圆心的小天球。每一颗行星都依附在一个小天球即本轮上。

这个模型看上去很像现在用来说明月球这类卫星运动的模型:月亮环绕地球做圆周运动,地球则环绕太阳做圆周运动,从太阳的视点来观察,月亮的运动就会显得非常复杂。

均轮只是大致以地球为圆心。为了更精确地符合对行星轨迹的实际观察，希帕恰斯设想均轮的实际圆心多多少少偏离地心，这就造成了均轮的偏心圆运动。

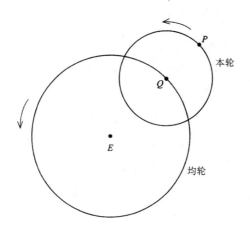

均轮本轮的构造不仅在数学上更加逼近了行星的实际轨迹，而且多多少少能够解释行星有时候亮些有时候暗些，这是多重同心圆天球做不到的。现在，行星不仅随着均轮运动，而且也随着本轮运动，所以它有时距离地球近，有时距离地球远，因此它的明暗不断变化。

亚历山大里亚时期的天文学里，**天文学和数学结合得更加紧密**，这个体系不再仅是定性的，而是定量的。希腊化时期的社会生活充满了大都市的特性，自然开始褪色，有史家以此来解释量化思考的兴起。这个解释有点儿启发，但恐怕不大充分，秦汉以来，世界上哪里也不像中国那样有持续了两千年发展的大都市生活，但定量思考始终不是中国文化的特点，乃至推崇数字化的黄仁宇把缺乏数字化视作中国政治治理逐渐落后的根本原因。但是不管量化思考的兴起出于何种历史根由，亚历山大里亚科学"与其希腊前辈比较，较少哲学性，更多数学性"①则为史家所公认。

公元二世纪初，亚历山大里亚的托勒密是古代天文学的集大成者，所以这一时期的天文学通称为托勒密体系。很多专家认为这个体系中没有很多东西是托勒密本人原创的，但他是希腊文明的最后一位伟大的天文学家，总结了迄于当时的全部天文学成就。托勒密体系在解释天体运行的观察资料上取得了巨大的成功，然而，仍有很多细节不能很好吻合。它能把月食预言的误差缩小到一两个小时之内，这当然是了不起的成就，但毕竟还有一两个小时的误差。天文学家通过种种办法来完善这个体系，其中最主要的办法是在本轮上面再套本轮，于是产生了一串大本轮小本轮。

希腊天文学力求不断精准，但始终跳不出两球模式和本轮这类设置，一个根本原因在于他们认定天体是沿着正圆轨道周转的，这个毕达哥拉斯原则又深深坐落在圆是完满的而天体属于圆满的神明世界这两个信念。从科学的具体发展来说，则又因为希腊人没有发展力学。"由于没有一种力学理论，希腊人总是努力把所有复杂的〔表观〕运动还原为他们所能设想的最简单的运动，即均匀的圆周运动及其叠加。"②

为了在数学上逼近行星的真实轨迹，本轮越加越多，可是尽管这个体系在数学上不断逼近实际观测资料，但它越来越不像是真的。为什么呢？因为这么繁复的体系不自然，因为上帝似乎不会设

---

① 托马斯·库恩：《哥白尼革命》，吴国盛等译，北京大学出版社，2003 年，第102 页。

② 爱因斯坦（Einstein），见伽利略《关于托勒密和哥白尼两大世界体系的对话》（*Dialogue Concerning the Two Chief World Systems*）第二版的序言，加州大学出版社，1970 年，第 x—xi 页。

计这么烦琐的一个宇宙。科学史家认定，至少在很大程度上，托勒密体系的天文学家把偏心圆、本轮等等视作数学工具而非物理实在。托勒密本人似乎也提示，他的模型只是一种数学上的解决。在古代人那里，数学和实在是两回事，数学上的解绝不代表实在的图画。不少论者认为托勒密体系是"操作性理论"。大致上，操作性是说，它考虑的不是物理真实，但是它在某个方面是有效的。总之，托勒密天文学和亚里士多德的天学是不一样的，亚里士多德的《论天》是天的哲学。宇宙论和天文学这两个名号即指称这种区别。大致可以说，柏拉图和亚里士多德是宇宙论，而托勒密是天文学。两者交织自不用说，直到开普勒那里仍是交织的。

相形之下，两大天球体系比较自然，地球在中央，外面有一个大天球。加上另外的一些中间天球，七层也好，九层也好，五十五层也好，还是一个比较完美的宇宙模型，普通人比较容易理解、容易接受。可托勒密的这个宇宙模型更为专家认可，因为它解释了很多细节。但它很复杂，只有科学家弄得懂。古代的哲学-科学可以很高深，但是它不是光对专家说话，它对所有有教养的人说话。道理可能高深，但不能最后求助于过多的技术性解释。托勒密体系却要求读者具有相当专门的数学知识。然而，也正是由于这一点，从今天我们对科学的界说来看，天文学是唯一一门比较成熟的科学，需要通过专门的训练才能理解。

这里似乎有一个矛盾，比较自然的学说不够精密，比较精密的学说又不够自然，甚至不自然到让人觉得不可能是真实的。

托勒密体系是库恩后来所谓范式者，托勒密之后，包括在中世纪的一千年里，一直为人所信奉。直到哥白尼之前，天文学的主要发展在于更精巧的本轮设计，没有出现什么具新意的思想。恼人的是，新的精巧设计始终没有达到与实际观测的完全吻合，但更为恼人的是，天球的结构被弄得极为繁复。

第四节　从罗马到文艺复兴

公元前的几个世纪，亚平宁半岛上的一个小部族，罗马，逐步地、稳定地、不可阻挡地扩张着，公元前二世纪，罗马逐一击败它的对手，占据了迦太基、马其顿、希腊、小亚细亚、埃及，恺撒征服了不列颠。公元后的两个世纪，到所谓"五贤帝"[①]治下，差不多整个西方世界都包罗进了罗马的版图。地中海世界第一次实现了真正的统一。地中海是战乱不断的地方，直到今天仍然是各种文化冲突的大舞台，巴勒斯坦和以色列就在地中海边上。但在罗马帝国的统治下，整个地中海成为一个统一国家的内海，不再有敌国之间的征战，不再有海盗船出没。罗马帝国的强大、繁荣、和平，不但在古代的西方世界绝无仅有，就是今天回顾，仍让人叹为观止。且不说罗马的道路，罗马的公共体育场，单说用水一项，历史学家告诉我们，罗马城里的人均用水量比最能浪费水资源的美国人还多。罗马的各个城市里，到处建有公共浴室，供市民享受，其规模之大，有的能同时容纳三千人。为了保证清洁的水质，很多城市的用水是通过水道从远处的山泉引入的，水道穿过山野，凿隧道，架桥梁，长达数十公里。其建筑十分精准坚固，两千年后的今天，仍有很多

---

① "五贤帝"即涅尔瓦、图拉真、哈德良、安东尼·庇护、奥勒留。

留存在那里。在罗马城以及其他很多城市，地下水道纵横交织。

我们几乎会认为人类发展到这儿也就差不多了。Pax Romana（罗马治下的和平）成为字典里的一个短语，指一个强权通过它的开明政治和法律给整个世界带来了和平昌盛。被征服的民族可能会心怀不满，但是只要愿意接受罗马的统治，生活也是很安定的。苏东政治制度坍塌之后，美国人想象将由美利坚合众国建设一个罗马的和平：由一个最文明、最先进、最强大的势力来统一世界，结束纷争不已的状态，结束各种意识形态的冲突。老百姓安居乐业，商业繁荣，世界和平。这段历史还太近，我们还没法判断。不过，感觉不大像是我们正在享受又一次"罗马的和平"，我们的时代如果不说冲突更加激烈的话，至少仍是一个冲突频仍、危机四伏的时代。

我们知道，在西方说到古典世界，说的就是希腊和罗马。这是两个无比伟大的文明，同时，也是非常不同的文明。与希腊相比，罗马人的军事才能、政治才能、行政才能和法律才能非常突出。罗马法律后来成为整个西方法律的基础。然而，罗马人在精神领域缺乏原创性。罗马人里没有出过一个著名的数学家或天文学家，没有出过原创的大哲学家。在高等精神领域，罗马人尊重希腊人，他们是希腊的征服者，但对希腊的各种文化、学术、艺术，罗马人可说是照单全收。罗马帝国最强盛的时候，即公元初的两三个世纪，有教养人士是双语的，都能阅读希腊文。这个层次的家庭一般都延请希腊人教其子女音乐、诗歌、哲学。我们今天见到的希腊雕塑，绝大多数都不是希腊的原作，而是在罗马时代复制的，从希腊用船运到罗马去，装饰罗马的宫室或家庭。碰到风暴，被埋在海底，到近世才被挖掘出来。

也许，政治社会的大一统固然是太平盛世的条件，但由于缺少文化多样性，对精神创造力天然不利。反过来就是所谓时代不幸诗人幸吧。

罗马人的普遍文化教养程度很高，能读能写的人远远多于希腊人。文化教养和精神原创之间的关系非常复杂，绝不是简单的正相关关系。到音乐厅听贝多芬的人士衣冠楚楚、彬彬有礼，贝多芬却不一定是那样。罗马人爱好高等精神作品，但他们并不为此痴迷，他们的主要兴趣在实际事务方面，精神作品是陪伴生活的一种享受。罗马的著名学者在原创性方面无法与希腊人比肩，他们研读希腊文本，把希腊人的思想用通俗形式改写成罗马人喜闻乐见的作品。后来流传到中世纪的自然哲学，差不多都是通俗的拉丁文版本。希腊的原创作品，渐渐湮没无闻。

造就后世西方思想格局的最大变数，当然是基督教的兴起。基督教怎么会征服罗马人，想想是蛮奇怪的。基督教提倡的德行几乎全都跟罗马人相反。罗马文明灿烂辉煌，罗马人安居乐业、丰衣足食、健康开明。基督教提倡苦修，蔑视物质追求和享乐，组织隐秘的聚会，举行古怪的仪式，宣扬末世审判。也许人天生不愿意一直太平下去，总过好日子，时间长了就没劲了，就连罗马人也不能例外。

在内部，罗马经历了罗马精神到基督教精神的转变，经历了内部的政治纷争，在外部，罗马经历了蛮族的入侵。西罗马帝国于476年灭亡，欧洲进入了中世纪。

进入中世纪之后，欧洲变成了一个完全不同的地方。历史上把中世纪称作"黑暗时代"（The Dark Ages），说宽了，包括六至十五世纪,说得窄的,主要指六至十世纪。过去人们把中世纪视作一个反科学时代,近几十年,这种看法颇有所改变,不少历史学家认为正是中世纪为新时代做好了准备,尤其是在技术进步方面,水轮、风车、尾舵、纺纱车、鼓风炉、机械钟都是在中世纪发明出来的,造纸术、火药等等都是在中世纪从中国传到西方的。但从大的画面看,在中世纪里,希腊和罗马创建的人类文明几乎完全消失,再没有庞贝那样阳光灿烂的城市,没有典雅而又生机勃勃的希腊雕塑,全都没有了。人民几乎全都不识字,包括那些大大小小的领主。他们见不到希腊和罗马的东西,甚至不知道曾经有希腊和罗马这样的文明存在过。一点点学问保存并承传在修道院里,但是寥若晨星的僧侣学者只能阅读拉丁文的典籍,鲜有人懂得古希腊语,如上所言,拉丁学术著作差不多都是希腊思想的通俗版,没有希腊那种源始追问的生命力。希腊典籍和希腊思想,相当一部分通过东罗马帝国转移到伊斯兰世界。亚里士多德的手稿辗转传到伊斯兰,并且被翻译成阿拉伯文。比较起当时的欧洲,伊斯兰世界相对开明,科学要发达得多。

通过十字军东征及基督教和伊斯兰教之间的其他战争,西方人才零零星星了解到自己的古典文明。十字军东征当然并未抱有文化交流的宗旨,不过这些连绵不断的战争事实上促进了基督教世界和阿拉伯世界的交往,从而为西方带来了一场小小的学术复兴。西方从伊斯兰世界带回来一些希腊典籍。学者们从阿拉伯文把亚里士多德译成拉丁文,有时候更曲折,先从阿拉伯文译成西班牙文,然后再转译到拉丁文。终于,到十三世纪后期,亚里士多德的著作差不多全部被译成了拉丁文。柏拉图的著作仍只有少数译成了拉丁文。一般说来，从希腊化时期直到罗马文明的沉没，柏拉图的影响一直大于亚里士多德。但在十二世纪的学术复兴之后，很大程度上是由于著作翻译的因素，亚里士多德的影响大大盖过了柏拉图，亚里士多德被称作 the Philosopher，独一无二的哲学家。大学出现在欧洲各地，虽然最初的大学和僧侣培训班差不了多少，但也存在对自然哲学的广泛兴趣，其中很多争论可视作后世科学革命的先声。希腊罗马的建筑、雕塑被挖掘出来，a lost world 又一点一点在人类面前展现。十五世纪迎来了伟大的文艺复兴。在很大程度上，我们的确可以把这个时期视作希腊罗马文明的"复兴"，就是要回到希腊罗马的人类生活理想，要建设地上的文明而不是一味企盼天国，依靠均衡的理性来生活而不是沉浸在密不透风的信仰里。人们恢复了对理性真理的兴趣，求真的、归根到底也是怀疑的态度重新生长起来。

中世纪在哪些方面继承了希腊的遗产，甚至有所发展？中世纪的自然哲学在多大程度上为近代科学革命做了准备？近几十年，这方面的研究颇有成果，在本书的框架内，我愿意特别指出，近代科学对古代哲学-科学的最主要的继承是对自然的理性探索的态度，对理论的理性态度。这种理性态度在中世纪虽然因编织在宗教信仰中而不得彰显，但不绝如缕。中世纪思想家在亚里士多德框架内所坚持的理性探索成为近代思想的最重要的遗产。

第五节　哥白尼革命

十六至十七世纪，近代科学在西方兴起，很多论者称之为科学革命。人们通常把哥白尼提出日心说定作这场革命的起点，哥白尼的日心说也被称作哥白尼革命。

科学革命从天文学领域发端，并非偶然。就具体情况说，在哥白尼那个时期，观测天文学有所复兴，这和旧儒略历需要改革有关，也和日益增加的远洋航海活动有关，因为船只在远海往往很多天都看不到任何坐标，这就对更精确地确定经纬度提出了要求。就一般情况而论，天文学是当时唯一比较成熟的科学。我们曾讲到，天文学之所以能够成为最早成熟的科学，主要原因是因为它适合于接受数学的处理。要掌握能够描述天体运行的数学固然不是易事，但相比于用数学描述其他实际物体的运动，比如与描述一片羽毛在空中的飞动相比，描述天体运动的数学要简单多了。

让哥白尼困惑的是老问题：行星的不整齐的运动。托勒密体系经过中世纪的漫长发展已经变为一个极为繁复的体系，这种极其繁复的体系会让理论家觉得不爽。理论家从来都力图提供优雅的模型。我们提到，在中世纪后一半，经院哲学大半处在亚里士多德的影响之下，不过，到中世纪晚期，在哥白尼时代，很多热衷理论的思想家，包括哥白尼本人在内，转而信奉新柏拉图主义。他们主要不是通过阅读柏拉图，因为柏拉图的著作仍然很少译成拉丁文。吸引他们的，主要是柏拉图主义中带点儿神秘色彩的提示：宇宙的结构是简明完美的。哥白尼不相信上帝会制造一个过于繁复的体系。他认为只要把太阳放在中心，宇宙体系就能得到简化。当然，对于一个科学家来说，仅仅提出一个观念、一个设想是远远不够的。哥白尼耗费了他的毕生精力来证明那些堆积如山的天文观测资料的确是和日心说相吻合的。

　　不过，近代科学革命以哥白尼学说为起点这种提法很大程度上是为了把历史故事讲述得比较鲜明。看得越是仔细，我们就越难为一个巨大的变动确定一个起点。科学史家考证，在十八世纪之前，人们并未赋予哥白尼学说这样重要的科学地位，"哥白尼革命"这个提法"首先是十八世纪的蒙塔克勒和巴伊发明出来并使之保留下来的虚构之物"。①此后的两百年，人们广泛接受了"哥白尼革命"这个提法，但最近一个世纪以来，虽然一些科学史家（如梅森）仍然坚持强调《天球运行论》的革命性，另一些却对此采取了相当的保留态度。

　　哥白尼是当时欧洲最优秀的数学家。《天球运行论》这本书，除了第一卷的前面几章，差不多就是一部数学著作。数学使一个学科转变为专门的科学，需要通过专门的训练才能掌握。哥白尼时代的哲学-科学，例如关于推力和冲力的学说，都是定性的学说，外行不难理解。各种炼金术理论非常繁复，也不容易掌握，但要掌握这些理论的学理（而非实践），主要是靠记忆，并不需要多少抽象的推理能力。可是如库恩所说，哥白尼的工作"都在这种深奥的量化理论内部"，几乎只对专家说话，而"从未考虑过他的变革会给主要关注大地的普通人带来怎样的困难"。②《天球运行论》是哥白尼在他去世前一年发表的，从这部著作发表一直到开普勒发表其《新天文学》的60年里，几乎只有数学家能够读懂，也只有数学家接受他的观点，并未直接对人们的宇宙观念产生十分重要的影响。

---

　　① 科恩：《科学中的革命》，鲁旭东、赵培杰、宋振山译，商务印书馆，1999年，第57页。

　　② 托马斯·库恩：《哥白尼革命》，吴国盛等译，北京大学出版社，2003年，第71、142页。

　　强调哥白尼是数理天文学家，一个重要的考虑是：他不解释天体为什么会运动，他只考虑几何学而不考虑动力学。因此，日心说的物理意义并不明了。科恩指出，在16世纪，是否能用匀速圆周运动充分解释天文资料这个数学天文学问题和真正运动的是太阳还是地球这个宇宙论问题是分开来考虑的。伯特断言，地球是否转动，对哥白尼来说，是一个数学模式是否合用的问题，不是一个事关真理的问题。[①]

　　科学史家倾向于认为，作为一个数学模式，哥白尼体系解释当时的天文资料并不比托勒密体系成功，甚至还不如托勒密体系。库恩认为，从定量天文学的观测实践来说，哥白尼体系是"一个完全的失败"，它的真正吸引力是"审美方面的"，因此，在哥白尼之后的时代，选择托勒密体系还是哥白尼体系，最初只是个偏好的问题。[②]就数学本身来说，尽管哥白尼是那个时代最优秀的数理天文学家，但他远说不上使数学技术发生了革命。

　　在一般宇宙论和天文学方面，哥白尼的观念相当陈旧，引入的新观念也不多。他为天文学理论提出了两项要求，一项是要能够说明现象，另一项是不得违背毕达哥拉斯的原则，即天体运动必定是圆周的、均匀的。他强调托勒密体系的一个重大缺陷在于背离了圆

　　①　爱德文·阿瑟·伯特：《近代物理科学的形而上学基础》，徐向东译，北京大学出版社，2003年，第33页。《天球运行论》的简短前言的确说，这本书里的假设"并非必须是真实的，甚至也不一定是可能的"，这本书所提出的原理并不期求读者信之为真，只须"认为它们为计算提供了一个可靠的基础"。然而，开普勒对这篇前言考证之后，认定它是主持出版这本书的奥西安德所写；后世多数论者同意开普勒的结论，但仍有重要的科学史家相信它是哥白尼本人所写。参见科恩：《科学中的革命》，鲁旭东、赵培杰、宋振山译，商务印书馆，1999年，第146页。

　　②　托马斯·库恩：《哥白尼革命》，吴国盛等译，北京大学出版社，2003年，第167页。

周匀速运动的原则。科恩甚至认为哥白尼和托勒密的首要冲突不在于地心还是日心，而在于哥白尼责备托勒密没有严格坚持圆周匀速运动的原则，采用了偏心匀速点的假说。他自己也把这一点看作自己体系的最大优点。据此，很多科学史家甚至认为哥白尼学说并不是名副其实的日心说，因为在哥白尼体系中的中心不在太阳那里，而是在一个平太阳的虚空点上。因此，称哥白尼学说为日心说不如称之为地动说更加切合事实。[①]

一个经常被提及的优点是哥白尼体系比托勒密体系更加简明，[②] 在库恩看来，这个优点来自哥白尼体系的整体性——这个体系把很多问题连在了一起，减少了特设。[③] 科恩却对此不以为然，他引用金格里奇的结论说："哥白尼体系比原来的托勒密体系还要复杂些。"[④]

科恩的结论是："如果曾有过哥白尼革命，那么这场革命是发生在十七世纪而不是十六世纪，它是一场与开普勒、伽利略、笛卡尔以及牛顿等人的伟大名字联系在一起的革命。"[⑤] 新天文学主要是

---

① 例见诺夫乔伊：《存在巨链》，张传有、高秉江译，江西教育出版社，2002年，第127页；斯蒂芬·F.梅森：《自然科学史》，周煦良等译，上海译文出版社，1980年，第121页；科恩：《科学中的革命》，鲁旭东、赵培杰、宋振山译，商务印书馆，1999年，第145页。

② 哥白尼的学生和辩护士莱蒂克斯说，钟表匠从来不安装多余的轮子。后世科学史家梅森也明确说"哥白尼体系比托勒密的体系简单得多，漂亮得多"。（斯蒂芬·F.梅森：《自然科学史》，周煦良等译，上海译文出版社，1984年，第120页。）

③ 托马斯·库恩：《哥白尼革命》，吴国盛等译，北京大学出版社，2003年，第171页。

④ 科恩：《科学中的革命》，鲁旭东、赵培杰、宋振山译，商务印书馆，1999年，第150页。

⑤ 同上书，第155页。

开普勒在 1609 年建立起来的，"确切地说，这新的天文学根本不是真正意义上的哥白尼天文学。在重建中，开普勒基本上拒绝了哥白尼几乎所有的假定和方法；所保留下来的，只是其原来的中心思想，即太阳是固定的，而地球每年在环绕太阳的轨道上运行一周，同时它每天还自转一周"[①]。

我觉得科恩对哥白尼学说是不是日心说提出疑问是过苛了。诚如科恩指出，就哥白尼的数理系统而言，处在宇宙中心的不是太阳，而是与太阳齐平的一个虚空点。然而，就如托勒密体系中的宇宙中心不恰恰落在地球上而落在偏心匀速点上并不妨碍这个体系始终被理解为地心说那样，哥白尼宇宙体系的数理模型中心的精确位置并不决定这个体系的基本观念，即太阳处在宇宙的中心。这从后来人如何看待哥白尼体系也可以表明——尽管开普勒和牛顿在确定太阳系的确切中心这一点上做出了重要的推进，但他们都是从哥白尼那里接受下了太阳是宇宙中心的基本观念。哥白尼的计算也许不足以引发一场革命，事实上，除了制定普鲁士星表的莱因霍尔德（Reinhold）而外，很少有谁重视他的计算。但哥白尼却促成了宇宙体系大观念的转变。哥白尼之后的思想家们有的接受哥白尼体系，有的反对，但毕竟，多数伟大的天文学家出于直觉更倾向于哥白尼，伽利略、开普勒、笛卡尔这样的大思想家一见哥白尼体系而倾心拥戴，按常情想，这不会只是个偏好问题。

我还认为，哥白尼本人相信日心说是关于实在的学说，日心说首先是作为一种自然哲学提出来的。正如梅森所论证，哥白尼"认

---

① 科恩:《科学中的革命》，鲁旭东、赵培杰、宋振山译，商务印书馆，1999 年，第51 页。

为自己的世界体系是真实的，因为他讨论的一些问题，如关于反对地动说的物理学理由等，都不属于数学性质；如果他的学说被认为是假说性质，这类问题就不需要加以考虑"。[①] 他在自己的书里多处直陈太阳处在宇宙的中心，又特别充满激情地讲到这一点，"静居在宇宙中心处的是太阳。在这个美丽的殿堂里，它能同时照耀一切。难道还有谁能把这盏明灯放到另一个、更好的位置上吗？太阳似乎是坐在王位上统治着围绕它运转的行星家族"。我们都崇拜太阳，崇拜生命和万物的源泉，我们怎么能想象这么高贵的东西反而会转动？我们怎么能想象我们的地界、会朽坏的物界反而是不动的？哥白尼用相似的口吻谈到天球的静止："在所有天球中，最高的天球是恒星天球，它包含了一切和它自身，因此它是静止不动的。"[②] 一个非实在的数学模型是无法解释这种激情的。从上面的科恩引文可以看到，科恩对哥白尼体系之为一场革命持否定态度，但他在补充材料里提出，哥白尼前一千多年的天文学家通常不声称他们的理论是关于实在的理论，而哥白尼不同，"在证明其体系的'实在性'方面，……哥白尼的确是一位造反者，甚至有理由说他是一位革命者"。[③] 从数学精确性着眼，实在性也许只是"一个方面"，但从大观念着眼，实在与否是本质之争。实际上，日心还是地心，这个争论，哪怕只是通过数学方式，难免与时代的整个形而上学交织在一起。从前，地球处在卑微的下位，天体处在尊贵的高位，如

---

① 斯蒂芬·F.梅森：《自然科学史》，周煦良等译，上海译文出版社，1984年，第118页。

② 尼古拉·哥白尼：《天体运行论》，叶式辉译，武汉出版社，1992年，第24页。

③ 科恩：《科学中的革命》，鲁旭东、赵培杰、宋振山译，商务印书馆，1999年，第612—613页。

今，至少金星等等行星被拉到了和地球一样的宇宙论地位上来了。在天学领域，技术理解的改变最大规模地影响我们的宇宙观念、宗教观念、道德观念。当时的人，无论支持者还是反对者，对哥白尼学说在宗教、道德等方面的影响都是十分敏感的。

哥白尼没有废除天球和本轮，没有明确把太阳视作一颗恒星，没有提出无限宇宙的观念。这些都是在哥白尼之后发展起来的。对哥白尼这样的先行者来说，还有太多的观念需要改变，这远不是他一个人所能做到的。

哥白尼学说不是一场天文学数理技术的革命，但它包含了思想观念上的巨大改变，并最终引发了一场革命。这些新观念与其说是哥白尼本人明确意识到并据以作为其工作纲领的东西，不如说是他的后继者们更加明确意识到并据以开展自己的工作的东西。库恩的如下评语大概是公允的：天球运行论是引发革命的文本，而自身不是一个革命性的文本，重要的不是它说了什么，而是它使得后来人能说些什么。

这里说到新观念，还不止于日心说本身。日心说是个伟大的设想，但这个设想远不足以引发了整个近代科学革命。日心说不是哥白尼的发现，而是阿里斯塔克的设想。但哥白尼并不仅仅是在重新宣扬阿里斯塔克的日心说，而是把日心说和计算联合起来，把宇宙论和天文学计算联合起来，尝试以数学方法来论证实在。在哥白尼那里，数学不仅仅是实证科学的语言，数学本身就有形而上学性质。[1]圆不仅仅是众多几何图形中的一种图形，它首先是完美的体现。天体的运动必然是圆形这些形而上学原则仍然是需要遵守的。

---

[1]　在开普勒那里，数学仍具有形而上学性质。

通过数学把握实在，在哥白尼那里尚不是一个明确的主张，而是体现在他的思想进路之中。毕竟，哪些工作是操作性的，哪些工作是实证的，哪些是形而上学的，当时也颇混杂，我们今天回过头来才分得清。哥白尼的数学论证远不够充分，但它所开辟的道路却是近代科学的道路——用数学证明实在的道路。此后的天文学家和其他领域的科学家将在这条道路上前进，他们将做出更充分的数学论证，同时对数学证明实在的思想越来越自觉。

　　如库恩所言，哥白尼学说是历史上第一次由于发现技术性的错误而宁愿修正一个重大的思想结论，为了一个特定研究领域的迫切明显的需要而罔顾结论与常识、与物理学的明显冲突。[①]理论的唯一可靠向导是理性，而从现在开始，理性的意义不再是尊重我们的日常经验，数理证明将逐渐被视作最高的理性。我们将相信被数理理性证明的结论，哪怕它和我们所经验的世界全面冲突。哥白尼革命在开普勒、伽利略、牛顿的手中大获全胜，这次完胜的革命为后人树立了榜样。我们今天已经习惯，无论科学理论的结论有多怪异，我们都见怪不怪。这是一种新型的思想自由。存在着四维空间，人是猴子变的，空间弯曲，大陆板块漂移，宇宙产生于大爆炸，我们普通人虽然不懂得这些结论是怎么得到的，这些结论虽然和我们一贯的常识180度冲突，却不再激起我们的本能反对。[②]

---

　　①　托马斯·库恩：《哥白尼革命》，吴国盛等译，北京大学出版社，2003年，第137、223页。

　　②　总的说来，社会对科学提出的新颖结论变得越来越容易接受。不过，这里还牵涉其他许多因素。例如，科学结论的革命程度从科学内部看和从科学外部看是不一样的。孟德尔发现遗传规律，这是个重大发现，但对社会观念影响较小。牛顿的万有引力在科学内部具有强大的革命作用，在物理学界内部引起巨大争议，但社会接受这一观念没有很大阻力。与孟德尔和牛顿相对照，哥白尼和达尔文就容易视作离经叛道。

第六节 围绕哥白尼

哥白尼的先驱

前面提到,亚里士多德-托勒密的主流理论以外,古希腊还有其他的宇宙论-天文学理论,其中以萨摩斯的阿里斯塔克的日心说最为著名。阿里斯塔克是哥白尼的先驱吗? 在某种意义上当然是,哥白尼在自己的著作中也专门提到这位先驱者。如果从点到点,我们可能会觉得哥白尼继承的是阿里斯塔克,两个人都主张日心说。但是,并没有一个阿里斯塔克传统。就一位思想家和传统的关系来说,对哥白尼,托勒密要远比阿里斯塔克重要。哥白尼从托勒密那里继承的东西远远更多。从形式上说,无论哥白尼的描述顺序还是描述方式都严格地遵循托勒密的《天文学大成》。从内容上说,他继承了本轮、偏心圆等基本概念。在哥白尼那里,宇宙仍然是有限的。他似乎也没有抛弃天球的概念。

实际上,哥白尼也必然从托勒密那里继承更多的东西。在阿里斯塔克那里,日心说是一个观念,一个想象,而不是一门科学,没有多少物理证据、观察数据和数学支持阿里斯塔克的想象。[①] 只有在托勒密那里才有这么多东西可以继承。一个人只有站在和对手

---

① "没有望远镜的帮助或者与天文学并无明显关系的那些精致的数学的帮助,就不可能为地球是运动的行星这个论点提供有效的论据。"托马斯·库恩:《哥白尼革命》,吴国盛等译,北京大学出版社,2003 年,第 43 页。

相同的基地上才能施以反对之力。

　　阿里斯塔克的确是一道闪电，对哥白尼具有特殊的启发作用。在想象力这一点上可以视作哥白尼的先驱。一方面，我们为德谟克利特和阿里斯塔克的想象感到鼓舞，这是科学得以发展的一个动力。但另一方面，这些理论不是成功的理论，"这些〔亚里士多德-托勒密体系而外的〕可选择的宇宙论违反了由关于宇宙结构的感觉所提供的那些最基本的提示和联想。此外，这种对常识的违背又没有被它们在解释现象方面的有效性的任何增加进行补偿"。[①]

哥白尼的反对者

　　哥白尼的著作流传开来以后，有些思想家很快接受了日心说，其中包括开普勒和伽利略。当然，反对哥白尼的人更多，包括为近代科学鸣锣开道的弗兰西斯·培根。很多论者反对哥白尼，是因为日心说不合《圣经》的说法，或者因为它不合亚里士多德的理论，他们引用《圣经》或亚里士多德的成说来反对哥白尼。毕竟，亚里士多德久经考验，《圣经》是无数信仰者安身立命的信条。

　　不过，日心说一开始对基督教教义并没有造成很大冲击。尽管哥白尼本人是在物理意义上相信日心说的，但在中世纪传统中，天文学一直被视作某种通过数学技术对天象做出预言的学问，无关宇宙真实，因此，在学者圈外，人们并不大感到哥白尼对基督教信仰的威胁。直到伽利略晚年之前，宗教当局对日心说并未采取迫害的立场。尤其应当提到，与通俗历史中所说的不同，布鲁诺并不是因

　　[①]　托马斯·库恩：《哥白尼革命》，吴国盛等译，北京大学出版社，2003年，第42页。

为坚持哥白尼日心说而被宗教法庭烧死的。[①]

尽管哥白尼的各种反对者在思想的敏锐和开明方面无法与开普勒、伽利略相比，尽管开普勒、伽利略对他们深恶痛绝极尽嘲笑是完全可以理解的，但这些反对者保守派当然不都是迂腐邪恶的。"在发展一种新范式的时候，革命者并不是以极为彰明的理性方式行事的，他们的反对者通常岁数较大，功成名就，但这些反对者在新思路面前对正统范式加以捍卫，并非是非理性的行为。"[②]

的确，很多事情在亚里士多德的自然哲学里可以得到顺理成章的解释，放到日心说里就讲不通了。为什么重物会落到地面上来而不是从地上飞到天上去？因为地球处在宇宙中心，对天界而言处在下方，是土和水的自然位置。日心说该怎样解释这么通常而重要的事实？毕竟，哥白尼离开牛顿创建万有引力学说还有一个半世纪呢。

日心说不只和亚里士多德以及《圣经》相左，它和我们的常识不合。直接的疑问是：我们怎么觉不出地球在转动？此外还可以进一步想到另一些疑问，例如，我们的地球巨大而笨重，这样的大家伙怎么开始转动起来？什么力量保持它年复一年转动不停？（哥白

[①]　参见汉斯·布鲁门贝格（Hans Blumenberg）：《哥白尼世界的起源》（*The Genesis of the Copernican World*），麻省理工学院出版社，1987 年，第三部第 5 章，尤其是第 370—374 页。

[②]　亚历克斯·罗森堡：《科学哲学》，刘华杰译，上海科技教育出版社，2004 年，第 190 页。我下一节将引用一段阮元的话例证清人对日心说的反对。阮元为这种态度提供了一种奇特的辩护。他夸奖中国的"古推步家"涉及"七政之运行"的时候，"但言其所当然，而不复强求其所以然，此古人立言之慎也。……但言其所当然，而不复言其所以然之终古无蔽哉！"阮元：《畴人传》，卷 46，中华书局，1991 年，第 609—610 页。

尼回答：转动是球体的本性。）当然，比地球远为更加巨大的天球每一日夜旋转一圈也很蹊跷，不过，那时所设想的天球离开地球并不是太远，而且它们是由最为轻灵的物质组成的，想象天球转动似乎不是那么悖理，而我们自己住在地球上，实实在在地知道地球巨大而笨重。地球飞快自转，不是要把地面上的东西都甩到宇宙空间里去了吗？（哥白尼对此没有答案。）地球的公转则将把月球抛到后面。而且，地球本身也难免因为不停地飞速转动而分崩离析。（哥白尼回答，既然球体的运动是本性，就不会分崩离析；而且，天球转动为什么就不会分崩离析呢？）地球由西向东旋转，那么抛到天上的东西为什么会落到脚边而不是落到西边去呢？

反对哥白尼的不只是感官，此外还有技术性的理由。地球的转动，尤其是公转，将造成金星的视差以及恒星的视差。由于当时的人不知道行星尤其是恒星距地球的距离是那么遥远，这个疑问就更加突出。

更有人一方面认识到了日心说在科学上的说服力，但同时担忧日心说可能引发对道德传统的颠覆，造成人类理解的断裂。科学在后世的发展表明，他们的担忧并不全是杞人忧天。

科学中一个新的基本命题的接受史，与我们平常生活中接受一个重要的新见解差不多。一开始，这个新命题击中了既存理论中的一些薄弱环节，解释了不曾得到良好解释的一些困惑，然而，它仍然不能和我们的大量既有理解融合。伯努利在 1738 年提出，气体的压强产生于快速运动的分子撞击容器壁的动量，物理学界拒绝接受。孟德尔的遗传定律遭受类似的命运，只是它被忽视的年头短得多。用罗杰·牛顿的话说，"科学家共同体中没有适合它们的概念框架，从而不理解它们"。① 从简单的真理观来看，阿里斯塔克、哥白尼、伽利略把我们引向了今天的宇宙图画。然而，就一个命题的意义来看，它同等地依赖于反对者，一如依赖于拥护者。意义不取决于赞成或拥护，而是取决于赞成或拥护的深度。真理是镶嵌在意义之中的。初等教科书倾向于简单地用今天的对错标准来叙述科学史，结果耖平了历史之为历史的历史深度。

哥白尼的继承者

在哥白尼之后，学者们关于日心说和地心说的争论非常激烈。一开始信服哥白尼的人并不多，但在这里，人数不是主要的，毕竟，开普勒、伽利略、笛卡尔这些人闻风相悦。这里有一个趋向，就是多数最优秀的头脑一读到《天球运行论》就倾向于相信哥白尼的日心说。而且，他们都不是把日心说视作一个数学模型，而是视作宇宙的实在。第谷尽管没有接受哥白尼体系，但也放弃了托勒密体系，提出了自己的第三体系。1572 年天空上出现了一颗新星②，持续了整整一年，似乎在明示天界的事物并不是永恒不变的。逐渐，越来越多的有识之士支持日心说。地心说先是心智健全的标志，逐渐成为保守、顽固、偏执狂的标志。

立即接受哥白尼日心说的一个重要思想家是布鲁诺。不过，布鲁诺并非基于天文学的理由接受哥白尼，他只是把哥白尼学说视作完成自己的伟大形而上学的一个小小前奏。布鲁诺可能是近代

---

① 罗杰·G. 牛顿：《何为科学真理》，武际可译，上海科技教育出版社，2001 年，第 55 页。

② 也可能是超新星。

第一个主张无限空间的人，至少是最早主张无限空间的人之一。无限空间的一个重要的后果就是，宇宙其实是没有中心的。古代宇宙观的主流坚持宇宙是有中心的，在希腊人看来，宇宙一定是有限的，只有有限的东西才是可理解的。希腊人把圆看作完美的图形，把圆周的运动看成完美的运动，一个重要的原因在于圆周运动是有限的，圆周运动总是回到自身，而直线的运动是脱离自身的，一直伸向无限，这种无限的观念对于希腊人来说是不可理解因而不可接受的。

布鲁诺还冲击了另外一些传统观念。传统上人们认为静止比运动优越，布鲁诺把运动提升到跟静止一样高贵的地位。到了伽利略、笛卡尔那里，运动反过来被当作最基本的状态了。布鲁诺还第一个明确抛弃了天球的概念，认为太阳是一颗恒星，星星是一些独立的天体，而不是缀在天球上的。这种看法很快被开普勒等人接受了。

尽管布鲁诺的整体思想方式比较接近中世纪，思辨多而科学少，但他提出的这些观念都具有头等的重要性，并且很快被合并到近代科学思想之中。

第谷本人不相信哥白尼体系，不是日心说者，但他也反对地心说，提出了一个第三体系：行星环绕太阳周转，太阳和诸行星作为一个整体环绕处在宇宙中心不动的地球周转。1577 年出现了一颗彗星，第谷等天文学家经过观测和计算，确定这颗彗星是环绕太阳运动而不是环绕地球运动的。

伽利略制造了世界上第一台实用的望远镜，用它来观察天体。通过望远镜，他看到了月球上的环形山，太阳表面上的黑子，看到了木星有四个月亮或曰卫星，观察到了金星的位相。月亮上有山岭，这说明天界并不是完善的。前人早就注意到月面上凹凸不平，不过，月亮是天界最低一层，稍有缺陷似乎较易理解。但太阳上有黑子则更进一步打击了天界完善的传统信念。而且，伽利略观察到太阳黑子的位置不断移动，产生了太阳本身也在旋转的想法。人们早就指出，如果哥白尼学说成立，星星就应当产生视差，伽利略的望远镜让人们看到事实上正是这样。木星有卫星环绕，粉碎了宇宙只能有一个中心的传统见解。这个事实并没有为日心说提供直接的证明，但是改变了人们对宇宙中心的一般看法，这间接有助于人们接受日心说。伽利略本来是哥白尼日心说的拥戴者，以他当时在知识界执牛耳的地位，自然也可说是当时日心说的代表人物。就天文学理论来说，伽利略并未提出什么新思想，但他通过望远镜提供的这些"证据"使日心说变得大为可信。[①]伽利略使日心说在科学上获得了牢固的地位。也正是在这种形势下，教会对日心说开始采取更加鲜明而强硬的反对态度，1616 年，教廷正式宣布日心地动说为异端。

开普勒提出了行星运动三定律。一、行星沿椭圆轨道运行。二、连接行星和太阳的直线在等时间内扫过的面积相等。依这一定律，行星的运动不是匀速的。三、各行星公转周期的平方和它们的轨道长轴的立方成正比。这三条定律无可争议地使得开普勒成为近代天文学的奠基人。

---

① 我们还记得，哥白尼是数理天文学家，他的著作里尽是高深的数学，无法直接对普通人产生影响。

　　开普勒确定，行星并不是以正圆轨道而是以椭圆轨道围绕太阳旋转，这是观念上的巨大解放。随着第一定律的确立，天体轨道必然是最完美的形状即圆形这一观念退出了天文学研究。自古以来，人们凡想象天体的轨道，几乎不可能想到圆以外的任何几何图形，[①]同样根深蒂固的是行星匀速运动的观念。这两项和地心说不同，地心说虽然一直是主导的学说，但也不断有人主张日心说，换言之，日心说不是不可想象的。但关于正圆和匀速，人们甚至没有想到要去怀疑。在这个基本意义上，正圆和匀速是比地心更深层次的确信。开普勒推翻了这两个观念，因此也就有着某种更深层的意义。

　　对于一般观念来说，地心还是日心当然是一个远远更为重要的争论，它直接牵涉我们的直观宇宙图景，直接影响我们关于神、人、世界的其他观念。至于行星的运动是正圆抑或带一点点椭圆，是匀速抑或稍稍有点儿速度变化，则是技术性的争端。然而，行星运动的研究者知道，不放弃行星在正圆轨道上匀速运行，就不可能在数学上、在科学上证成日心说，日心说就仍然只是个观念，而不是科学结论。

　　日心还是地心，圆还是椭圆，匀速还是变速，这些争论逐渐摆脱了人们的偏好，它们的结论只依赖于实证和计算。开普勒的工作表明，数学可以决定性地解决观念纠纷。通过开普勒，日心说已经远离思辨，在数理天文学上成为无可争辩的。尽管开普勒本人仍然充满中世纪的想象，尽管他尚未对行星轨道提供动力学解释，但开

---

　　① 似乎只有阿拉伯人 Al-Zarkali 在十一世纪曾尝试用一个椭圆的均轮代替水星的本轮，以便对托勒密体系略加修正。

普勒三定律奠定了天文科学的基础，其重要性无可比拟。

第七节　理论的整体性

哥白尼之后，日心说和地心说以及其他相关问题都争论不断。但是——不完全是事后诸葛亮——一个大趋势决堤而来，有识之士很快一一转向日心说，或者像第谷那样，虽然没有接受日心说，也在相当程度上抛弃了地心说。

这里有个疑问。哥白尼理论和后来的化学元素理论等等不一样，它不需要进行实验，也不需要多少新的数学。托勒密是公元二世纪人，到十六世纪初期，这一千五百年之间，人们并没有收集到多少新的天文学资料。有些科学史家认为，从技术上说，哥白尼同样可以出现在古代，"有了哥白尼这样的天才，其纲领的进步部分在亚里士多德到托勒密之间的任何时候都可能出现"[1]。你不能设想在公元三世纪出现门捷列夫，因为建立元素周期表需要很多新的事实。那么，哥白尼为什么没有早出现一千五百年，或者如果从亚里士多德那里算起，早出现两千年？[2]

---

[1]　伊姆雷·拉卡托斯：《科学研究纲领方法论》，兰征译，上海译文出版社，1986年，第263页。

[2]　我们这里常把亚里士多德体系和托勒密体系当作一回事来说，但如我多处提示的，两者自有很大差异。亚里士多德的天学体系是其物理学的一部分，是关于实在的学说。托勒密体系则带有很强的操作性质。这一根本差异体现在很多具体方面。例如，亚里士多德的天学里有动力学而托勒密没有。又例如，在亚里士多德宇宙里，地球实实在在处于中心位置，而在托勒密体系中，众星绕之周转的精确中心是一个虚空点。中世纪哲人对这些差异非常敏感，并经久不息地为之发生争论。但这里是就地心说这一主要立场着眼，在这一点上，哥白尼学说是把亚里士多德和托勒密合在一起来反对的。

科学史家提到文艺复兴精神、宗教改革、资本主义的兴起、航海的发展。我这里只谈一点：亚里士多德的巨大权威。这一权威使人们受束于地心说，妨碍了其他"天才"换一个角度来看待天文观察资料。只有到哥白尼时代，这一权威才开始面临整体瓦解的可能。

我并不是说后人盲从亚里士多德的巨大权威。亚里士多德体系中的困难和缺陷，从他的学生开始，就不断被明确指出。中世纪是一个信仰上帝的时代，哲学家，即使是唯一的哲学家，其外部权威也是有限的，在哲学思辨方面，中世纪人并不缺乏批判力。例如布里丹以陀螺的转动和两头都削尖的标枪的运动来反对亚里士多德的推动说，论证冲力说。他进一步由此推断天体的周转不是由神或天使推动的。奥康姆的威廉、尼古拉·奥里斯姆（Nicolas Oresme）、库萨的尼古拉等其他晚期中世纪的重要思想家也都曾提出过地球周日绕其轴自转的学说。

亚里士多德的天学有不少缺陷，针对这些缺陷，不断有人提出质疑。可是，在哲学-科学传统中，天学不仅与物理学连在一起，而且也与伦理学、美学、宗教信仰连在一起，例如高洁和低俗。这种联系在基督教学说中具有更强的道德意义，罪恶发生在低处，发生在地上，是基督教的一个成说。"基本的天文学概念已成为更为庞大的思想结构的组成部分。"[①]你可以挑出亚里士多德天文学里的这个那个毛病，在这一点那一点上批评者可能更有道理，但若这一得之见和其他事情互相抵触，就没有多大的理论说服力，很难撼动亚

---

① 托马斯·库恩：《哥白尼革命》，吴国盛等译，北京大学出版社，2003年，第75页。

里士多德整体解释的权威。你拿不出什么东西来取代他。单独反对地心说是薄弱的，进一步的思考就要让你面对亚里士多德所有的观念，关于运动的观念，关于位置的观念，关于元素的观念，关于人类社会和神性之间的关系的观念。"一个独一无二的中心地球概念与亚里士多德思想织品中太多的重要概念交织在一起。"[1] 实际上，托勒密本人就承认，其他的宇宙论，特别是地动说，单从天文学上看，"就星空的表观而言"，并不是断然不可接受的。但他指出，地心说以外的其他宇宙论和整个物理学冲突。我们还记得亚里士多德关于地球之为宇宙中心和地球之为圆形的论证，他的论证由于互相支持而显得特别强有力。要推翻亚里士多德-托勒密的天文体系，就得推翻整个物理学，甚至要推翻伦理成说和宗教教义。人们是否做好了这种准备呢？

亚里士多德的权威更多依赖于他提供了一套整体的理论，一套大致自然可解的理论。在这个整体解释中，诸多观念互相联系互相支持。例如，地心说和位置类型的空间观就相当契合，从而又与天尊地卑的一般观念相合。日心说传到中国以后，人们也因为它与这些一般观念不合而加以拒斥，西人"以为地球动而太阳静……上下易位，动静倒置，则离经畔道，不可为训"[2]。

不过，说到理论整体性，我愿特别强调，亚里士多德体系的整体性不是像近代物理学那样依赖于数理推论上的一致，而是像库恩所指出的，更多依赖于各个论点及其互相联系的自然可解。地球是

---

[1]　托马斯·库恩：《哥白尼革命》，吴国盛等译，北京大学出版社，2003年，第82页。

[2]　阮元：《畴人传》，卷46，中华书局，1991年，第610页。

不动的，这当然是迎合我们的常识的，我们感觉不到地球正在以巨大的速度旋转。地球处在中心，所以天上的东西会掉下来，这是我们常识很容易达到的结论。星星都镶嵌在一个天球上，所以所有的星星都在同步转动，这对常识也是具有说服力的解释。古典理论并不止于理论上自圆其说。所以，单说理论整体性还不够，这里涉及的是理论与常识的深层观念相互联系的整体性。**亚里士多德的理论是和自然常识联系在一起的**，他所表述的理论在很大程度上原本就深深埋藏于我们的常识之中。扎根在荣格等人所说的认知原型之中。"亚里士多德有能力以一种抽象和逻辑一致的方式表述许多关于宇宙的自发的感知，这些感知在他给予它们一个合乎逻辑的说法之前已经存在了数个世纪……孩子的观点、原始部落成员的观点以及心理退化病人的观点以惊人的频率与他相似。"[1]

所以，尽管亚里士多德理论中的几乎每一个弱点都曾一直有人提出质疑，但是没谁设想从整体上否定亚里士多德的整个体系。我们须从这个角度来理解为什么公元三世纪不可能出现哥白尼，即使出现了哥白尼，写出了《天球运行论》，它也只是比阿里斯塔克论证得稍更完备的一种见解。哥白尼革命所要求的不是哥白尼一个人，一个"天才"，而是一个时代的成熟，在这个时代里，有识之士准备好了接受哥白尼的天才，他们相互呼应，准备好了从整体上挑战亚里士多德。代表这个时代向亚里士多德发起总体挑战的不是哥白尼，是伽利略。奥里斯姆等中世纪思想家对亚里士多德的质疑后来多被伽利略采用，他在那些个别论证上并未增添多少新内容，但那

---

① 托马斯·库恩：《哥白尼革命》，吴国盛等译，北京大学出版社，2003年，第94页。

些论证在伽利略那里服务于一个整体理论，因此获得了崭新的强大力量。

证伪

这里可以顺便谈到波普尔的证伪理论。亚里士多德体系的命运是个突出例证，说明波普尔的证伪理论，至少就其通俗版本而言，尽管广有影响，实际上是不能成立的。拉卡托斯等人就此做了相当充分的讨论，我这里只简略谈几点。

一个理论与观察资料不符，有些现象不能由这个理论得到解释，这些都远不足以证伪这个理论。在波普尔之前，库恩已经设想过证伪理论。不过，他清醒地看到，证伪学说有点儿纸上谈兵。托勒密和哥白尼都大致与既有的观测资料相吻合，又有很多处与观测资料不合。没有哪个理论，包括现代的十分成熟的物理理论，和所有观察完全吻合。总有尚待解释的现象存在。古典哲学-科学理论并不要求自己解释所有现象，因为它们区分自然和偶然。大部分现象是偶然的，不需要解释也不可能提供解释，比如为什么昨天下雨今天晴天，你昨天为什么把火车时刻记错了。[①] 物理主义还原论要求自己能够解释所有现象，但这个要求只是原则上的要求，只是说，如果你对一个现象有兴趣并努力尝试，如果一切现象细节都已被掌握，你将能够在物理理论的框架中提供解释。

何况，当证据与理论不合，**出错的不一定是理论**，很可能是辅助假说出了错，而辅助假说往往是默会的，没有受到注意。按照哥

---

① 这一点将在第七章的"自然与必然"一节讨论。

白尼的理论，人们应当能够观察到恒星的视差，实际上却观察不到。后来我们知道，这是因为恒星离开地球的距离比当时所设想的要遥远得多。在这一事例中，理论与观测不符所证伪的是当时对恒星距离的一般认识，而不是证伪了哥白尼的日心说。天王星的位置与牛顿力学的预言不合，其结果不是证伪了牛顿力学，而是发现了海王星。在没有发现海王星的时候，人们有一个默会的看法，即天王星之外不再有大行星。

由于理论的整体性，不会出现简单的证伪。如果一个理论能大规模解释相关的现象，尤其是同时又能够解释其他理论解释不了的奇异现象，我们就把它接受下来。一个理论若具有整体性和完备性，就不会由于与观察偶有不符而被轻易放弃。牛顿力学是个相当完备的理论，当人们发现天王星的位置与之不合，人们根本不是去急着否定牛顿理论，而是在这个理论的基础上发现一个谜题的答案。

我们甚至可以说，一个整体理论不可能被驳倒，只能被另一个整体理论取代。[①] 亚里士多德-托勒密体系提供了一个例证，它不是被驳倒的，而是被哥白尼-开普勒日心说取代的。

---

① "在一个更好的理论出现之前是不会有证伪的。"伊姆雷·拉卡托斯:《科学研究纲领方法论》，兰征译，上海译文出版社，1986年，第49页。

第三章　近代科学的兴起

伽利略于 1642 去世，牛顿于同年诞生，罗素曾把这个事实推荐给相信灵魂转世的读者。这个巧合的确太富象征意义。伽利略和牛顿可说是一先一后"联手打造"了近代科学。伽利略是一个巨人，他在广泛的领域引入了近代科学的观念和方法，牛顿也是一个巨人，他赋予近代科学以完整的形态。

伽利略是近代科学的创始人。他初次系统表述了近代科学的基本观念，首次系统地实践了近代科学的工作，从而从根本上颠覆了亚里士多德的自然哲学体系。

伽利略的新思想突出体现在新的运动观念上。伽利略反对亚里士多德关于运动-变化的学说，所有的运动-变化都被还原为位移，通过这一还原，物体的运动和物体自身分离开来，**运动被移置到物体之外**。运动只改变物体的位置，并不改变物体本身，不导致生成和毁灭，从而也就否定了亚里士多德关于潜能和实现的整个自然哲学思想。伽利略取德谟克利特的原子论来代替亚里士多德的自然哲学，原子论认为，存在的只有永恒的原子及其运动。由于运动完全被理解为外部的位移，运动和静止也就只是相对而言，两者没有性质上的区别。这是近代力学的根本原则。

前面已经提到伽利略的望远镜。他听说荷兰的眼镜商人造出了一种可以放大物象的仪器或曰望远镜，于是自己动手进行制造，并用自己制成的望远镜观测星空。伽利略在望远镜里的观察远远不止于支持哥白尼学说。望远镜是第一个重要的观测仪器，大大扩展了可见世界，扩展到我们的肉眼肉身不及的世界。从那以后，不断发明出来的各种仪器使得人们能够实施更可控制的实验，这些实验将产生出我们否则就不可能观察到、经验到的现象。

　　伽利略本人是实验大师。传说中伽利略的最广为人知的实验是比萨斜塔实验。这个实验不是伽利略做的，是略年长于伽利略的一位力学家斯台文（Simon Stevin，1548—1620）做过类似的实验。但即使把比萨斜塔实验放在一边，伽利略仍毫无疑问是一位实验设计大师。他进行了斜面实验，摆实验，流水碰撞实验，等等。这些实验都和仪器的发明、改进休戚相连。除了望远镜，伽利略还制造了摆、温度计等多种科学仪器。"把科学发现与科学仪器的发明联系在一起，伽利略是第一人，而这种联系将一直延续下来，直到现代。"①

　　尽管伽利略是设计实验尤其是设计思想实验的超级大师，他却不是实验主义者。伽利略本人说他很少做实验，他做实验的主要目的是为了反驳那些不相信数学的人。在伽利略的科学思想中，**核心是数学**。按他的说法，自然界是按密码写成的，解开密码的钥匙是数学。②因此，科学归根到底是研究量的关系，而数学是最高的科学。

---

①　迈克尔·文德尔斯贝西特（Michael Windelspecht）：《十七世纪的开创性科学实验、发明与发现》（*Groundbreaking Scientific Experiments, Inventions & Discoveries of the 17th Century*），格林伍德出版集团，2001年，第124页。

②　通常把这话引为："自然这部书是用数学文字写成的。"

实验是在理想化的数学指导下进行的，最终是为了得出理想化的数学结论。伽利略知道空气阻力影响物体下落的速度，但他有意不理会这一点，进行理想性研究。

在科学工作中，仪器制造首先和测量相关。温度计是用来测度温度的，摆是用来测度时间的。只有可度量的东西才是真正可被认识的。"认识"被赋予了一种完全的理论意义。

科学理论必须建立在量的关系上，为此，科学家就需要把目光集中在可度量的东西之上。正是在这样的背景下，伽利略区分了**第一物性和第二物性**①，第一物性是不依赖人类感觉能力而存在于物体本身的性质，第二物性是那些仅在感觉之际显现的性质。无独有偶，第一物性是可度量的性质，如：事物的广延、静止、运动、数目、坚实性、形状，第二物性是不可度量的性质，如色、声、香。这一区分被上升到本体论的高度。第一物性是事物的真实性质，故能被多过一个感官所摄取，第二物性是我们通常所说的可感性质，只能被一个感官所摄取；可感性质是主观的，其基础是客观的量上的关系。按照伽利略的观点，科学关心事物的第一物性，关心事物之如其所是；而常识则较关心事物的第二物性，较关心事物所呈现的现象。从上述观点引申，科学是客观真理，是正确的知识；而常识则是主观不实之知。常识的观点是物我相关，要求知道物对人的关系，在这范围外它存而不论；科学的观点是物物相关，科学会不断追问，直到获得最终解释。常识因应着物我相关，从而其词汇不因科学理论的修正而改变，例如形状、颜色、音量、干湿。科学解释物物相关，

---

① 或译为初性和次性。

随着理论的改进而不断修正其词汇。

伽利略第一次提供了一个有望从根本上颠覆亚里士多德自然哲学体系的选择。伽利略提出的是一个连贯的思想体系。哥白尼把行星放到和地球一样的宇宙地位，已经为用地上的力学说明天体运动开辟了道路。伽利略把数学在天上的有效性扩展到地上来，初步表述了惯性、加速度、自由落体的数学描述方式，尽管这些表述遭遇到数学上的困难，这还要等待牛顿发明微积分来解决。天上和地上这两个世界的区分被消除了，取而代之的是，如他的第一物性和第二物性学说所指向的，科学世界和常识世界的两分。

因此，他对日心说的支持，远不限于通过观察使得日心说更易为人接受，更为重要的是，在伽利略那里，**日心说不再是一个单独进行论证和证实的设想**，它是一个连贯的世界理论中的一个部分，正如亚里士多德的地心说一样。例如，伽利略无须再为大气和云为什么没有在地球转动的时候被甩到后面去这一事实提供单独的解释，根据惯性原理，大气天然和地球一起转动，而不像亚里士多德学说所提示的那样需要一个持久的推动力。如果说哥白尼只是在一个特定方面对亚里士多德的自然哲学体系提出了挑战，那么，伽利略已经展示了全面替代亚里士多德的近代科学的轮廓。

这个新体系和亚里士多德旧体系的根本区别在于，新体系是由数学及数理性逻辑联系起来的，而不是直接诉诸自然理解的连贯性。伽利略根据他所发现的抛物线原理计算出炮筒的仰角为45°时炮弹的射程最远。这个事实前人已经通过观察了解，并为当时的力学家所熟知。然而不同的是，伽利略通过计算获得了这个结果，无须求助于观察或实验。梅森就此评论道："这样一种发展对科学说来具有无比的重要性。在这以前，新现象只是碰巧或偶然被人们发现……现在伽利略表明，从已知的现象怎样可以证明'可能从来没有被观察到的事情'。"[①] 我们说过，伽利略并不反对实验，而且自己设计过实现过一些极其重要的实验，但是在伽利略那里，经验、观察、实验只是科学的跳板，科学的真正奇异之处在于数学。人们有时也把伽利略的方法或近代科学方法称作"**数学-实验方法**"，我们应当这样理解这种方法：数学把各种事实联系起来，不仅把已知的事实联系起来，加以连贯的解释，而且可以推演出未知的事实。对于数学来说，**解释已知的事情和预测未知的事情是一回事**。

· · ·

从伽利略的盛年开始，近代科学开始蓬勃发展，一个巨大的新世界开始展现，各种思想互相激荡，所有怀抱新观念的学者都极其兴奋。回顾伽利略到牛顿的时期，我们可以数出很多鼎鼎大名，培根、开普勒、哈维、霍布斯、笛卡尔、波义耳、伽桑迪、马勒伯朗士、帕斯卡、惠更斯、斯宾诺莎、洛克。仅在英国的皇家科学院，和牛顿先后工作的人中，我们可以提到牛顿的老师巴罗，一直和牛顿互相纠缠名声的胡克。远在德国，当然要提到伟大的莱布尼茨。这些名字表明，近代科学的前进方向已经不可逆转。

我们在这里不提莎士比亚、弥尔顿这些空前绝后的诗人。然而实际上，在 16、17 世纪，科学不局限在专家圈子里。科学、哲学、

————————————

① 斯蒂芬·F. 梅森：《自然科学史》，周煦良等译，上海译文出版社，1980 年，第145 页。

艺术似乎还处在同一个平台之上，科学当时主要不是在大学里面发展的，而是在沙龙里面发展的，相对而言，大学比较保守，沉浸于神学、形式逻辑、修辞、法学等等，为经院化的亚里士多德统治。有教养阶层在沙龙里讨论文学艺术，他们同样也有能力讨论科学。科学家们的确要做些实验，不过这些实验对技术的要求不是太高，其内容也很好理解。帕斯卡指导他的妻弟到山上去测量气压，登得越高气压越低，这些实验讲给别人听，别人不难明白实验的程序，明白这个实验结果说明了什么道理。就像达·芬奇画一张画，米开朗琪罗做一个雕塑，我们做不到，但他们做出来了，我们都能欣赏、领会。虽然有人偏重哲学一点，有人偏重科学一点，有人偏重艺术一点，但大家有一个共同的平台。不说老百姓吧，至少那些受过教育的人士在一起交流并没有什么障碍。不像今天，科学完全是专家的事业，需要高度的专业训练才能接近。

这些沙龙和团体逐渐发展成各种比较专门的学会，"诗歌会、艺术会、探索自然现象的学会。讨论会后有的是举行宴会或音乐会，有时是一场尸体解剖或天文观测，各视主人的性情而定"[1]。1651年，美迪奇家族在佛罗伦萨创立了西芒托学院。同期，波义耳等人在英国组织了牛津学会，1662年英王查理二世特许成立了英国皇家学会。四年后，路易十四在法国创立巴黎科学院。这里开始萌芽的团体合作将成为后世科学研究工作的一个本质特征，单凭这

---

① 凯瑟琳·哥德斯坦(Catherine Goldstein)，《十七和十九世纪的数字工作》(Working with Numbers in the Seventeenth and Nineteenth Centuries)，载于米歇尔·赛雷斯(Michel Serres)编：《科学思想史》(A History of Scientific Thought)，英文版，布莱克威尔出版公司，1995年，第349页。

一点我们就可以把科学和哲学区分开来。

人们对什么都感兴趣，天文、气体、枪炮的反冲力、人口、解剖、海运、矿业、羊毛织品、机械，新的思考方式在形形色色的领域中发展起来。那时候，出版物稀少，品质也不高。你真要把自己的文著付印，多半会出钱请个朋友帮着监督整个过程，才能保证印出来的东西勉强可读。[①] 我们还记得哥白尼的《天球运行论》就是这样出版的。学者们需要聚在一起来讨论他们的新发现、新思路。更多时候是通过书信，很多科学家的通信人遍布欧洲。后来，学会开始出版刊物，学者们逐渐发展出一种论文文体。

·　·　·

同一时期，西方人航行到世界的各个角落。随着世界的扩大，人的眼界开阔了，看到的东西增多了。但对近代哲学-科学影响更大的，不是通过旅行和探险见到了更多的新事物，而是通过**新仪器和实验手段**发现了更多的新事物。近代科学的眼光不限于我们平常能够经验到的事物，多种多样的仪器和实验揭示出我们平常经验不到的现象。这是近代科学与古代科学-哲学的一个显著的不同之处。不消说，制造仪器以及后世更大规模的实验设备，与工艺的进步、近代工业的发展是分不开的。

望远镜、显微镜、温度计、气压计、抽气机、钟摆被相继制造出来。旧理论越来越不足解释由新仪器、新机器发现的新现象。16

①　和我们现在的情况正好相反，那时，出版业的硬件很差，但出版物的内容通常是高品质的。

世纪，人们在大型采矿业的发展中发现水泵抽水无法提升 30 英尺以上。这和自然厌恶真空的成说产生了直接的冲突。人们用望远镜来看月亮，看到月亮上的山脉和凹坑。更好的望远镜让人们看到行星上的情况。它们明明白白是一些物质体，而不是自古以来所相信的纯天界的、纯精神的东西。kosmos（宇宙）这个词，意谓一个有秩序的世界，而最重要的秩序就是天地之别。在西方哲学-科学传统中，人类居住的地界和众神居住的天界一直有霄壤之别。伽利略用望远镜看到天体是物质的而不是纯精神的，伽利略-牛顿的力学体系则从理论上揭示了天地共同遵守着同样的定律。天和地的区分被取消了，两界合一了，柯瓦雷把这个根本的转变叫作"宇宙的坍塌"。后来海德格尔说，在我们这个世界众神无处居住。

旧的宇宙模式不再取信于人。笛卡尔提出了第一个有影响力的新的宇宙模式。笛卡尔像亚里士多德一样，否认存在着真空。物质充塞整个空间，因此，除了旋转之外不可能还有其他方式的运动。宇宙是一个庞大的旋涡，原始物质在这个大旋涡中旋转，互相摩擦，有的被磨成精微的粉尘，即第一物质火元素，它们构成了太阳和恒星，有的被磨成球状，即第二物质气元素或曰以太，构成星际空间，有的则是磨去棱角的大块物质，即第三物质土元素，构成地球、行星和彗星。在这个庞大的旋涡里，一切都在旋转，太阳自己在旋转的同时，带动它周边的物质形成一个幅员广大的旋涡，使地球围绕太阳旋转。同理，地球旋转所造成的旋涡带动了月球，使之绕地运动。在旋转之际，重的物质逐渐向旋涡的中心靠拢，轻的物质则逐渐向旋涡的边缘散开。这说明了为什么重物会坠地而火这样的轻物会离地上升。

虽然笛卡尔极力主张数学在科学研究中的重要性，他的宇宙体系看起来却更像是一个自然哲学体系而不是一个数理体系，似乎处在古代宇宙模式和牛顿模式之间。

牛顿承认虚空或真空，牛顿的宇宙首先是一个无限的虚空，或空间，万物在这个虚空中运动。就像布鲁诺的著作所表明的，一旦否认了天球，认识到星星是独立的天体，宇宙空间的新观念就自然而然产生了，为牛顿的空间观做好了准备。按照牛顿的空间观念，空间在任何方向上都是无差别的，都是均匀的。这种观念在我们今天看来是那么自然，但这个观念其实只有几百年的历史。

即使在牛顿的宇宙体系出版以后，笛卡尔的旋涡理论仍有巨大的影响，这部分是因为，"非数学家能理解它。人人都见过木屑在河水中打转。人人也都见过旋风卷起灰尘。行星的运动类似于旋涡中的木块。这种想象的图景令人信服。相反，牛顿的重力吸引平方反比定律是不习惯于数学思维的人所根本不懂的。"① 很多专家也更喜欢旋涡理论，这部分地由于这一体系更切实地提供了宇宙的动力学，而牛顿却没有做到。直到牛顿提出他的宇宙体系后的近一个世纪，这个体系才获得彻底的胜利，笛卡尔的宇宙模型被存入了博物馆。

· · · ·

通过仪器来观察世界改变了世界的景貌，甚至可以说改变了我

---

① 　弗洛里安·卡约里，《关于牛顿〈原理〉的历史与解释性注释》，载于牛顿：《自然哲学之数学原理 / 宇宙体系》，王克迪译，武汉出版社，1992 年，第 636 页。

们对现实世界的定义。考夫曼说"近代物理科学的总进路是彻头彻尾机械论的",他解释说,机械论在这里并不是在粗糙的意义上意指齿轮、杠杆、滑轮,而是指"试图把全部现实还原为具体的物理定律,在那里,唯一真正重要的性质是那些我们能够用光谱仪、电流计、摄影胶片这类器械加以测量的性质"。[1]

　　人们通过显微镜看到了毛细血管、肌肉纤维、血球、精子,看到了细菌。人们用显微镜发现软木塞里有很多孔,继而发现这些小孔不仅在软木塞这种死的东西里有,在活的东西里也有。人们逐渐明白,植物和动物是由一些当时叫作 cell 的东西构成的,我们后来把 cell 的这一术语译作"细胞"。对这些微观世界的观察改变了我们对植物、动物、身体的理解。

　　仪器和实验是连在一起的。大多数仪器本来就是为进行某种实验发明出来的。西芒托学院、英国皇家学会以及那一时代的其他科学家对各种科学实验的巨大热情,随便哪本科学史都会给我们留下深刻的印象。在西芒托学院,托里拆利进行了真空实验,维维安尼进行了气压实验、冰膨胀系数测量、凹镜聚焦实验。利用气压计,人们测定了气压随山的高度不断变化。解剖学也应视作实验的一部分。波义耳在胡克的帮助下,改进了空气唧筒,完成了他的著名实验,确定了波义耳定律——空气所占的体积与其所受的压力成反比。

　　这些观察、实验、新思路、新概念,总体上对宗教权威构成威

---

　　[1]　威廉·考夫曼(William Kaufmann):《相对性与宇宙学》(*Relativity and Cosmology*),哈珀与罗出版社,1977 年,第 147 页。

胁。近代初期的科学家多半是虔诚的基督教徒，而且，宗教思想对他们的科学工作构成了重要的启发和指导。人们常引用牛顿来说明这一点，经常提到这个事实：在牛顿晚年，他专注于《圣经》研究远甚于科学研究。但所有这些事实都并不减弱近代科学所获得的自主性。韦斯特福尔在《近代科学的建构》中提到牛顿写给 T. 伯内特的一封信，在这封著名的信里，牛顿运用科学证据来论证《创世记》的可靠性，韦斯特福尔评论说：现在，至少在智性领域，扮演权威角色的是科学而不是《圣经》。在这封信里，《圣经》与科学"两者的角色恰好倒转过来。牛顿本人无疑会拒绝接受这个评论，但我们不能忽略信中的含义，尽管那很可能是无意识的。"[1] 韦斯特福尔总结说，从十七世纪起，科学就开始"将原来以基督教为中心的文化变革成为现在这样以科学为中心的文化"。[2]

· · ·

科学所挑战的不仅是宗教观念，它从根本上挑战我们对世界的日常看法。科学热衷于实验和观测仪器为我们提供的事实，这些事实不再是我们直接经验到的，它们不曾参与塑造我们的心智，相应地，旧有的心智也不能理解这些现象。要解释这些新现象，以往的

---

[1] 理查德·S.韦斯特福尔：《近代科学的建构》，彭万华译，复旦大学出版社，2000 年，第 125 页。

[2] 同上书，第 127 页。近代科学的发生和宗教有千丝万缕或正或反的联系，研究科学革命的史学家无一不为这个课题吸引。但既受限于笔者的识见，也缘于本书的主论题，我在本书极少涉及这个课题。

概念和理论远不敷用。科学家们改造旧概念，营造新概念，用这些概念建构新理论。这些概念不是直接从我们的经验中生长出来的，它们的意义在于解释观察资料和实验结果，而不是理解我们的直接经验。它们是些技术性的概念，逐渐不受自然语言的束缚，而在一个理论体系中互相定义。

更重要的是，这些由物理学建构起来的新概念有着共同的取向，那就是数学化。"自然这部书是用数学文字写成的"，伽利略的这一名言指出了科学的发展方向。科学的世界不是一个形象的世界，而是一个只能通过理智能力加以把握的数字世界。笛卡尔创建的解析几何，使得几何学本身也不再依赖于形象。代数成为数学王国的君王，图形只是数学公式的外部表现而已。

韦斯特福尔在《近代科学的建构》的导言里提纲挈领概括说："两个主题统治着 17 世纪的科学革命——柏拉图-毕达哥拉斯传统和机械论哲学。柏拉图-毕达哥拉斯传统以几何关系来看待自然界，确信宇宙是按照数学秩序原理建构的；机械论哲学则确信自然是一架巨大的机器，并寻求解释现象后面隐藏的机制。……这两种倾向并非总是融洽吻合的……科学革命的充分完成要求消除这两个主导倾向之间的张力。"①

笛卡尔是系统表述机械论的第一人。伽利略尚未采用 inertia 这个词，也没有明确的惯性概念。是笛卡尔第一次完整地叙述了惯性定律，从而为运动观念奠定了基础。他第一个系统使用"自然规律"这一表达式。像伽利略一样，笛卡尔也使得地上运动和天上运

---

① 理查德·S. 韦斯特福尔：《近代科学的建构》，彭万华译，复旦大学出版社，2000 年，导言。

动服从同样的法则、机制。**所有的物质都为同样的自然规律所支配**，植物、动物、人体概莫能外。由于笛卡尔并不否认精神的存在，在他的机械论背景上，物质-精神二元论就成为难以避免的后果。这种二元论取代了传统上的由高级到低级的连续的"存在之链"。不过，如伯特指出，"笛卡尔对精神实体兴趣不大，对它的描述极为简短"，[①] 而且，"对科学和哲学随后的整个发展具有根本意义的是，这个勉强赋予心灵的位置极其贫乏，绝不超过与之相结合的身体的一个不同的部分"。[②] 近代科学思想整体上处在笛卡尔机械论的笼罩之下，在这个框架之内，看来只有两个选择，要么接受二元论，要么把精神还原为机械的东西。拉梅特里选择了后者。笛卡尔把动物看作机器，拉梅特里说：人是机器。按照伯特的草描，

> 现在，世界变成了一部无限的、一成不变的数学机器。不仅人丧失了它在宇宙目的论中的崇高地位，而且在经院学者那儿构成物理世界之本质的一切东西，那些使世界活泼可爱、富有精神的东西，都被聚集起来，塞进这些动荡、渺小、临时的位置之中，我们把这些位置称为人的神经系统和循环系统。[③]

数学化与机械论之间存在着某种张力，韦斯特福尔在《近代科学的建构》一书中对两者之间一开始所显示的不融洽做了多方考

---

① 爱德文·阿瑟·伯特：《近代物理科学的形而上学基础》，徐向东译，北京大学出版社，2003 年，第 94 页。

② 同上书，第 96—97 页。

③ 同上书，第 98 页。

察。不过另一方面，他也提到，从一开始也同样显露出两者遥相呼应的苗头。笛卡尔所谓的自然规律是通过数学方法所揭示的数量上的机械规律。万物都可以还原为长宽高以及运动这几样基本元素。"给我运动和广延，我就能构造出世界。"因为，"机械论哲学的基本主张之一就是物质的同质性，物质被区分开来仅仅是凭借物质粒子的形状、大小、运动。"[①] 波义耳则更具体地展现了机械论和数学化的统一：波义耳定律对空气做出了数学描述，把压强和体积联系起来。但对波义耳来说，这不仅是个经验定律或操作定律。波义耳是个原子论者，他设想空气由很多微粒组成，每个微粒都具有弹性，借此为空气压强定律提供了物理解释。到牛顿，通过系统地重构力这个概念，数学化和机械论水乳交融，再不可分割。

牛顿既是数学天才，也是实验天才。像伽利略一样，他把数学和实验结合起来，为近代科学的研究工作树立了典范。尽管在科学革命时代，大多数思想家都意识到数学应该成为科学的语言，但真正做到这一点的是牛顿。数学取代形而上学成为理解世界的总原理。牛顿的主要著作题为《自然哲学的数学原理》，但他在谈到这本书的时候，经常不说数学原理，而径称为"哲学原理"，夸耀说在使原理数学化的过程中他创立了一门不同于一般哲学的自然哲学。

牛顿系统表述了绝对空间和绝对时间的概念，从而提供了近代力学的时空观。几何化的空间取代了亚里士多德的位置连续统。柯瓦雷把科学革命的特征归结为两点，一是有间架有结构的

---

① 　理查德·S. 韦斯特福尔：《近代科学的建构》，彭万华译，复旦大学出版社，2000年，第76页。

kosmos 的瓦解，随之，基于 kosmos 这一概念的几乎所有观念都从科学中消失了。二是**空间的几何化**，空间被理解为均匀的、抽象的东西。这两点是紧密联系的。在从前的宇宙体系里，空间被理解为具体的、处处有别的位置连续统。那时的空间概念是从位置来想的，是位置对待物体，不是空间对待物质。宇宙空间是分层的，层次以"上／下"来定义，上下复与贵贱等概念直接联系。哥白尼的天空也分等级，他论证说，太阳是完美的，把宇宙的中心位置给予太阳才是合适。布鲁诺首先提出了宇宙的无限性和统一性，"有一个普遍空间，一个广袤的无限"[①]。在牛顿那里，空间的层次被取消了，取而代之的是"始终保持均匀与不变"的空间。无限空间中没有中心，也没有天然的处所、位置。地球的独一无二性消失了，地球上所有位置的固定性也消失了。在柯瓦雷看来，均匀的、无限的空间概念是科学革命的核心，由此消解了天上和地上物理的区分，天文学转变为天体物理学，宇宙中的各部分不再具有本体论上的差别。也许，更要紧的是，这几乎等同于把自然数学化（几何化），从而，探索自然的科学也必须数学化。量的世界取代了质的世界。难怪他单写了一本书探讨无限空间概念的形成史——《从封闭世界到无限宇宙》。

在这个新时空观框架里，牛顿总结了关于运动的三大定理，即通常所称的惯性定律、加速度定律、反作用定律。我们记得，位移，即后世力学所理解的运动，在亚里士多德那里意谓的是远为广泛的

[①]　亚历山大·柯瓦雷：《从封闭世界到无限宇宙》，张卜天译，商务印书馆，2016年，第 44 页。

kinesis（运动-活动-变化）的一种而已。位移这种运动和植物的生长、青年的教育在概念中是连续的，因此不存在用位移运动来还原其他活动的要求。在牛顿那里，运动和位移成了同义词，在此后的两三百年里，机械论者一直在努力把所有其他形式的运动都还原为位移。

牛顿落实了万有引力学说，首先用以解释行星的绕日运动。按照从前的想法，圆周运动被视作自然运动，也许天球最初需要神的推动，它们一旦转动起来，就应当可以自己维持下去。现在，直线匀速运动被规定为基本的运动，行星的圆周运动就迫切需要动力学解释。开普勒曾为行星的运动轨道提供了几何学解释，但他没有提供动力学解释。这是由万有引力提供的。万有引力还为重物坠地、潮汐现象等提供了统一解释，成为牛顿"大综合"的核心概念。但是，万有引力本身却得不到解释。其结果是，一些人为引入万有引力欢呼，一些人极力抗拒这个概念。

· · ·

牛顿是近代科学的集大成者。从牛顿开始，我们有了一幅科学的世界图景。柯瓦雷在回顾这幅宏大图景时不无感叹："它把一个我们生活、相爱并且消亡在其中的质的可感世界，替换成了一个几何学在其中具体化了的量的世界，在这个世界里，每一个事物都有自己的位置，唯独人失去了位置。"[1] 这一感叹与伯特的感叹遥相

---

[1]　亚历山大·柯瓦雷：《牛顿研究》，张卜天译，商务印书馆，2016年，第31页。

呼应。

近代开始的时候，在笛卡尔和牛顿那里，哲学与科学是连成一片的，甚至仍然是一回事，但两者就从那时起开始分离。牛顿那时英语里还没有 science、scientist 这些词，他的主要著作是以"自然哲学的数学原理"为题的。他是个哲学家，实验哲学家。然而我们讲哲学史，通常不讲牛顿，或者一笔带过。这也是有道理的，因为恰恰从那时起，哲学-科学的传统走到尽头，哲学与科学开始分道扬镳。牛顿在我们今天称作哲学的领域里没做出什么贡献，我们多数会同意伯特的评价："在科学发现和设计上，牛顿都是一位了不起的天才；可是作为一位哲学家，他缺乏批判力、粗糙、不一致，甚至可以说是一位二流哲学家。"[①] 然而，他从外部对改变哲学发展方向所发生的作用却是划时代的。

哲学一开始是要寻求真理，理解我们置身其中的世界。我们所要理解的是我们经验到的那些东西——无论是个人的经验，还是人类共同的经验；无论是对心理的体验，还是对世界的了解。火会烫着人，水往低处流，人会做梦，男女交合会生孩子，日月周章，众星永恒，这些是我们经验到的世界，为这个经验到的世界提供解释，这是哲学-科学的事业。科学也是要寻求真理，但它不满足于我们被动地经验到的世界的真相，它通过仪器和实验，拷问自然，迫使自然吐露出更深一层的秘密。要解释这些秘密，古代传下来的智慧和方式就逐渐显出其不足。从伽利略开始，科学家告诉我们，仪器

---

①　爱德文·阿瑟·伯特：《近代物理科学的形而上学基础》，徐向东译，北京大学出版社，2003 年，第 177 页。

和实验所揭示出来的现象表明常识并不具有终极的说服力。常识式的理性不够用了，人们学会求助于数理式的理性。新的物理理论以数学作为科学的原理，与此相应，新概念以通向量化为特征，它们有助于把各种经验资料化，把各种资料数量化。哥白尼的日心说、伽利略的运动观、笛卡尔对动物以及人的机体的机械解释，离开我们的常识和经验越来越远。如果我们从经验出发，那么我们以亚里士多德的力学为终点可能更贴切一些，因为它是一个十分成熟的经验分析。相反，伽利略以经验从来不知的理想化条件的分析为出发点。①

　　近代始于对古典时代的复兴，但人们很快看到，它远不是一场复兴，而是一个崭新的时代。科学经过两三百年的发展，一开始是自然科学的成熟，然后，大致在十九、二十世纪之交，社会科学先后获得自治。回过头来看，是希腊思想的哲学方式为近代科学奠定了基础。当然，我不知道从希腊哲学是否必然会发展出近代科学，但没有人会怀疑，到了伽利略和牛顿之后，思想的科学发展就不可能再逆转了。

---

① 理查德·S.韦斯特福尔：《近代科学的建构》，彭万华译，复旦大学出版社，2000年，第20页。

下　篇

第四章　经验与实验

　　物理学、生物学、人类学等等通常统称为经验科学。把它们称作经验科学，一方面表明它们与哲学-科学不同，另一方面和数学这种演绎科学相区分。但我认为，"经验科学"是一个 misnomer，一个错误的名称。我认为，科学革命是一场革命，带来了一种崭新的认知方式，这种认知方式的一个根本特征，就在于它离开经验越来越远，不再依靠经验来得到论证，甚至于最终是否合乎经验也不再作为判定正误的标准。

　　有些名称，虽然基于错误的认识，但我们后来用惯了，似乎不至于造成多大麻烦，例如印第安人这个名称来自哥伦布的错误，但我们今天说到印第安人，并不会把他和印度人混为一谈。但有些错误名称，其错误不是出于对一个孤立事实的错认，而是基于某种总体的错误理解，而且还普遍造成进一步的错误理解，我认为经验科学就是突出的一例。这时候，似乎真如夫子所云，名不正则言不顺，"经验科学"使得人们在谈论科学、哲学的时候多入歧途，让人觉得要谈清楚这些事情，必先正名。

· · ·

　　在近代哲学史上，经验主义和理性主义的两分是一条主要线索，简要地加以概括，可以说，经验主义主张经验是知识的唯一来源，理性主义则主张经验不是知识的唯一来源，主张有先验的知识，超验的知识，等等。但经验主义和理性主义这两个名称很容易误导。两者的对峙只在很小的范围内才有意义。理性主义绝非不注重经验，而经验主义既不格外注重经验，也不格外缺乏理性，按照理性的寻常意义，经验主义者一般倒比理性主义者更加理智、更加理性，因为他们不怎么着迷于神秘之事。前面理知时代一节曾强调，理性态度是就事论事的态度，在宽泛的意义上，理性态度和注重经验差不多就是一回事。

　　就我们眼下的论题来看，更要紧的差别在于，在很多重要的经验论者那里，对经验的理解和我们通常所理解的经验差得很远。例如在休谟那里，经验是由明确界分的、原子式的知觉组成的，而我们通常理解的经验，其突出的特征之一却是互相重叠、交织、组织，这种组织围绕着一个主体，或者说，这种组织造就一个主体。这个主体也许是个人，也许是集体；的确，集体也有经验，中国人对现代性有一种不同于英国人的经验。用比较生僻的词儿来说，经验本身已经是一种"综合"。詹姆斯所宣扬的"彻底经验主义"主张说"连结各经验的关系本身也必须是所经验的关系"，[①] 比休谟等人对经验概念的理解好一点儿；我还愿进一步主张，经验是一种**自组织**，一些相对更为有序的经验不断把相对无序的经验组织起来。总的说

---

　　① 威廉·詹姆斯:《彻底的经验主义》，庞景仁译，上海人民出版社，1965年，第22页。

来，不是好像我们先有一个个孤立的感觉，加起来成为经验。我们本来就是连着经验来感觉的。

塞拉斯提醒我们注意，经验主义（empiricism）和经验（experience）这两个词经常是分离的，例如，在杜威那里，经验主义用于感觉原子论，而经验却是在德国唯心论的传统中使用的。[①] 如果不局限于理性主义／经验主义的两分，而是从我们日常使用理智、理性、经验这样的词来考虑，倒不如说，经验主义是最理性的。

叶舒宪先生考证，尽管经和验两个字在古汉语里都是"强力语词"，而且经验这个合成词早在《搜神后记》中既已出现，但当时这个合成词的意思主在验证，与今天的经验概念不同。此后经验这个词又滋生出灵验和亲身经历两种意思，仍然不同于今天的经验。今天的经验一词，是我们仿效日本人用来翻译 experience 的。叶舒宪先生感叹说："最注重经验的一个文化却不曾产生作为哲学概念的'经验'一词。"[②]

按照《现代汉语词典》的简明定义，经验一指由实践带来的知识或技能，二指经历、体验。我们且说第二条。

在我们平常的用法里，经验有时和体验的意思相近，有时和经历的意思相近，德文 Erlebnis 有时译作经验，有时译作体验，Erfahrung 有时译作经验，有时译作经历。但经验和体验、经历也有

---

① 威尔弗里德·塞拉斯（Wilfrid Sellars）:《走向范畴论》（Toward a Theory of the Categories），载于劳伦斯·福斯特和 J. 斯旺森（Lawrence Foster and J. W. Swanson）编:《经验与理论》（*Experience and Theory*），马萨诸塞大学出版社，1970 年，第 55 页。我认为杜威的这种用法基于正当的洞见。

② 叶舒宪:《中西文化关键词研究:经验》，载于乐黛云主编，《跨文化对话》集刊（第二辑），上海文化出版社，1999 年，第 55 页。

不同，体验更多是从内心着眼，经历更多是从外部遭际着眼，相比之下，经验则不特别强调内部和外部，可视作两者的统一，或两者不大分化的原始情况。①

　　经验也可说包含着内和外，但两者差不多混在一起。经验既包含经过、经历，也包括体会、体验。一个人可能有很深的感情，很丰富的想象，但这些东西都从心里萌发，不是经验。另一方面，变化多端的外部遭际，杂乱无章的印象，浮光掠影的感觉碎片，都不是经验。经验天然就互相勾连，连成一个整体。没有心灵的东西，无论经过了多少变化，或者我们浑浑噩噩经过了好多事，都不是经验。两个人同样经过了一件事情，一个人成了有经验的人，另一个却仍然没什么经验。

· · ·

　　既然我们今天的经验这个词是英文 experience 的译名，我们不妨再查查英语词典。据查，experience 的第一层意思是对所发生之事的直接观察或亲身参与，特别是着眼于通过这种观察或参与获得知识。第二层意思是实践知识或技能。第三层意思是组成个人生活或集体生活的意识事件。第四层，亲身经历。在各种各样的定义里，亲身参与、直接观察都是主要的因素。

　　的确，经验经常可以解作亲身参与、直接观察。不过，参与和

---

　　① 对经验概念进行考察的时候，很多人很快会从体验来理解它。这可能和经验一词的古义有关，不过我猜想这更多地源于中国人进行哲学思考的一种倾向，中国人从事概念思辨时的一种倾向。

观察还是有相当区别的，在很多场合，我们专门把当事人和旁观者对举。比较之下，参与要更贴近经验。小说家要写一本囚犯的生活，通过关系把自己投到牢房里。我有一个朋友说起，几十年前在"文革"时期，他为对这场运动观察得更真切，才参与到很多政治活动之中。这些都是从旁观转向参与。但我们还是怀疑，为了体验生活安排自己住进牢房的人所经验的东西未见得就是真被判了二十年徒刑的人所经验东西。有些经验，不仅单从外部观察不足获得，就连参与也还隔了一层。经验里还有某种经受、承受、承担的意思。就生活整体来说，我们不是参与到生活中，而是早就卷在生活的激流之中，或者早就漂浮在一潭死水之中。

卷在生活里、经验、参与、观察，这些语词提示了一个系列，从迷在生活的中心到站到生活的外面。当局者迷，旁观者清，要从事科学，就必须在一定程度上跳出经受意义上的经验，向观察这一端移动。从汉语词典和英语词典都可以看出，经验和获得知识、技能联系紧密，在哲学讨论中，人们更是倾向于从获得知识这个角度来看待经验，所以，经验中的**经受**这个因素就比较隐没，**观察**这个因素就越来越突出。但是在很多场合，经验和观察还是可以区分的，也应当区分。我年轻时生活在没有电灯的乡下，像古人一样，对星空有深厚的经验，月盈月亏，斗转星移，这些是我对世界的重要经验。但是我从没有经验到行星的周年运动，只是读了天文学，通过仔细观察，才观察到这类运动。斗转星移是眼睛看到的，这时候眼睛连在心里，看到的东西被编织到了经验的整体之中；行星的周年运动也是用眼睛看到的，这时候眼睛连着头脑。观察不仅是更加仔细地看，而且还提示着很多别的因素，可以说你无法直接看到行星的周年运动，为此你需要一种方法，把一日夜转动一周的星空设想为静止不动的坐标，最好是画一张星图，隔几天就标出行星在星图上的位置。

随着科学的进一步发展，观察的意义还会向一个特定方向发生变化。博物学家通过观察确定俄卡皮鹿存在，病理学家通过观察确定病毒存在，物理学家通过观察确定电子存在，这些是非常不同的观察。几年前有科学家称他们观察到了黑洞的存在，最近，洛杉矶的一个美国天文学家小组说他们通过美国宇航局的"钱德拉"X射线太空望远镜等设备观测距太阳系一亿光年处船底座两个星系团的碰撞、融合，发现了宇宙暗物质存在的"最直接的"证据。这些所谓观察就更是另一类观察。这一类观察，当然是依据某种理论才能成立。逻辑实证主义主张一切最后都能还原为观察，后来又主张所有观察都依据某种理论才有可能，他们疏于分辨观察这个概念的一系列变化，把观察本身做成了一个纯理论概念，仿佛可以用一个单一的定义加以限定。

不难注意到，经验所含的体验这层意思，在观察中基本上被清除了。观察在广义上仍是经验，但它脱出了体验。经验带有主体性，观察是去除经验中主体因素的一个途径。

在远古时候，天象是人类经验中最重要的一部分。日出日落，斗转星移，这些是连同光明与黑暗、吉祥与灾祸、希望与恐惧一起得到经验的。日月星辰在原始生活中具有特别重要的意义，人们一开始就热衷于观察它们，这些观察源于一些与科学无关的兴趣，然而，天文学最早成为一门成熟科学，却在很大程度上要归功于人们对日月星辰的观察，归功于人们把观察和感应隔离开来。日月星辰特别适合成为系统观察的对象，因为它们几千年都以同一的、稳定的方式在天上运动。古代天文学家逐渐把观察资料从天人混杂的经验中清理出来，用数理模式来解释这些观察资料，形成了第一种古代实证科学。

在十六、十七世纪兴起的科学革命时期，智者们开始对其他现象领域进行系统的观察。这些系统观察和仪器的发展大有关系，形成了仪器促进观察、观察索求仪器的加速循环的局面。望远镜和显微镜是最突出的例子。我们今天已经视作常识的天体宏观世界和细胞微观世界，都是那个时代开始观察到的。

• • •

我们对自然的思辨是依赖于经验的，然而，经验却并不总足以对思辨的疑惑提供裁决。这一点在伽利略《关于两门新科学的对话》的一段对话中被醒目地勾画出来。对话中的人物之一辛普利修宣称"日常经验表明光的传播是即刻完成的"，他解释说："当我们看见一个炮兵队在很远处开火时，闪光未经时间的流逝就到达我们的眼睛；但声音仅在明显的间隔之后才到达我们的耳朵。"萨格雷多回应说，这点经验只允许他推出声音在到达耳朵时走得比光慢，而并不告诉我们"光的到来是即刻的，抑或尽管极端迅捷却仍要耗费时间"。[①] 日常经验不足以决定在这两个选择中哪个是正确的。要

---

① 伽利略：《关于两门新科学的对话》，武际可译，北京大学出版社，2006年，第38—39页。

测量光的速度，必须构造一个实验。伽利略接下来的确谈到了用相互隔开很远的灯笼做这样一个实验。不过，光速太快了，他用这样一个简陋的系统无法发现任何结果。

科学家热衷于研究这些实验所产生的新事实，这些新确定的事实取代经验事实成为引导科学理论的主要依据。霍布斯曾通过他的代言人 A 对波义耳的气泵实验提出疑问，其中有一段说到，皇家学会的少数人看到一个实验，信以为真，然而，天上地上海上人皆可见的现象难道不是更可信吗？A 的对话者 B 回答说："自然的某些关键活动，不借勤奋努力和技术处理就不向我们显现；这时，借助人工的设施，自然的一部分表现出自然活动的机制，比万万千千日常现象所表现的更为昭明。而且，我们通过这些实验，揭示出自然的原因〔原理〕，因此，这些实验可以适用于无穷数量的通常现象。"[①]霍布斯本人是反对 B 所据的立场的，但他对这一立场的概括极其精当。在实证科学中，实验所产生所确定的事实取代经验事实成为理论首先要加以解释的东西。这一过程从力学开始，直到最后，内省经验被从心理学驱逐出去。

无论比萨斜塔实验是否做过、是谁做的，我们都不难设想，从比萨斜塔顶上抛下一块软木和一个铅球，它们下落的速度将是不一样的。换言之，这个实验将不能证明落体定律，反倒否证了落体定律。经验一向表明，重物下落得比轻物更快。难怪库恩评论说，伽利略的定律优于亚里士多德的定律，"并不是因为它更好地表达了

---

① 史蒂文·夏平（Steven Shapin）、西蒙·谢弗（Simon Schaffer）：《利维坦与空气泵》（*Leviathan and the Air-Pump*），普林斯顿大学出版社，1985 年，第 351 页。

经验，而是因为它由感觉揭示的运动的表面规则走到了背后更本质的但被隐藏着的方面。为了用观察来验证伽利略的定律需要特定的仪器；孤立的感觉不会产生也不会确认它。伽利略自己并非从观察得到这个定律，……而是由一个逻辑推理链条得出的"。[①]

我们也许会说，如果我们在一个长长的真空管中做这个实验，就会证明伽利略的定律。是的。然而，我们没有眼见物体在真空中下落的经验，在我们的经验世界中，物体总是在阻力中运动的。

伽利略那个时候还没有制造一根长长的真空管的技术。但伽利略另有办法，为了减少空气阻力对落体实验所起的作用，他设计了斜面实验和钟摆实验。斜面滚落实验说明，物体落地的时间只与高度有关，与斜面长度无关。

斜面实验尽管非常简单，但在一个极为重要的意义上是个经典的实验：我们能够看到球从高度相同而长度不同的斜面滚落到地面的时间相同 [②]，但是比较起真空管中重物和轻物同时落地，斜面实验的结果说明了什么，却不是那么明了。摆实验更是这样。我们需要通过讲解向观众说明这些实验的结果证明的是什么定律。如果能设计出一个直接诉诸观察的实验当然最好，因为直观有最强的说服力。但有时做不到，那就设计另一个实验，通过逻辑推导来让实验结果说明某个道理。

[①] 托马斯·库恩：《哥白尼革命》，吴国盛等译，北京大学出版社，2003 年，第 93 页。在库恩之前二十多年，柯瓦雷就做出了相似的判断，参见 A. 柯依列：《伽利略研究》，李艳平等译，江西教育出版社，第 54—55 页。

[②] 由于球与斜面的表面产生摩擦，此外，空气阻力还多多少少产生作用，两个球到达地面的时间仍然有先有后。

科恩认为,"新的科学或新的哲学主要的创新之处在于数学与实验的结合",[①] 像斜面实验等设计中,实验技术和数学分析结合在一起,使伽利略"名副其实地成了科学的探究方法的奠基人"。[②] 我们记得,实证主义这一主义的创始人孔德恰恰是用数学与实验的结合来定义实证科学的。

我们通过一系列逻辑推导把看到的东西和所要说明的道理联系起来。**实验所产生的直观加上逻辑推导**,这两者的联合,将是科学实验发展的方向。当这个逻辑推导过程越来越复杂,实验证明了什么道理就逐渐成为只有科学精英才能理解的东西。

汉语里有**经验事实**[③] 这个说法。我们身处现实之中,有所经历,有所经验,这些经验互相交叠,一般不称作事实。我们差不多只在命题水平上谈论事实,[④] 而经验一般是默会的。然而,或恰恰因此,"经验事实"是个不错的短语,一方面,经验事实突出了经验的公共可观察的一面,和体验意义上的经验相区别;[⑤] 另一方面,经验事实指称那些有经验来源的事实,和单纯观察获得的事实,尤其和实验

① 科恩:《科学中的革命》,鲁旭东、赵培杰、宋振山译,商务印书馆,1999年,第 184 页。

② 同上书,第 179 页。

③ 英语里也有 empirical facts 的说法,但似乎远不如经验事实那么常见。

④ 斯特劳森说,"〔真〕命题和事实是互相定义的"(斯特劳森,《真理》(Truth),载于《逻辑语言论文集》(Logico-Linguistic Papers),劳特利奇出版社,1970年,第 194 页),这个说法有奥斯汀所揭露的缺陷,但斯特劳森依赖的是我们只在命题水平上谈论事实的直觉。

⑤ 罗杰·G. 牛顿引用布卢尔(David Bloor)说:按照科学的要求,经验仅当它是可重复的、公众的和非个人的情况下才是可信的。见罗杰·G. 牛顿:《何为科学真理》,武际可译,上海科技教育出版社,2001年,第 11 页。

室里生产出来的事实相区别。冰冷火热是些经验事实，斗转星移是
经验事实，夜里在野外生活过的人都经验过这些，它们是极为深刻
的、打动人的经验，这些经验融入了民歌和文人诗，融入了历史学
家的视野。行星有时候逆行则是观察到的事实，即使长期生活在乡
下的人也经验不到这个。量子物理学所依据的事实则完全超出了
我们的经验范围。费曼说，事物在小尺度上的行为方式是如此"违
背常理"；我们对它没有任何经验，因此，除了解析方法外，用任何
方法来描述这种习性都是不可能的。[①] 强力中子轰击原子核引发连
锁反应，这是实验室里产生出来的事实，我们完全经验不到。当然，
这个裂变产生的巨大作用，如原子弹，我们是可以经验到的——上
帝保佑我们不要经验到。

　　借助仪器进行系统观察，借助科学实验，我们获得了大量的新
事实。这些东西告诉我们，我们的经验世界不是全部的世界，天外
有天，经验事实之外，还有无数的事实，还有其他类型的事实。人
们有时说，观察仪器和科学实验大大扩展了我们的经验世界。但按
照本章所强调的经验和观察、实验的区别，我们应当说，大大扩展
了的是事实世界而不是经验世界。实验表明，空气是有重量有压力
的，然而这是我们平常经验不到的，或不如说，与我们的经验正好
相反，也正因此，才需要由实验来表明。望远镜是第一个重要的仪
器，它不仅扩展了我们所能见到的世界，更重要的是它观察到的是
一个与肉眼所观察的相当不同的世界。并且从此，"看"和"观察"

---

① 理查德·费曼：《费曼讲物理入门》，秦克诚译，湖南科学技术出版社，2004 年，
第 33—34 页。

这些语词的含义将要逐步改变，最近，天文学家"观察到了"银河系中实际存在的黑洞。他们观察到了什么呢？一个黑黑的洞吗？

从看到木星的卫星到测定光速，这些都是些新类型的事实。这些新事实不仅从前没有经验过，而且我们若不是通过这些仪器和实验就永远无法知道有这些事实，**它们不可能被直接经验到，不是"经验事实"**。我建议在这个特定的意义上使用"经验事实"这个短语，以便向自己提示经验和实验的根本区别。

如果说经验含有经受、遭受的意思而观察则较多探究的主动性，那么，实验就是在某个明确的目的的指引下进行的。经验是我们不期而然的遭遇赠予我们的，实验却是设计出来的。我们经验，无需理论，而实验的设计却总是由理论指导的，弗拉森甚至说"理论的真正重要性在于它是实验设计的一个要素"。[①]

实验通过改变实验条件来改变实验结果。事件被分解为各种条件，或者说，自然被条件化了。由于条件的明确分离，实验比观察更明确地把经验统一体中的主体成分和客体成分加以区分，从而更有效地清洗掉经验中的主体成分，保证了事实的纯粹性。此外，实验是可重复的，为公共研究提供了新的平台。然而，最关键的一点是，从伽利略的斜面实验和摆实验开始，**实验逐步把理论与事实清楚地区分开来**。实验结果和经验当然不是截然可分的，但很容易看到近代科学的实验在总体上与经验的区别。实验结果不是以直观方式显示结论，而是在一个人工概念系统中通过一系列推理和运

---

① B. C. 范·弗拉森：《科学的形象》，郑祥福译，上海译文出版社，2002年，第92页。

算达到结论。反过来，如果没有一个相当成熟的逻辑-数学框架，科学家就无从设计实验。诚如心理实验大师皮亚杰所言："没有逻辑-数学的框架，就不可能达到实验的事实。"①

. . .

经验科学这个词，可说是 empirical science 的译名。在 empirical 这个词的词典解释中，我们常能见到这样一条：由经验和实验来验证的。相对于完全无须验证的东西，无论是由经验验证还是由实验验证，验证都是验证。然而，在验证范围之内，由经验验证还是由实验验证却大不一样。在亚里士多德的自然哲学中，物体通过接触来传递力，从而引发某种运动，这是可以验之于经验的，牛顿万有引力的瞬时作用则无论如何经验不到，所以需要实验和计算来证明；与牛顿力学对比，亚里士多德的"物理学"远为贴近经验。

顺便说到，所谓验之于经验，无非是回忆一下或想象一下我们平常经验到的相关情况是怎样的。克里克"不客气地说"："哲学家更喜爱想象中的实验而不是真正的实验"。②克里克是在批评哲学家，我未见得赞同他的批评，但我赞同他的观察，只不过，我愿进一步提醒，所谓"想象中的实验"，不如说是一种回忆，这是从柏拉图到海德格尔和维特根斯坦都欣然承认的。

有鉴于上面所论，我们倒是可以把亚里士多德的 physika 叫作

① 皮亚杰：《人文科学认识论》，郑文彬译，中央编译出版社，1999年，第20页。
② 克里克：《惊人的假说》，汪云九等译，湖南科学技术出版社，1999年，第265页。

经验科学，不过，既然"经验科学"太容易引致理解上的混乱，最好还是用"自然哲学"这个传统名称来翻译亚里士多德的 physika。亚里士多德的科学研究始终是哲学的一部分，是整体理论认知的一部分。我后面会谈到，亚里士多德的"物理学"和牛顿物理学有本质区别。一般说来，自然哲学依赖于经验，依赖于经验事实，是我们的自然理解的形式化；而实证科学越来越依赖于通过仪器观察到的事实，依赖于可以通过实验生产出来的事实，是依照设计好的方案对世界进行探索。也因此，哲学更加代表"精神的自然倾向"，因为"精神的自然倾向是对实在的直觉和推理而不是实验"。[1]

据科恩说，在后期拉丁语中，experimentum 和 experientia 这两个词既有经验的意思，也有实验的意思。今天法语中的 expérience 和意大利语中的 esperienza 也是这样。[2] 也许在这些语言里，用 experientia 这样的词来标示近代科学的特点较少引起误解。但只要我们的语言区分经验和实验，把近代科学叫作"经验科学"就是不妥当的。实际上柯瓦雷早已明确指出，我们不仅需要把经验和实验区分开来，甚至应当把它们"对立起来"。[3]

自然现象在其丰富性中被我们经验，哲学家剥除经验中的纯主体成分，确定经验事实，同时在经验中寻找形式线索，确立这些线索的逻辑统一，形成理论。实证科学则相反，它从由理想简化的条件开始，通过改变条件和增加变量得到更复杂的模型。经验世界的

---

① 让·皮亚杰：《人文科学认识论》，郑文彬译，中央编译出版社，1999 年，第 20 页。

② 科恩：《科学中的革命》，鲁旭东、赵培杰、宋振山译，商务印书馆，1999 年，第 168 页。

③ 亚历山大·柯瓦雷：《牛顿研究》，张卜天译，商务印书馆，2016 年，第 8 页。

丰富性首先是说，我们面对的是形形色色的现象，在品质上互异。而"牛顿的学说甚或整个科学革命的最深层的意义和目标，也许恰恰是要废除……一个充满〔品〕质和可感的世界，一个欣赏我们日常生活的世界，而代之以是一个精确的、可以被准确度量和严格决定的〔阿基米德式的〕宇宙"。① 中世纪的技术发明为新时代大量进行科学实验提供了更好的条件。但这绝不是实验活动忽然增多的主要原因。对我们来说，更值得注意的差别是取向上的差别，在自然哲学中，人们关心的是 physis，事物之本性，事物在它的自然状态中才能最好地展现它的本性，在实验的受控条件下，事物的自然状态可能受到扭曲，甚至干脆被消灭掉。

但综上所述，应当认为"经验科学"是一个 misnomer，一个错误的名称。现代物理学和我们的经验有什么关系呢，除了通过其成果的应用和我们有一些联系之外，其他的关系我们已经看不到了。它所处理的事情全部在实验室里面完成，威尔逊云室里的电子云是什么样子的，β 星团里的射电源是什么样子的，我们都经验不到。罗森堡说，微观粒子等等都是"我们这类受造物无法直接经验的东西"。尽管这些东西似乎是必要的，它们却是"不可知"的。②

如果经验科学的确是个 misnomer，那么我们该怎样命名科学革命所定义的科学呢？

从上面所说的，实验科学似乎是个选择。皮亚杰以及其他许多

---

① 亚历山大·柯瓦雷：《牛顿研究》，张卜天译，商务印书馆，2016年，第 5 页。

② 亚历克斯·罗森堡：《科学哲学》，刘华杰译，上海科技教育出版社，2004年，第 109 页。

论者对此持反对意见，他们指出，科学结论有好多也是无法实验的，例如天文学、地质学的很多结论。不过我们前面已经提示，科学理论可以把不能通过实验验证的事情转换为可以通过实验验证的东西，实际上，天文学家并不整晚在天文台观察天象，地质学家并不成天在野外考察，天文学、地质学这些学科的成果，像其他学科的成果一样，绝大多数是从实验室里产生出来的，而且越来越是这样。所以说，实验和逻辑是分不开的，科学逻辑是科学研究里的辅助线，把看似不能实验的东西转化为可以反复实验的东西。

然而，关于实验在近代科学中的地位，还有更深一层的争议。我个人更同情的理解是：近代科学的发展来自对世界的一种整体的数理筹划，注重实验更多是这一筹划的结果而不是其原因。所以，我不赞成用实验科学来概括近代科学。

自然科学这个名称怎么样呢？尽管自然这个词的意义如今在很大程度上与从前作为本性和自然而然的自然差不多正相反了，尽管按照自然的原义，如今的科学是以一种极其不自然的方式进行工作，但是，毕竟自然这个词现在早已有了通用的非人的含义，在这种新的意义上，自然科学这个用语是成立的。自然科学尽管也是个misnomer，但人们不大会把这里的"自然"混同于我们平常所说的自然而然，不像"经验科学"那样导致很多混乱。只不过，这个用语是就自然科学与社会科学的区别而言的，而不是用来总括近代科学的。而现在所谓的社会科学，恰恰是由于它有某种和自然科学本质上相通的地方才成其为科学的。

相比之下，我觉得实证科学这个用语比较恰当，本书主要采用这个用语。实证这个词来自佛学，意指体证，意思和经验这个词的古义接近，而和现在所说的实证的意思差不多是相反的。不过，这个词也早就被用来翻译 positive 了，佛学里用到实证的，我们现在似乎都可以用体证代替，从而把实证这个词留出来作为 positive 的译名。当然，要论证近代科学的实证本性，还需要对理论和假说、感受和接受这些概念做进一步的梳理。[①]

---

　　① 见第七章"自然哲学与实证科学"中"实证与操作"一节。

第五章　科学概念

第一节　概念与语词

要讨论日常概念和科学概念的异同，必须对概念这个词略加梳理。如很多大哲学家所坦承，概念这个概念很难把定。

最让人头痛的是一个看似简单的问题：**概念和语词是一回事还是两回事**？就我们平常的使用来看，有些词我们从来不称为概念，例如"秀兰"这样典型的名称，例如"哇"这样的感叹词，就此说来，语词和概念是两回事；另一些词，我们很自然地称之为概念，例如民主、善良、植物，在这些情况中，语词和概念似乎并无分别，我们既说"民主这个词"何如何如，也说"民主这个概念何如何如"。

要澄清概念和语词是一回事还是两回事，我们不妨从专名和概念语词的区别说起。丘吉尔是个专名，首相是个概念语词。两者的第一个明显区别是：**名称没有意义，概念有意义**。我问你首相的意思是什么，你可以讲一通，我问你丘吉尔的意思是什么，你会回答，丘吉尔是个名字，它没什么意思。你可以给我讲一通丘吉尔这个人何如何如，但你不是在讲丘吉尔这个名字。

哲学家还从另一个角度来谈论名称和概念语词的区别：关于

丘吉尔的知识是**事实知识**，而关于首相的知识是**语义知识**，丘吉尔嘴里总叼着雪茄，这是事实知识，首相是议会多数党领袖，这是语义知识。这个区分是有道理的，不过，我们还可以追问：首相是议会多数党领袖不也是一个事实吗？知道这一点不也是一个事实知识吗？

的确，无论关于丘吉尔还是关于首相，我们所知道的事情都可以叫作事实。我们知道有关丘吉尔的很多事实，例如他长得胖胖的，嘴里总叼着雪茄，他是二战时的英国首相，二战后提出了"铁幕"这个说法。我们也知道有关首相的种种事实，例如（英国）首相是议会多数党领袖，首相是个很大的官儿，首相主要负责行政事务，经常在重要的国际会议上代表本国政府发言，等等。但是这两类事实，关于丘吉尔的事实和关于首相的事实，有一个重大的区别。有关丘吉尔的事实是一些分散的事实，而**有关首相的事实却多多少少组成一个整体**。丘吉尔长得胖胖的，这和他爱抽雪茄没什么联系，他爱抽雪茄，和他成为二战时的英国首相也没什么联系。关于首相的事实却不是这样。你是议会多数党的领袖，所以在政府里会被委派一个很大的官儿，因为你是很大的官，所以才有资格代表你的国家发言。关于首相的事实互相之间有联系，有内在联系，这些事实组成了一个整体。

正因为它们互相联系组成了一个整体，所以我们说，首相是个概念。有些事实结晶在首相这个概念中，成了我们理解社会、理解政府建制的一个枢纽。关于首相还有很多其他事实，例如这个职位最早诞生于哪一年，最近三届英国首相是哪些人，这些事实却不属于"首相"这个概念，我们关于这些事情的知识，仍然是"事实知识"，而不是语义知识。

很明显,人们说概念具有意义而名称没有意义,是和上面所讲的这些特点连在一起的。概念具有意义,这无非是说,我们借助概念来理解,概念使得事物具有意义。我们借助骄傲、傲慢、勇敢、坚韧、老牌帝国主义者这些概念来理解丘吉尔。我们也通过骄傲和勇敢来理解项羽,通过勇敢和坚韧来理解切·格瓦拉。我们对某个人、对某种事物有个概念,就是有了理解。

你说项羽勇敢我说项羽鲁莽,表现了你我对项羽有不同的理解。勇敢这个词不是用来指勇敢的行为、勇敢的品格,而是用来把某些行为、某些品格理解为勇敢的。我们在这个意义上谈论勇敢的意义,但我们无法在这个意义上谈论项羽的意义。专名之所以没有意义,因为我们不用它来定型我们的某种理解。反过来,如果**一个专名定型了我们的某种理解**,它就有意义,事后诸葛亮、诗坛拿破仑就是这样使用专名的。这样使用自然品类的名称就更常见了,蚕食、千金就是现成的例子。自然品类是东南西北的人、一代代的人都见到的,我们容易用它们的特点来形成概念。

蚕、金这样的自然品类名称同时也是概念词,是"有意义的",但这个意义却不是这个自然品类的定义,而是某种我们借以形成概念的特征。这一点,我们拿金和钼相比就知道了。钼和金有一样多的属性,但钼却没有概念用法。

一个概念是一些经验事实的结晶。哪些结晶了哪些没结晶,不仅在很大程度上是由历史安排的,而且也没有明确的界线。金黄色是否包含在金子中,白色是否包含在雪中?如果天上飘下血红而滚烫的雪花状的东西,我们该叫它雪吗?实际上,(英国)首相是议会多数党领袖是首相的语义抑或是关于首相的事实知识，这一点并不清楚。赖尔太轻易地把它划到了语义知识一边。[①] 有的读者可能不知道这个事实，然而这些读者并非不了解首相的语义，他们对首相有个概念：首相是个很大的官儿，但比总统或总书记这种最大的官儿小一号，首相主要负责行政事务，等等。自然语言的概念不是一些四界分明清清楚楚的东西。

我们本来就是从世世代代处在身周的事物出发去理解整个世界的。我们尽可以划分概念和事实、经验，但不可忘记，我们的**概念是在对事实的了解中形成的**，我得知道皮特、丘吉尔、撒切尔这些人曾是英国的首相，他们都做了些什么，他们是怎样跟英国王室跟外国元首跟本国人民打交道的，我才会形成首相的概念。

名称有种种不同的类型，概念更有种种不同的类型，我们这里只是通过概念和名称的对照，对概念这个概念稍加梳理而已。大致可以说，概念是一些事实的结晶，结晶为一种较为稳定的理解图式，概念里包含着我们对世界的一般理解。

现在我们可以说一说语词和概念的关系了。某些互相联系在一起的经验和事实是概念的内容，这些内容及其联系我们称为概念。在（概念）语词中，这些内容和联系"上升成为语词"。概念语词以明确的形式表达了某些经验事实的特定联系。概念一端连结于我们的实际经验、切身体验，另一端连结于概念语词。在没有"礼"这个字的时候，人们并不是完全没有礼的概念，有了"礼"这个字，礼就是一个明确的概念。（概念）**语词是概念的最终形式或最**

---

① 吉尔伯特·赖尔（Gilbert Ryle）：《意义理论》（The Theory of Meaning），《文章集》（*Collected papers*），第二卷，劳特利奇出版社，1971 年，第 357—358 页。

明确的形式。

语词是在实际经验中形成的，不是从我个人的经验中形成的，而是从一个语言共同体成千上万年的共同经验中形成的。说到"我有个概念"，多多少少意味着，我从个人经验中形成概念。但概念若要获得明确的形式，就需要语词的引导。"上升为概念"是有方向的，这个方向就是体现在语词中的共同语族的理解。

弗雷格默认一个信条：两个词有区别，这个区别若不是指称有别就是意义有别。这个信条自此被广泛接受。然而这是一个错误的信条。启明星和长庚星，陶潜和陶渊明，邓颖超和邓大姐、天宝元年和公元 742 年、water 和水、水和 H_2O、勇敢和鲁莽，两两之间都有差别。这些差别形形色色。邓颖超和邓大姐这两个称呼所体现的差别是说话人社会身份的差别。water 和水是两种语言的差别。水和 H_2O 体现的是自然理解和科学体系间的差别。两个语词之间可以有不同种类的区别，只有一类差别是概念区别，这就是我们对所言说的事物具有不同的理解。陶潜和陶渊明这两个词的内容是有区别的，否则它们就不是两个词了。但这里的**语词内容**的区别不是**概念内容**的区别。把形形色色的差别统统叫作意义上的差别或语义差别，当然容易引起混乱。一般说来，概念内容是语词内容中最重要的东西。人们往往不区分语词内容和概念内容，相应地不区分表示概念的语词和概念，这通常是行得通的，但有时却会造成麻烦。要澄清麻烦的来源，要对语词、概念等等进行哲学考察，我们就需要更精细的眼光。

弗雷格说，启明星和长庚星指称相同而意义不同，然而，这里的"意义不同"不过宽泛地意味着语词内容不同，而不是概念区别。

勇敢和鲁莽这样的差别才是概念内容上的差别。顺便说一下，启明星和长庚星指称相同，那么，勇敢和鲁莽这两个词的指称是否有差别呢？这是一个无法回答的问题，不是因为这个问题太难了，而是这个问题没有意义。

水和 H_2O 的区别单是一类区别，它们之间的区别既不是一般语词内容的区别，也不是一般概念内容的区别，而是两个不同层次的语言系统的区别。这种区别正是我们本章要深究的。

第二节　日常概念与科学概念

我们的语言体现着理解。这主要是说，我们的概念结晶了我们这个语族对世界的理解。概念虽然是人类理解中最稳定的结构，但我们的概念仍然处在不断变迁之中。兵从指称武器转到指称士兵，虫从指称大野兽转到指称虫子。随着我们的经验世界的改变，随着我们对世界的理解的改变，我们的概念结构也发生零星的或系统的改变。但这些不是这里所关心的。**我们关心的是随着科学理论发展而发生的概念转变。**

在科学革命时代，随着仪器的改进和实验的翻新，事实世界迅速膨胀。望远镜里可以看到土星被一条光环围绕，显微镜下可以观察到植物的茎叶由细小的密室组成。新元素被发现或制造出来。我们需要新名称来命名新事物。大量的新名称涌现出来。研究各种新名称的特点饶有兴趣。例如，化学元素经常是以该元素的某种感性特征来命名的，碘，iodine，来自希腊文 ioeides，紫色；铬，chromium，来自希腊文 chroma，色彩斑斓；锇，osmium，来自希腊文 osme，臭味。我们不懂希腊文的人，听不到这些感性线索，这些元素名称对我们就是干巴巴的、需要死记硬背的科学术语。这里似乎暗示了科学研究的两个面相：前沿的研究者仍然为感性所指引，但他们的任务是把感性世界转化为干巴巴的术语和公式，后者构成了科学的产品。

　　我们这里不多讨论名称。上节我们区分了名称和概念。通常情况下，单纯增加一些新名称不牵涉我们对世界的理解，不会导致语言的深层变化。想一想超市里那些洗发液新品牌就可明了此点。语言的深层变化来自概念的更新。部分地由于我们的常识（自然概念）不足以理解我们经验不到的、产生于仪器观察和实验的大量新事实，更主要地由于我们被一种新的整体观念所引导，思想家们开始创造某种理论来重新描述世界。为了解释新现象，为了建构新理论，科学家必须**改造旧概念，营造新概念**。天球的概念转变为天体的概念，空间从位置连续统转变为绝对空间，万有引力的概念被引入。从前，光和明晰可见连在一起，伦琴以来却有了"可见光"和"不可见光"的区分。

　　科学的发展在很大程度上依赖于对我们的基本概念重新审视，加以重构。伽利略、笛卡尔、牛顿对运动概念、重力概念、惯性概念的重构是一些突出的例子。爱因斯坦对时空概念的思考更是无与伦比的实例。R. 哈瑞说："和其他科学相比，物理学的发展远为突出地交织着对概念基础的哲学分析与很多初看起来像是自行其是的科学研究纲领。"[1] 其他科学如化学、生物学、经济学可能不像物

---

① 　R. 哈瑞（Rom Harre），《物理学哲学》（The Philosophy of Physics），载于斯图

理学那样突出，但要成为一门独立的科学，它们也必定对某些基本概念进行了重新规定。

新名称也往往是在一种新的理解指导下出现的。化学元素的名称是一个典型的例子。炼金术士一开始的目标是怎样使"土元素"变得纯净，而到了化学科学将要诞生的时期，这个问题逐渐转变为物质实体的真正构成要素是什么。"元素"逐渐洗去了中世纪炼金术的意味，似乎在向古代的含义回复，但同时又和近代的很多其他观念联系在一起。正是在这样的观念框架中，化学元素才被确立为今天意义上的元素，获得系统的命名。如科恩所言："依据新理论的更严密的逻辑而改变现有的名称，是科学革命的特点。"[①]

科学概念与自然概念之间的对比

我们最常听到的，是自然语言中的词汇比较含混，易生歧义，而科学概念是严格的概念。我们还听到这样的举例：人们平常使用鸟兽鱼虫这些概念，边界不清，把鲸和海豚也叫作鱼，但它们实际上并不是鱼，而是哺乳动物。科学使用严格的概念，这个说法搅浑的东西大概更多于所表明的东西。科学对待概念严格性的要求，和小学语文老师，和诗人，完全是两回事。

尔特·G. 尚克尔（Stuart G. Shanker）主编：《劳特利奇哲学史》（*Routledge History of Philosophy*），第九卷，劳特利奇出版社，1996 年，第 215 页。与这一事实相联系的是，物理学是科学的典范。顺便提到，哈瑞在这里说到"哲学分析"，不一定妥当，我将逐步表明，与其说科学家在对基本概念进行哲学分析，不如说他们沿着一个确定的方向对基本概念进行重构。

① 科恩：《科学中的革命》，鲁旭东、赵培杰、宋振山译，商务印书馆，1999 年，第 292 页。

自然概念是以人的日常生活为基准的,科学概念则以理论为基准。对我们来说,火是热的,冰是冷的,但在科学话语中,冰同样包含热量。热量是由分子的运动规定的,而不以我们的感觉为基准。在日常话语中,地球是静止的,并以大地为参照规定了什么在动,什么静止不动。而在科学话语里,这个参照系被废除了。飞鸟、游鱼、走兽,我们通过这些自然形象来理解世界。鱼作为自然概念在很大程度上是由"在水里游"界定的,生物学不受这种自然形象的约束,把鲸排除在鱼类之外,它从动物的机体结构、生殖方式等等来定义一个种属。

自然概念以经验为基准,而经验是互相交织的,与此相应,自然概念是互相呼应、互相渗透的。我们说到距离,不仅是说 A 点到 B 点的空间长度,距离里还交织着冷淡、拒绝等多种含义。在我们的自然理解中,圆和圆满,正方和方正(square)是联系在一起的,几何学的圆这个概念和我们平常的圆的概念之间的区别在于:几何学的圆不是通过感性内容和其他概念交织在一起,而是通过定义和其他概念联系起来。换言之,几何学的圆洗净了圆这个自然概念的内容,和圆满、圆滑没有任何关系。

在一个领域中最初发现的那些重要事实,通常并不只是一些新事实而已,它们改变我们对该领域的基本看法,改变我们的基本概念。即使我们用既有的语词来描述它们,这些语词的意义也不得不悄然改变。空气是有重量的,这不仅是发现了一个新事实,不仅是用我们既有的概念来描述一个新事实,空气和重量这些概念本身经历了细微的转变。空气逐渐被理解为物质三态中的一态,气态,它通过体积、重量等等和液态、固态保持连续性。重量本来是我们能够直接感觉到的，现在，这层约束被取消了。重量概念的这一扩展相当自然，在这个相当自然地扩展中，重量概念开始从感知向测量倾斜。概念转变经常来得细微而自然。即使像万有引力那样显得相当突兀的新概念，至少在物理学理论界已经为它做了不少准备。

从日常语汇到科学语汇

夏佩尔对日常词汇和科学词汇的连续性做了系统研究。他说："至少作为一种工作假说，我们必须假定科学概念来自日常概念。"[1]夏佩尔具体研究了一些概念的发展，借以解说概念发展的连续性。例如，虽然我们对电子的理解经历了很多变化，但"电子"一词前后各种用法之间存在着"推理之链的联系"，正是这条连续的理由链使得我们今天仍然可以正当地谈论电子这个词的概念、意义或指称，[2]虽然"电子"一词今天的意义和最初的意义已经大不相同。空间膨胀[3]、时间变慢这些概念是常识很难理解的，但夏佩尔提出，日常语词的意义本来就有历时的改变，会有所延伸，例如我们会说，我们要把办公室的空间扩大两倍，这堂课的时间过得真慢。[4]夏佩尔借此表明科学语汇与日常语汇的联系，进一步表明科学概念并不是什么特别的东西。

---

[1] 达德利·夏佩尔：《理由与求知》，褚平、周文彰译，上海译文出版社，2001年，第154页。

[2] 同上书，第33页，第362页及以下。

[3] 温伯格认为空间膨胀这个说法是误导的，见 S.温伯格：《终极理论之梦》，李泳译，湖南科学技术出版社，2003年，第29页注1。

[4] 达德利·夏佩尔：《理由与求知》，褚平、周文彰译，上海译文出版社，2001年，第144页。

夏佩尔用理由链来取代一套永恒不变的充分必要条件：我们所需要的是考察一个概念的历史演变，发现在这一演变中的理由的脉络，而不是寻找某种共相，寻找一套永恒不变的充分必要条件。在我看，这无疑是个正确的方向，远优于普特南和克里普克把科学定义凌驾于日常界说之上的混乱理论。[①] 但我觉得，尽管摸索科学概念和自然概念的连续性是极有意义的工作，但不可因此模糊了科学概念和自然概念的根本不同之处。

理由链也许可以解释那些来自日常语词的科学概念语词，如力、运动、惯性、时间、迁跃、细胞，[②] 但它无法解释那些科学理论创造出来的科学概念。虚数、力矩、电离、夸克这些词，并不来自日常语词，而是直接由理论得到定义。此外我们还可以注意到，即使一个科学概念来自日常语词，这个语词即使是逐渐改变意义，最终也可能改变得面目皆非。日心说的反对者中有人拒绝伽利略的邀请，拒绝从他的望远镜里看一看天空。有的人看了，但不承认他在望远镜中所看到的。他们也许只是些老顽固。然而，用望远镜看还是看吗？那与用肉眼看是有差别的。比如，在那个时期，反射镜等是魔法师变戏法常用的道具，用来制造错觉和幻象。刚刚问世的望远镜品质不高，用它看蜡烛，往往看到蜡烛周边有好多小亮点，谁能保证所谓木星的卫星不是镜片产生出来的呢？今天我们多半会说：用

①　我在《语言哲学》（北京大学出版社，2003 年）一书中对普特南的一种理论提出了简要的批评，见该书第 346—347 页。

②　细胞、原子、加速度这类语词，在汉语里差不多就是科学术语，英文所用的 cell、atom、acceleration 等则原是日常用语。我在《从移植词看当代中国哲学》一文中（载于《同济大学学报·社会科学版》，2005 年第四期）对这类现象做了讨论。这里讨论日常语汇向科学术语的转变，当然主要着眼于西语词汇。

望远镜看当然也是看。可是，用 X 射线机来看呢？用射电望远镜看呢？前面曾问：当天文学家声称"看到了"银河系中实际存在的黑洞，他们是怎样"看"的呢？他们看到了一个黑黑的洞吗？在这里，变化是逐步发生的。但也有简单干脆的改变。薛定谔相当仔细地向普通听众描述了物理学家怎样确定光线的客观性质的步骤，最后得出结论说："观察者不是逐步被越来越精密的仪器取代的。……他从一开始就被取代了。……观察者对光现象所具有的颜色印象并不曾为揭示光现象的物理性质赐予一丝线索。"① 当然，并不是说仪器自动揭示光现象的物理本性，仪器不但要人制造、操作，而且最终也要由人来读表上的读数。但读表上的读数也是观察吗？

　　在现代物理学中，"看"和"观察"这些语词的含义已经和它们的自然含义相去很远了。无论变化逐渐发生还是一下子发生，最终，改变都是根本的。逻辑实证主义者喜欢谈论观察语句等等，观察颜色的变化和"观察"量表上的读数可是相当不同的观察呢。

　　像力矩、电解质、同位素、连续映射这样的纯粹技术性术语，我们一望而知它们的意义是由某种特定的物理理论规定的。我们也许不懂得这些语词，但它们并不造成混淆。带来混淆的反倒是运动、加速度、动机这类语词，它们来自自然语言，同时又是科学理论中的概念。我们外行很难摆脱这些概念的自然意义，然而，它们在科学理论中往往有很不相同的意义。举个最简单的例子，鱼，在我们的日常理解里，鲸鱼和海豚都是鱼，而在动物学里，它们不属于鱼类。

----

　　① 埃尔温·薛定谔（Erwin Schrödinger）：《心灵与物质》（*Mind and Matter*），剑桥大学出版社，1959 年，第 101 页。

作为科学理论概念，它们不受自然概念的约束，它们可能与自然概念大相径庭，甚至互相冲突，例如惯性运动、运动状态、不可见光、无意识动机、空间膨胀、空间弯曲。我们从这些最基本的概念可以看到它们在自然理解中的含义和在科学理论中的含义是多么不同。牛顿在建立绝对空间的概念时说，空间各点在运动是荒唐的，它们能在哪里运动？我们也会问，空间向哪里膨胀？时间向哪里弯曲？

关键在于，即使那些来自日常语汇的科学术语，在一门成熟的科学中，其意义也是由科学理论规定的。运动、力、空间、时间、质量、真空，在科学中的用法和日常用法都有或多或少的差异。科学规定自己的概念。我们平常怎样使用这些词，对物理学家没有多少约束。

如果科学对运动、光等等的定义和我们对这些词的日常理解相悖，科学干吗还要使用日常语词，说它讲的是"运动"和"光"呢？它为什么不给它所界定的东西另起一个名字，就像语素、夸克这类与日常语言无关的语词？科学所理解的光、运动、词，并不是与日常理解的光、运动、词完全无关的全新概念，它们是日常概念的某种变形、伸张、深入。在不断的理论构建过程中，它们最后的理论意义和日常概念脱离开了，但它们构成了自然理解和理论理解之间的桥梁。我们这些不懂科学理论的外行也能对这些理论有粗浅的、带有或多或少误解的理解，正是因为这些基本概念和我们的常识、和我们的日常概念有某种联系。实际上，我们外行常见的科学语汇多半来自日常语词，我们或多或少能够理解这些桥梁概念，而像力矩、电解质、语素、夸克这样的概念，是由某种科学理论创造出来的，我们不掌握相关理论就完全无法理解。

仅仅指出日常语词在用来建构科学理论的过程中会一步步变得面目皆非还远远不够。我愿强调的是这种转变和语词意义的自然改变是不一样的。语词意义的自然改变是就事论事的，而**语词意义在科学理论中的意义改变是系统的**，服从于特定理论的需要，有固定的数学化倾向。① 自然概念向科学概念的转变虽然经常是逐步进行的，但这种转变的方向则是稳定的。下几节将以运动、静止、力、加速度等概念来表明了这一点。语词在进入科学理论体系之后的改变与它们的自然改变不可等量齐观。像夏佩尔那样用日常语词的意义改变来类比科学概念的发展模糊了这一根本差异。

日常概念的自然演化是在同一个平面上进行的，新概念出现了，取代了旧概念。科学概念的产生却不是这样。尽管在科学理论中，地球围绕太阳旋转，冰是有热量的，鲸鱼不是鱼类，但在我们的自然理解中，太阳仍然东升西落，冰是冷的而火是热的，鲸鱼还是鱼。**科学概念原则上并不取代自然概念**，而是构造一个整体，形成一种新的语言，一种亚语言。

在一个成熟的科学理论中，科学理论概念逐步取代了自然概念或曰经验概念，前者越来越少地依赖于后者，理论概念之间互相定义，逐步获得理论严格性。也可以反过来说，新理论的成熟和自治，其标志即在于它建立了一套自己的概念，从而能够**提供一套新的系统描述事物的方式**。

---

① 见下面"数学取向"一节。

第三节　运动

在牛顿物理学中，新的运动概念取代了常识的运动概念。说到科学营造自己的概念，这是最突出的例子之一。

牛顿的第一运动定律说，除非有外力施加作用，否则每个物体都保持其静止或匀速直线运动的状态。第一运动定律也称惯性定律，因为，如牛顿在定义 3 中所表明，使一物体保持其现有状态，无论是静止还是匀速直线运动，是需要一个力的，这就是 vis insita，惯性，物质固有的起抵抗作用的力。[①]

惯性定律是每一个学过初等物理的中学生都学过的，它是我们普通人最基础的科学常识，我们几乎不觉察这一定律中的表述和日常话语中所含的常识是两样的，或冲突的。上节说到，在日常话语中，大地是静止的，我们以大地为参照来感受什么在动，什么静止不动。运动和静止有质的区别。运动需要原因，需要力，静止却不需要原因，不需要力。直线匀速运动是运动的一种，需要一个力来维持，静止却是不需要力来维持的。放在我眼前的茶杯，停在红灯前的汽车，无论如何不能说成是正在运动。在牛顿体系里，大地这个参照系被废除了。我们现在要想象的是一个无限广袤的没有参照系的绝对空间。在这样一个绝对空间中，运动和直线匀速运动成了一回事。运动和静止的感性差别在这里是无所谓的。

---

① 伊萨克·牛顿:《自然哲学之数学原理／宇宙体系》，王克迪译，武汉出版社，1992 年，第 2、13—14 页。

　　按照我们的常识，没有生命的东西，如果不受外力作用，就静止不动。典型的例子是弹簧的运动或变化。生物有目的，有内在的动力，只有生物由自己发动运动。我们在日常生活中差不多主要用这个办法来察看一样东西是不是生物。[①] 一样东西的运动是有原因的，没有原因它将静止不动，或者其运动将逐渐停歇下来。笛卡尔把问题倒转过来："我们应该问的是，它为什么不继续永远活动下去呢？"运动本来是要原因的，现在，运动中至少有一种，直线匀速运动，像静止一样，不需要原因就能持续，或者反过来，如果说直线匀速运动需要一个力来维持，那么静止也需要一个力来维持，而这个力，惯性，和我们平常所谓的"力"颇为不同。我们平常总是说"施加一个力"，惯性却不是任何东西施加到物体上的。

　　在常识以及在亚里士多德那里，位移这种运动是变化的一种，是最简单的变化。运动的物体是有所改变的物体，静止的物体却不发生改变。物体在静止时保持其本身，而在运动中则改变了本身，从而具有回复到本身的倾向，就像一根被压紧或压弯的弹簧那样。所以，一般说来，静止是自然的，在本体论上有较高地位。运动、骚动、动乱则是一种扰乱，有待消除，以回复到平静。伽利略、笛卡尔、牛顿改变了运动的意义，物体处在静止状态或运动状态中，这两种状态和处在其中的物体是分开来考虑的，运动并不改变运动的物体。运动不再是物体的变化、生成，而是相对于其他物体或绝对空间而言的。

　　与变化息息相关的**时间概念**也发生了转变。时间本来是内在

---

　　① 机器是一个巨大的例外，需要另做专门讨论。

于物体变化的，现在，时间变成了像空间一样的外部框架。这一点突出体现在"运动状态"这个用语里。Status 或状态是静止的意思，不变的事物处在某种状态之中，变化着的事物则不处在任何状态之中。变化是从一个状态到另一个状态的过渡。因此，**运动状态**差不多是个不谐用语，近乎"不变的变化"。

我们记得，在亚里士多德那里，有些活动是由外力迫使的，有些活动则出自事物的本性。我用力把一根弹簧压弯，这是用外力来造成一种变化。我一松手，弹簧回复到原来的样子，这是弹簧出自本性的活动，这种活动使得弹簧回归它本来的状态，自然的状态。关于活动或运动的这一理解具有普遍性，使得各个领域中的活动可得到连续的理解。你把刀架在我脖子上让我给你五百块钱，或者我自愿资助你五百块钱，这是两件根本不同的事情。现在，事物的活动和事物本身分离开来，事物本身不再对它所经历的活动有什么影响，导致运动或变化的全部原因都被移到事物的外部来。对运动的这一理解，无论在力学上获得怎样的成就，却与我们在其他领域中对活动、行动、行为的理解不相协调，我们似乎很难取消自主行为与被迫行为之间的区分，很难设想行为的主体从来不是它的行为的原因，不是其行为的责任者。[①] 或者反过来，在逻辑上推进外部原因这一思路似乎不得不让我们最终取消责任人的概念。我偷窃或吸毒，我自己对此没有什么责任，原因在于我从小父母离异，在于社会没有为我创造良好的学习条件，等等。

我们多数人不曾意识到牛顿物理学的话语和日常话语的根本

---

① 从 aitia 这个词来看，原因就来自责任者。

区别，但反观科学史，这里涉及的每一个概念都经过了长期的准备，经历了深入的讨论或争论。地球作为动与静的参照系，这一点在哥白尼那里就取消了。布鲁诺提出了无限空间的观念，提出运动与静止同样高贵。不过，布鲁诺还是在中世纪的思想框架中进行观念之争，而在笛卡尔那里，取消静止和运动的区别具有了明确的物理学意义，直线匀速运动像静止一样，也是一种状态，两者处在同一本体论层面上，实际上已经无法区分。诚然，绝对运动不等于静止，但只有上帝才能区分绝对运动和相对运动。伽利略则为牛顿准备了新的惯性概念，在伽利略那里，惯性已被理解为物体抵抗加速度即速度变化的性质。开普勒也同样把惯性理解为"对变化的抵抗"。而且伽利略还以相当清晰的方式表述过第一运动定律。不过，在伽利略那里，第一运动定律的内容和惯性概念尚无明确联系，没有形成惯性运动的概念。

这里所发生的概念转变远不止于引入了操作定义，仿佛我们只是为了方便把静止和直线匀速运动视作一事，同时在我们的真实理解中则仍然保持两者的区别。这里发生的是基本理解的转变。为方便计算而引入操作定义是一回事，由于理解的转变而不得不重新定义基本概念是另一回事。思想史上，只有第二种情况才值得重视。新物理学家不是符号操作者，他们重新定义我们关于自然的基本概念，因为只有这样我们才能更好地从数学上处理关于自然的问题。

第一运动定律用一个数学物理的运动概念取代了一个老物理学即自然哲学的运动概念。**新的运动概念在形式上极其简单**，我们一旦掌握了它，就可以使运动计算变得十分简便。但它"很难把握和完全理解"。① 因为它缺少感性，和我们的常识乖离。新的运动概念和日常经验不合，这一点笛卡尔本人也注意到了。他用上帝的永恒来建立运动的守恒定律。但在牛顿那里，新的运动概念就不再需要上帝来提供持续的动力，与常识的乖离由于其整体力学理论的成功得到补偿。与新的运动概念联系在一起的一系列概念构成了一个新系统，其中的概念互相定义，标识着物理学开始摆脱自然概念的束缚。

第四节　力、加速度、质量

牛顿第二运动定律说，要改变物体的静止状态（或匀速直线运动状态），需要在与加速度相同的方向上施加与加速度成比例的力，比例常量是物体的惯性质量。力等于质量乘以加速度，或 F=ma。

这里出现的三个概念，力、质量、加速度，每一个都很能说明新力学的概念特点。

力是我们直接了解的概念。我们都有关于力的经验，用力举起一件重物，感受到某种压力，心力交瘁，等等。力的概念在这些用法中有种种变形，研究这些变形是一般概念考察的任务。牛顿的力不完全等同于自然概念中的力，它不涉及想象力、心力这些"力"。不过，在这一点上，牛顿所做的事情不超出一般理论都会做的，即**排除一个概念的连绵不断的延伸用法，把一个概念限制在某种明确的概念联系之中。**牛顿力学对力这个概念的更重要的改变在于，牛

---

① 亚历山大·柯瓦雷：《牛顿研究》，张卜天译，商务印书馆，2016 年，第 11 页。

顿的力用来改变物体运动的方向或速度，① 维持直线匀速运动是不需要力的，这和我们的平常观念不尽相合，也和亚里士多德物理学冲突。我们推一个手推车，要维持匀速前进，也是要用力的。在这个意义上，可说牛顿对力这个概念做了重新定义。

但显然，**牛顿的力和我们平常所说的力并不是毫不相干的两种东西**，它差不多就是我们推动一个物体或拉动一个物体所需要的力气。这些力气即使不能精确测量也是可以大致衡量的。基于牛顿对力的定义和力的自然概念之间的联系，我们能够进入牛顿体系，能够逐步理解那些更严格的也是更狭窄的表述。而且，牛顿也会承认维持手推车的匀速前进是需要力的，只不过这个力是用来克服摩擦力的。而在亚里士多德体系中，即使不考虑摩擦力，维持一个物体的"非自然"运动也是需要力的。

· · ·

现在我们来看看**加速度**。一般意义上的速度增减我们当然常常经验到。车开得越来越开，落地的足球滚动得越来越慢，最后停了下来。不过，比较起力，牛顿的加速度与我们的自然概念离得更远。一个次要的差别是，在我们通常的理解里，**越来越慢与越来越快有性质上的区别**，现在，这两者被统一在同一个概念之下。不过这个转变早就在数学中通过引入负数完成了。在负数概念中，数值

---

① 　这里只涉及牛顿所谓的"外力"，见定义 4，伊萨克·牛顿：《自然哲学之数学原理 / 宇宙体系》，王克迪译，武汉出版社，1992 年，第 2 页。

与数的正负方向分离开来，与此相仿，在加速度概念里，力的强度值和力的方向分离开来。尽管强度和方向我们总是一齐经验到的，但凡熟悉数学-科学的人都已习惯于这种分离。在中世纪，尤其在伽利略那里，已经形成了近似于牛顿的加速度概念。

加速度概念中的难点在于，虽然我们是从越来越快或越来越慢开始来领会加速度的，但伽利略的加速度概念却不等于我们所领会的速度增加或减少。加速度这个概念是由速度相对于时间的变化率来定义的，而不是由距离相对于时间的变化率来定义的。**速度越来越快并不意味着加速度越来越大**。下落的物体越落越快，但自由落体的加速度是个常量。换言之，加速度这个词的意思在牛顿力学中和在日常用法中根本不同。在实际生活中，我们通常只会经验到速度的变化，我们从来经验不到在一个恒定的力的作用下加速度不断变化。手推车动起来了，我们继续用力，这个恒定的力只是维持小车的运行，而不是增加小车的速度。由于伽利略的加速度概念和我们平常说到的速度增加意思根本不同，由于我们平常没有加速度持续变化的经验，中学生会感到加速度概念相当难解。实际上有不少中学生始终无法从概念上理解加速度，只能勉强记住加速度公式，用它来计算给定的应用题。这个事实提示：这里出现了一个基本的概念方式转换。

· · ·

比力和加速度更有意思的是**质量**概念。牛顿第一次区分了重量与质量。在我们平常人眼里，质量就是重量，两者是一回事，而牛顿却另立一个与重量相区别的质量概念。两者有什么差别呢？
重量是可感的，质量则是阻碍物体变化的一个抽象量，无法直接经
验到。所以，我们需注意，**质量和重量的区分不像人类学家区分种
族和民族**，种族和民族的区分在于从两个视角来分疏常识眼中合在
一起的一族现象，两者分开之后，仍然各自领有自己的经验内容。
而质量概念却是一个"纯理论"概念，由定义1加以定义。

　　质量是一个纯理论的量，由牛顿为其力学体系的需要所创制。
这个理论创新对牛顿力学的建构具有决定作用，实际上，《原理》
一书正是从对质量的定义开始的。科恩把质量概念称为牛顿所发
明的"物理学的主要概念"。① 就我们的考察来说，这种单纯为理论
建构的概念具有特别的意义，因为它们特别标明了科学理论和常识
的分界。

　　普特南提到，像力、质量这些词，来自日常语言，在某些方面，
它们的用法和日常用法是颇为连续的。不过，即使在这些情况下，
仍不可小看"元语言层面上的明述陈述所起的作用"，离开这些明
述定义（或此前与这些技术语汇相关的使用），我们不可能真正读懂
一篇技术性论文。他接着还引用了 A. 丘奇（Alonzo Church）的一
个数理逻辑表达式来说明，"一个形式陈述也可能无法以可理解的
方式翻译成日常语言"。实际上，没有哪篇现代物理学论文所表述
的内容原则上能用日常语言来表述。②

----

　　① 科恩：《科学中的革命》，鲁旭东、赵培杰、宋振山译，商务印书馆，1999年，
第202页。

　　② 希拉里·普特南（Hīlary Putnam）：《数学、物质与方法》（*Mathematics, Matter
and Method*），剑桥大学出版社，1979年，第225—226页。

牛顿的术语更好地揭示了自然的真相吗？这个问题是下面这个大问题的一个支问题：科学是否更好地揭示了自然的真相？这里不专门讨论这个问题，只愿提到，并不是自然界的力原本是像牛顿定义的那样，也不是自然界的力就像自然语言中的力所界定的那样，而是，牛顿的术语适合于我们从一个特定的角度展示自然的真相，或者说，适合于让我们看到自然的某种真相。

新物理学给力下了一个明确的定义，几乎完全重新定义了加速度，创造了惯性质量的概念。我们为什么要接受这些新定义和新概念？我们可以这样回答：因为依据这些概念才能建构起一种特定的力学理论。反过来说，为了建构一种有效的科学理论，科学家必须重新定义一些概念，或者创造某些概念。我们要不要接受这些新定义和新概念，端赖于这个新理论是否更好地解释了力学世界。质量概念是由牛顿造出来的，但质量并不是一种任意的虚构。牛顿力学需要质量这个概念，就像我们的语言需要"重量"和"重要"这些概念一样。就像自然语言中的语词是由一个语言共同体的长期言说逐渐锻造出来的那样，物理学概念也是在物理学探索中逐步形成、定形的。物理学家反复调整、改进其概念。这个过程与自然语言在语词使用中磨炼语词颇为相似，两者的差别在于，自然语言的演化在于适应自然理解的需要，理论概念的演化和创生在于适应理论的需要，在这一过程中，是科学家们代替普通人进行这一项工作，科学家的概念改造工作是高度自觉的，整体科学理论对科学概念有着更明确的约束。科学概念的定义虽然也有一定的偶然性，但是其偶然性比较起自然语言概念大大降低。物理学家并非喜好文字游戏，他们没有定义癖。是理论体系在为这些基本概念下定义。科学理论体系不是个别人在书房里想出来的，而是科学家共同体长期探索日积月累造就的。科学家在这种探索过程中了解到怎样定义一个概念才是有效的、有前途的。所有这些活动围绕着一个基本纲领，那就是对物理世界乃至对整个世界进行外部研究。合乎这个纲领的成果被保存下来，被反复锻造，臻于完满，不合这个纲领的思考被排除在外，逐渐湮灭。伽利略敢于引入他的加速度概念，不怕他对非力学家造成理解上的困难，因为这个新概念在理论体系中将给予充分的报偿。自然语言要求我们对概念的理解比较自然，比较简便，而力学理论要求运算比较简便。在伽利略那里，落体的加速度是常量，这将比用其他办法来构造概念使运算简便得多。

我们经常听到人们谈论对物理世界的数学描述具有简明的优点，但这里的简明不是快人快语那类简明，用斯图尔特的话说，只有当我们获得了简明性的新概念时，加速度定律才是简明的。[①]

科学概念是一一营造起来的，但是它们的力量（可接受性）来自整体理论。每一个科学概念在与理论系统的其他概念的配适过程中不断得到调整、修正。自然语言中的概念也坐落在整个概念网络之中，但每一概念具有一定的独立性，而科学理论概念远离经验，更明确地依赖定义。在 F=ma 这个公式里，力、质量、加速度这几个概念是**互相定义**的，它们具有严格的数理推导关系。这些概念互相定义，最后形成在很大程度上不受自然语言约束的一套亚语言，理论语言。这套亚语言不是自然语言的一般意义上的延伸，也不是自然语言的形式化或逻辑化。科学概念的功能是建构理论，是按照

---

① 伊恩·斯图尔特：《混沌之数学》，潘涛译，上海远东出版社，1995年，第6页。

一种新的筹划进行的整体改造，而不是为"模糊的自然概念"提供精确的界说。我们无法靠细致分析运动、力、重量这些自然概念获得它们的科学定义。

第五节　万有引力与可理解性

科学建构自己的概念。科学概念不一定是经验培育的，那些不由经验培育的概念不能直接通过经验获得理解。它们的可理解性会成为严重的问题，并因此引发激烈的质疑和强烈的抵制。牛顿所引进的万有引力是一个最典型的例子。

牛顿的万有引力概念是近代物理学的一块基石。[1] 但是物理学经过了大约一百年才把它接受下来。它这么难被接受，并不是因为当时的反对者都是老糊涂。反对者包括笛卡尔派的科学家，包括惠更斯、莱布尼茨、贝克莱那样有智慧的人。反对者自有反对的理由。平常我们会想，两个东西接触上了，一个东西才可能对另一个东西施加一种力。我把这个杯子打翻了，你可以肯定我的手碰到了这个杯子。要是我的手还不碰这个杯子就能把它打翻，你们会认为我是在弄气功。但是太阳对地球施加引力，两者并不接触。引力超距作用似乎很难理解。[2] 引力是怎么传递的，是靠什么东西来传递的？

---

[1]　万有引力并不是牛顿本人提出来的，是牛顿将它作为一个现代物理理论的基石。

[2]　据卡约里考察，牛顿本人也并不持有超距作用观点，他因缺乏证据且先这么假定，而当时一般人也的确是这样理解的。见伊萨克·牛顿：《自然哲学之数学原理/宇宙体系》，王克迪译，武汉出版社，1992年，卡约里的附注9，第642页。引力的超距作用当然和交感不同，它不夹杂感、感觉、感性。在引力关系中没有感应、应和，引力所取是单向由因至果的模式，只不过它放弃了必须接触才能致动的常识观念。人们因此

何况，力的传递似乎需要时间，万有引力的传递却似乎是瞬时的。再说，力是通过一个机制产生出来的，一拳打出去要有力，我得把胳膊弯起来，弹簧被拉长了，产生了一个收缩的力。万有引力是什么机制产生的呢？牛顿无能回答，直到今天，仍然没有人能够回答。

惠更斯、莱布尼茨等人物抵制这些"无法理解的模糊的观念"。这些疑问不仅反对者提出来；丰特内勒在牛顿颂词里大赞牛顿之后也说，对于瞬时的超距作用这样的东西，我们现在必须警惕，不要"误以为已经理解了它"。绝顶聪明如牛顿者，当然自己知道这是些问题。牛顿承认他不了解引力的物理本质。牛顿本人不承认引力无需媒介。他在一封信里说："一个物体能够通过一个真空作用于远处的另一个物体，无需任何中间媒介就能够把作用从一个物体传递到另一个物体，这种观点在我看来是天大的谬误。我相信任何从事哲学的人，只要有足够的思考能力，就不会犯这样的错误。"[①] 他承认自己无法理解引力如何能够越过虚空产生作用。牛顿意识到，引力太像亚里士多德那种古代的"运动倾向"，他做了大量努力，力图找到引力的机械解释，但没有成功。他发表《原理》的时候，承认引力的原因"迄今未知"。引力不是世界的构造成分，是超自然的但数学可以把握的力量。它不是一种物理力，而是一种"数学的力"。

人们反对牛顿学说，在当时也叫作：反对物理学，依据形而上

说万有引力是一种神秘的力。与此对照，感应却不是一种神秘的力。我们现在已不大容易理解当时的人怎么会认为万有引力是一种神秘的力，因为引力是普遍可测量的，而我们今天已习惯于这样的想法：只要可测量就不神秘。与之对照，我们反过来把感应视作神秘之事。

①　转引自罗宾·科林伍德：《自然的观念》，吴国盛、柯映红译，商务印书馆，2018年，第179页。

学反对物理学。这些反对意见深刻而强烈，然而却渐渐销声匿迹。五十年后，新一代物理学家和数学家，包括达朗贝尔、欧拉、拉格朗日、拉普拉斯，都是牛顿的信奉者，继续拓展牛顿的事业。

尽管万有引力概念遭遇了强烈的抵制，半个世纪、一个世纪之后，万有引力还是被普遍接受了。这是怎么回事呢？人们接受万有引力学说，当然首先是因为它获得了巨大的成功。它提供了行星运动的力学解释，甚至还解释了地球上的潮汐运动，等等。牛顿体系的成功证明了它的价值。引力概念也逐渐变得不再那么不可思议。

也许，从长程看，只有正确的东西才会不断成功。也许，至少在科学领域里是这样。眼下我无法深入讨论这一观念。但即使是这样，**这也并没有消除可理解的问题**。这里所谓成功是被作为正统接受下来，然而情况恰恰可能是，我们最终也没有理解，只是接受了下来。

当然，不经接触的力的传递**并不是完全没有自然理解的基础**。一般说来，力的传递如推动、拖曳等等是需要施力者和受力者发生接触的，这可说是力和接触在概念上互相联系。"推动一场政治运动"不是这一概念联系的反例，而是扩展。然而，自然概念之间虽有大致的联络，但没有什么概念联系是截然排他的。大一般与善好相连，伟大、大器、大方皆此例。小人、渺小、小肚鸡肠，则皆以小为不肖。但这不等于说，大的就是好的，大而无当、粗心大意就不好，而小巧玲珑就蛮好。一般说来，力的传递和接触是连在一起的，但我们也经验到一些事物通过空洞的或准空洞的空间传播，例如声音在空气中传播。空气大体上是空洞无物的，但它能够起到传播声音的作用。在我们的自然理解中，有一种类似场的概念，它对无需可感媒介即能传递的引力所造成的理解困难起到了缓冲作用。实际上，物理学后来正式引入了场这个概念。

自然理解的这种弹性为概念的改变留有余地。自然概念之间的联系是常识的一部分，是常识中最为深刻的一部分，可称之为根深蒂固的观念。但这些观念仍不是牢不可破的。如果有人向我演示了意念推动，或者向我证明了无须接触的引力，或者通过原子结构向我表明它们并不互相接触却互相发生影响，我就不得不改变原本的概念联系。我们可以另造一个或另选一个概念来表示这种无需接触而互相影响的作用方式，从而保护力和接触的概念联系。但通常，我们改变施加影响必需接触的观念。这是因为，原子之间的作用和我们平常所理解的两个台球之间的作用有太多的相似之处。

自然概念有深层的牢固联系，打破必须通过接触才能施加作用这类根深蒂固的观念依赖洞见。我们这里谈到的洞见是一种特殊的洞见，即建构理论所需要的洞见。物理学家在建设新的概念框架时不得不改变我们的某些成见，从而使得事实在理论上得到更好的说明。但理论上的成功说明并不一定意味着常识意义上的理解。牛顿理论的巨大成功不应当使我们忘记，牛顿的运动定义，牛顿的万有引力，从根本上和常识相悖。在很大程度上，人们不是理解了万有引力，而是干脆把它接受了下来。我们一方面努力理解科学提出的新概念，另一方面我们则学习接受科学的自治，逐渐习惯于科学与常识的分离。

当然，牛顿力学作为整体还不是那样远离常识。牛顿力学虽然改变了我们对运动和静止的定义，虽然引入了瞬时万有引力这样难解的概念，**但它描绘出来的整体图画仍然和常识相当适配**，实际上它在很多情况下更满意地解释了日常经验，例如炮弹离开炮膛之后的运动，例如潮汐的运动。和相对论以及量子力学相比，牛顿力学简直可说是常识力学。对于常识来说，量子力学才叫匪夷所思。量子的世界实在离开我们的自然经验太遥远了。

> 人们很难对原子的行为感到习惯，无论新手还是有经验的物理学家，都觉得它奇特、神秘。……因为人类的所有直接经验和直觉都是关于大的对象的……我们不得不用一种抽象或想象的方式来学习小尺度事物的行为，而不是与我们的直接经验相联系。[①]

Davisson-Germer 实验是个典型，没有哪一本介绍量子力学的书不谈到这个实验。Davisson-Germer 实验可以视作十九世纪初托马斯·杨所做的光波干涉实验的继续。托马斯·杨的双缝实验大致证明了光的波动说，反驳了光的粒子说。但是在将近一百年之后，爱因斯坦对光电效应的思考又重新导向了光的粒子说。直到这时，光的粒子说和波动说还是互相竞争的理论。然而，Davisson-Germer 实验却表明，光既像粒子那样活动，又像波那样活动。

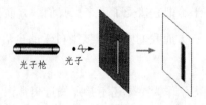

光子枪　光子

---

① 理查德·费曼：《费曼讲物理入门》，秦克诚译，湖南科学技术出版社，2004 年，第 112—113 页。

我们关闭左缝，一个一个发射光子，只有那些通过右缝的光子可以到达障碍物后面的照相板，在那里留下一道垂直的图像。现在我们换一块新照相板，把两个缝都打开，我们会设想，上一块照相板发亮的地方，现在应该一样亮，不同之处只会是原来不发亮的地方由于接受到了一些从左缝穿过来的光子而变亮了。结果出人意料：原来不发亮的一些地方的确变亮了，然而，原来有些明亮的地方现在却变暗了。

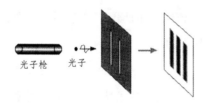

光子枪　　光子

也就是说，关闭左缝时原本会穿过右缝到达照相板的光子现在由于你打开了左缝就不再能够穿过右缝了。

是的，我们的确得把这些实验事实接受下来，把它们称作"粒子波"，称作"波粒二象性"。但我们能够把一样东西同时看作波和粒子吗？尽管我们早就有了粒子波的概念，尽管描述粒子波的数学并不是特别复杂，尽管量子力学比哪门学科都更加发达、严密，但这并不意味着人们理解了粒子波。

量子力学决然无可争辩地向我们表明：当我们注意的焦点逐步收拢到微观世界的时候，对我们理解熟悉的日常世界具有本质意义的许多基本概念就不再有任何意义。结果，若要在原子和亚原子尺度上理解并说明宇宙，我们就不得不从根本上改变我们的语言和推理。①

　　不要以为，这里说到难以理解，是我们这些量子物理的门外汉理解力太低，高智商的物理学家当然是理解的。最重要的量子物理学家之一费曼直截了当地说，世上没有人懂得量子力学。超弦物理学家格林在三十多年后引用了费曼的断言，并继续断言现在仍然没有人懂得量子力学。②

　　物理学家难道不是满怀理解的激情，一如他们的哲学家前辈？当然。不过，物理学家的理解不得不诉诸技术性的语言，诉诸数学语言，就此而论，他们追求的理解与前辈哲学家所追求的理解是有差异的。关于自然界的精确结构和机制，物理学家当然有远高于我们的理解。其意义是：他们掌握数学物理理论，能够熟练运用数学工具，从而具有一种系统的技术性理解。**但技术性理解并不能取代常识的理解**。海森堡像很多量子力学家一样明了，"任何理解最终必须根据自然语言"。③而自然界的精确结构要用数学语言才能正确描述，哪怕数学语言不直接具有意义。

　　　　运用量子力学的人发现自己不过是跟从这一理论的"开国元勋"所立下的规则和公式，跟从可以按部就班地实施的计算程序，他们并不真正理解这些计算程序为什么会有效，它们真正意味着什么。……几乎从来没谁在会心会意的层面上（at

①　布赖恩·格林（Brian Greene）：《宇宙的琴弦》（*The Elegant Universe*），年代图书出版社，2003年，第87—88页。

②　同上书，第87页。

③　W. 海森堡：《物理学和哲学》，范岱年译，商务印书馆，1981年，第134页。

a "soulful" level）把握量子力学。[1]

比起牛顿的质量、引力等概念，现代物理学中的迁跃、粒子波、十一维时空等概念要离奇多了。不过，经过物理学两三个世纪的发展，科学界逐渐习惯了引入"不可理解"的概念。上世纪初，玻尔引入了量子不连续性即定态概念，这个概念是常识完全无法理解的，也无法用经典力学加以解释。这引起了一些物理学家的抗议，但很多大科学家很快表示支持。万有引力用了近一百年才被接受，量子不连续性只用了几年。牛顿时代的科学家两面作战，他们既要向同行说明一个新概念对建构物理学理论有什么作用，又要向形而上学家和普通人说明这个概念如何自然地具有意义。如今，物理学早就获得了充分的自治，物理学家只要完成了第一个任务，就完成了作为科学家的任务。牛顿要为选用哪个词来表示引力，attractio 还是 tractio，煞费周章，今天的物理学家无此义务。人人都明白，无论选什么词，它都不过是个物理学符号，它的"意义"是由现有的物理学理论赋予的，字典学家无由置喙。牛顿的理论术语其技术性还不是那样强，非物理学家可以指出它们与自然理解的冲突。当代物理学的概念则不同，没有经过专业训练的人甚至无法知道它们是否和自然理解冲突，在何处冲突。希腊人曾争辩说"实在的虚空"这种概念是不可接受的，那是个矛盾用语。今天你若争辩说，真空就是一无所有，所以其中不可能出现能量涨落，人家根本不理睬你。

但我们为什么一味要求常识的可理解性？难道不正是因为世

———————————

[1]　布赖恩·格林：《宇宙的琴弦》，年代图书出版社，2003 年，第 87 页。

界上有很多东西是常识无法理解的我们才发展出了科学？科学不是恰恰提供了对世界的更正确、更充分、更高级的理解？不说理解吧，牛顿力学、量子力学、相对论是正确的，这不足够了吗？这本小书的确想尝试回答或至少尝试澄清这些问题。不过在这里，我们也许已经隐隐约约感觉到，正确和有所理解之间虽然联系紧密，但也有着多重精微而重要的区别。

人们常说，不是真理证明了自己，而是反对者死绝了。这话可以从进步论来理解：真理必胜，真理之一时受挫，是因为坚持谬见反对真理的人在阻挠，这些人死光了，真理终于畅行于世。然而，为什么是反对真理的人死光了而不是支持真理的人死光了呢？尤其重要的是，这里所谓反对"真理"的人，不是指那些为了保住权威、利益、权力而争的人。他们也是为了真理而争。我们必须重新把这话理解为：一种真理畅行于世了，**另一种真理，随着一个时代的消亡被遗忘了**。"笛卡尔主义者相信……科学绝不能把无法理解的事实当作自己的基础。然而，牛顿的科学却正是用无法理解的吸引力和排斥力而取得节节胜利的，而且是那样成功！但胜利者不仅造就了历史，他们还书写了历史。对于那些已征服之物，他们少有仁慈之心。"[1]

第六节　数学取向

科学营造自己的概念。这不完全是一个摸着石头过河的过程。营造是在一种总体规划下进行的。科学史家逐一追溯近代物理学

---

[1]　亚历山大·柯瓦雷：《牛顿研究》，张卜天译，商务印书馆，2016年，第83页。

中每一个新概念的专利权,这些概念最后在牛顿体系中配置成为一个整体,但牛顿之所以能够具有这么伟大的综合力量,是由于伽利略、开普勒、笛卡尔以及其他很多科学家已经在原则上选择了一个共同的方向。这个方向就是**科学的数学化**。

伽利略从日常语汇中取用了力、阻力、运动、速度、加速度等等,为它们提供了新的定义。伯特这样描述伽利略的定义方法:他"赋予它们以精确的数学意义,也就是致力以这样一种方式来定义它们,以便于它们能够在数学家们已经熟悉的线、角、曲线、图形等定义的旁边取得其地位。"[①] 笛卡尔把自然的本质规定为由长宽厚组成的广袤,他已经从最根本的存在论上把世界的本质规定为必须由数学通达的东西了。

为了进行定量研究,首先必须对世界进行**测量**。迪昂在说到偏好模式的科学家时说,他们不去单独考虑和研究所涉的概念,而是利用这些概念的最简单的性质,以便用数来表示它们。[②] 柯瓦雷在《牛顿研究》中详细分析了牛顿的三棱镜实验,指出这一工作的一个典型特点是"进行测量",并说明何以数学化使得牛顿具有格外的说服力。[③]

物理学要求其概念尽可能是可操作的,而可操作无非是说,我们能找到某种办法用测量值来定义这一概念,这种测量至少应该在原则上是可能的。我们的自然概念不是为测量而设的,例如日常的

---

① 爱德文·阿瑟·伯特:《近代物理科学的形而上学基础》,徐向东译,北京大学出版社,2003 年,第 70 页。

② 皮埃尔·迪昂:《物理学理论的目的和结构》,李醒民译,商务印书馆,2011 年,第 77 页。

③ 亚历山大·柯瓦雷:《牛顿研究》,张卜天译,商务印书馆,2016 年,第 55 页。

自私概念在物理学意义上是不可操作的。不妨说，自然概念本来是些定性的概念。科学面临的一个基本任务就是把这些自然概念转变成可测量的概念。迪昂曾概括物理学理论的四个操作特征。其中第一个是，物理学概念要求它能够令物理性质的每一个状态都和一个符号相应，因此，这个概念标识某种维度（dimension）。[①] 新物理学逐步把它所借用的自然概念转化为量度的维度。为建构理论而新创的概念，例如质量，则一上来就是维度概念。"近代科学的历史就是逐步……把关于光、声、力、化学过程以及其他概念的模糊思想转变为数量关系的历史。"[②] 到今天，离开了数学就无法正确陈述物理学的定律。"物理定律的正确陈述涉及一些很陌生的概念，而描述这些概念要用高等数学。"[③]

　　数量化当然不仅是把模糊转变成为清晰，伽利略的加速度概念的主要功能不是把我们平常所说的越来越快、越来越慢变成确切的快多少、慢多少，它把这个日常的描述说法转变为某种近似于动力学的概念；更重要的是，通过加速度概念，**不同类型的现象获得了齐一性**，例如，加速和减速由同一个公式来表达，又例如，圆周运动和直线运动之间的区别被消除了，它们之间的区别只在于角动量的数值不同。[④] 从而，曲线运动和直线运动就服从于同样的公式，

①　皮埃尔·迪昂：《物理学理论的目的和结构》，李醒民译，商务印书馆，2011年，第24页。

②　M. 克莱因：《西方文化中的数学》，张祖贵译，复旦大学出版社，2004年，第186页。

③　理查德·费曼：《费曼讲物理入门》，秦克诚译，湖南科学技术出版社，2004年，第2页。

④　亚里士多德在《论天》里也曾把所有运动分成直线和圆周及两者的混合（268b20-21），不过，亚里士多德的这种提法是定性的，不是定量的。

成为可直接比较的。相反，自然语言中的概念必须安排在互相不能比较的多个客观性平面（planes of objectivity）上。[①]

　　事物、属性、现象等等的可测量度不等。本体是不可测量的，性质是多多少少可测量的；长宽高是最适合测量的。通过种种技巧，我们能够测量重量、时间、温度、压力、动量。郁闷、偏好、音色、神性、幸福，这些是不可测量或无法精确测量的。但若要对它们进行科学研究，我们就必须想方设法把它们转变为可测量的概念。在物理学里，正如普朗克所称，物理学家必须测量一切可测量的事物，并且使一切不可测量的事物成为可测量的。而在物理学范式的强大作用力下，我们为了进入科学的圣殿，无论研究什么，迈出的第一步就是测量。我们用体液的涨落来确定爱情的强度，我们用一系列指标来确定某一国家人民是否幸福，GDP 或 GNP 等等都是这种努力的一部分。我们要求每一个概念都必须具有测量标准，我们用论文的篇数、字数、引用率以及很多更为复杂的指标来确定一个思想家是否优秀。

　　那些可以精确测量的概念成为最重要的概念，那些不可以精确测量的概念成为依附的概念，我们用前者来定义后者、解释后者。于是我们就不难理解为什么事物的性质取代事物本身占据了视野，为什么事物被理解为性质的总和。而各种性质又被区别为第一物性和第二物性，像伽利略所做的那样，所谓第一物性恰恰就是那些可测量的性质。我们也就不难理解为什么笛卡尔把广延视作物质世界最基本的属性。它们最适合测量，这一特点使它们成为最终的

---

① 参见戈革：《史情室文萃》，中国工人出版社，1999 年，第 41 页。

解释者。长宽厚是本质的东西，爱与恨是些副现象。

　　然而，挑选那些表示维度并因而可以测量的概念只是科学概念数学化的一个方面。另一个更加微妙也更加重要的方面是，通过把所使用的概念定义为数学表达式，作者就免除了该概念的自然含义的约束。牛顿在《原理》的定义 8 的解说中说明，吸引、推斥、（趋向于中心的）倾向这些词，"我在使用时不加区分，因为我对这些力不从物理上而只从数学上加以考虑；所以，读者不要望文生义，以为我要划分作用的种类和方式，说明其物理原因或理由，或者当我说到吸引力中心或者谈到吸引力的时候，以为我要在真实和物理的意义上把力归因于某个中心（它只不过是数学点而已）。"[①]

　　实际上，牛顿一向用词谨慎。他当然知道这些语词在实际用法中有不同意义，并且在选词时颇费斟酌，例如他一方面把向心力说成是引力，另一方面又声明"虽然从物理学严格性上说它们也许应更准确地被称作推斥作用"。[②]把所涉的力称作推力（impulse）、引力（vis attractive）、拖曳力（vis tractoria）、重力（gravity）、活力（visviva）还是物体的某种固有的倾向，体现了作者对世界的不同看法，对物理世界的不同理解。牛顿在这里所谈论的究竟是推力、引力、拖曳力还是物体的某种固有的倾向或努力（conatu），它们是同一种力还是几种不同的力，关于这些问题，在牛顿之前、同时、之后一直存在剧烈的争论。牛顿自己也一直在苦苦思索这些问题。他最后决定暂时不再纠缠于这些概念的异同，干脆把它们视作一种数

---

　　① 　伊萨克·牛顿：《自然哲学之数学原理/宇宙体系》，王克迪译，武汉出版社，1992 年，第 6 页。

　　② 　同上书，第 171 页。

学表述。它们也许是不同的物理力，但它们在数量上是恒等的，所以从数学上考虑，它们都是一回事。他说明，他使用"引力"这个词来讨论向心力，因为"这些命题只被看作是纯数学的，所以，我把物理考虑置于一旁，用所熟悉的表达方式，使我要说的更易于为数学读者理解"。[①]

牛顿在这里专门谈到熟悉数学的读者。但我们大多数人不熟悉数学。自然语言在对我们说话的时候，我们实际上确实"望文生义"。很多科普书都会在"序言"里声明：本书中一个数学公式都没有，或者声明：我将尽量少用数学公式。这无非是表明，只有去掉数学公式普通人才能读懂。然而去掉数学公式之后，就产生了牛顿在这里所说的望文生义，很多科学概念就成了漫画。"求助于直觉或使用通常语言去解释新的以数学为基础的概念或预言……经常是十分有用的……但却不总是正确的，而且有时会严重地误导。物理学普及读物中充满了让读者以为他们已经理解了的伪解释。"[②] 我们有黑洞、空间弯曲、超弦这些概念，电视科普节目上说到超弦，还特别闪出一个大提琴手演奏的镜头。然而，只要稍稍读一点物理学，我们就会明白，这些概念都是数学概念，例如，超弦概念所依赖的超对称并不是直观的对称图形，超对称说的是"如果考虑到量子的自旋，诸自然定律就不多不少只还有一种对称在数学上是可能的"。[③] 数学不是达到这些概念或解释这些概念的辅助方法，而是**这**

<hr>

① 伊萨克·牛顿：《自然哲学之数学原理/宇宙体系》，王克迪译，武汉出版社，1992年，第171页。

② 罗杰·G.牛顿：《何为科学真理》，上海科技教育出版社，2001年，第73页。

③ 布赖恩·格林：《宇宙的琴弦》，年代图书出版社，2003年，第173页。

些概念的核心内容。除非你通过数学方程来掌握空间弯曲或超弦，否则你就不可能正当地用这些概念来进行思考，你就不可能通过这些概念进行正当的推理。

尽管关于牛顿的用词以及他的真实想法，在牛顿之后又有很长时间的讨论和争论，但渐渐地，这类讨论平息下来了。所争论的问题在数学上并无歧义，这就够了。但我们不能因此认为，牛顿、惠更斯、莱布尼茨这些人都热衷于字词之争。变化的是时代观念，在一个以数学解决为答案的物理学中，关于引力抑或是推力的争论变成了字词之争。

我们刚才说到，和自然语言中的概念相比，科学概念较少偶然性。但毕竟，科学概念是在这个时代或那个时代形成的，是这个科学家或那个科学家定义的，我们无法保证科学语言具有唯一性。然而，数学化消除了科学概念最后残余的偶然性。因为这些概念的最终有效性不在于它们具有何种理解的内容，而在于它们能够在数学上互相换算。

这种做法却留下了一个问题，那就是牛顿不得不放弃"真实的物理的意义"。尽管在用数学原理取代形而上学原理这个巨大转折中牛顿起到了关键作用，但他仍不得不承认"数学的"和"物理的"两者之间的区分。即使今天，人们普遍接受了数学物理，这一区分仍隐隐对物理学的实在性提出质问。

第六章　数学化

　　科学家和科学史家大都把数学化视作近代科学的主导因素。丹齐克一部名著的书名即谓"数——科学的语言"。[①]一个世纪之前，迪昂在《物理学理论的结构》一篇，开篇即明称"理论物理学是数学物理学"。[②]他接着说，到今天，健全心智几乎不可能再否认物理学理论应该用数学语言来表达。近代早期，尚有培根、波义耳等少数论者持不同看法，但不同看法逐渐消散。因为，如克莱因所称，到十八世纪，"自然科学的分支整个地转变成基本上是数学性的学科了。科学也越来越多地使用数学术语、结论和程序，如抽象、推理等，这些被看作是科学的数学化"。[③]同样的说法也是科学家挂在嘴边的。这里只引一句霍金："一个物理理论即是一个数学模型。"[④]我们还可以继续引用，以致无穷。实际上差不多没有哪位物理学家

---

　　① T. 丹齐克：《数——科学的语言》，苏仲湘译，上海教育出版社，2002 年。

　　② 皮埃尔·迪昂：《物理学理论的目的和结构》，李醒民译，商务印书馆，2011 年，第 133 页。

　　③ M. 克莱因：《西方文化中的数学》，张祖贵译，复旦大学出版社，2004 年，第 243 页。

　　④ 转引自网上斯坦利·L. 姚基（Stanly L. Jaki）：《物理学向哥德尔的迟来醒悟》（*A Late Awakeing to Gödel in Physics*），2004 年，http://www.sljaki.com/texts/2004-09-a-late-a.wakening.pdf。

或科学史家不认为数学化是近代科学的主要特征。明末清初西方科学渐入东土之际，有识之士也慧眼明见数学的枢机作用，徐光启是中国人最早领悟并介绍西洋科学的前贤，大概也是他最早认识到西方科学的精髓或基础在于"度数之学"，四库全书总目也说："西洋之学，以测量步算为第一"。①

要了解科学的性质，我们就不能不对科学的数学本性做一番考察。

科学是在希腊-欧洲传统中发展起来的，应能设想，数学在源自希腊的西方思想-文化传统中具有特殊地位。克莱因在《西方文化中的数学》一书的前言里开篇即说："在西方文明中，数学一直是一种主要的文化力量"。②就古代数学的发展来说，我们不会否认巴比伦人、埃及人、印度人、阿拉伯人、中国人的贡献，不过，我们这里谈论的主要不是数学学科的发展，而是数学在观念整体中的位置。古希腊的智慧取了一种特殊的形态，我们称之为哲学。希腊人的哲学兴趣和古希腊人对数学的偏爱显然密切关联。众所周知，柏拉图把算术和几何视作培养哲学家的最初两门预备课程，照柏拉图的说法，"数的性质似乎能导向对真理的理解。……学习几何能把灵魂引向真理，能使哲学家的心灵转向上方"。③据记载，柏拉图学园的入口处写着：不懂几何学者不得入内。

---

① 转引自马祖毅：《中国翻译史》（上卷），湖北教育出版社，1999年，第474页。

② M. 克莱因：《西方文化中的数学》，张祖贵译，复旦大学出版社，2004年，前言第6页。

③ 柏拉图：《国家篇》，525b、527b。这里采用的是王晓朝的译文，见《柏拉图全集》（第二卷），王晓朝译，人民出版社，2003年，第525、527页。

　　到中世纪后期和近代早期，欧洲复兴了哲学-科学的热衷，这个时期对数学的重视越发显眼。中世纪晚期，柏拉图主义在一些智者那里获得重要影响。库萨的尼古拉宣称，数是事物在造物主心中的第一模型。不过，他仍然认为不可能用数学方式去把握自然。而罗吉尔·培根则相信大自然是用几何语言写成的。达·芬奇称说："欣赏我的作品的人，没有一个不是数学家。"哥白尼革命的一个主要动力是新柏拉图主义的信念：他的体系将揭示上帝创世的和谐对称的设计。罗吉尔·培根的话经伽利略重述而家喻户晓："大自然这部书是用数学文字写成的"。在科学的数学化进程中，伽利略是转折点上的人物，因为他远不止于再次表达了新兴科学家的一个基本思想，而是开始实现这一思想。开普勒宣称世界的实在性是由其数学关系构成的。笛卡尔明言他最热爱数学，他记述了他1619年11月10日的那个著名的梦，在梦中他得到真理的启示，从此要把整个物理学还原为几何体系。"给我运动和广延，我将构造出宇宙。"笛卡尔把物质世界还原为由长宽高三维构成的广延，这是因为广延可以充分量化。物体的运动归根到底是力的机械作用，真实的世界是一个可以用数学表达出来的在时空中运动的整体。整个宇宙是一架庞大的、和谐的、用数学设计而成的机器。

　　近代科学首先在天文学和天体力学领域发展起来，这一事实与天文现象、天体运动适合数学处理关系极大。我们身边的事物极为繁杂，即使一片落叶，也受到无数因素的干扰，而相比之下天体的运动就"纯粹"多了，天体的实际轨道和理想的几何图形之间极少差异，因此最适合用数学来处理。正是数学在天文学中的成功运用鼓励牛顿把数学扩展到一切物体的运动上来。最后，达朗贝尔等人主张把力学视作数学的一个分支。

第一节　数与实在

数对我们来说是数字、用来进行数学推论的单位，但"数"另有一重含义，我们今天仍然能从命数、天数、气数、劫数这类词中体会得到。这里，数和命运，和某种超乎人们感知、掌控的客观者联系在一起："天高地迥，觉宇宙之无穷，兴尽悲来，识盈虚之有数"。命运等意义不是附加到数这个概念上的，数的原始观念包含命运、神秘的规律之类。

在中国，数的观念是从筮占发展出来的。用龟甲牛骨之类占卜和筮占都是前理知时代的活动，两者是同时发展起来的抑或占卜在先筮法在后，学界尚有争论，但公认，到周朝以后，筮占越来越流行。从本书的论题看，龟卜和筮占最重要的区别在于前者是象征，后者是推衍。龟象自然成纹，个个有别，龟卜无须推衍，只凭直观，而卦象则是一些类别，分成八类或六十四类或某些类，筮占是通过推衍来进行的。此所谓"龟，象也，筮，数也"。[①] 李零解释说："'象'是形于外者，指表象或象征；'数'是涵于内者，指数理关系或逻辑关系。"[②] 所谓"易"，就是筮数的体系，所以孔子说周易"达于数"。

数的观念体现了本体世界和现象世界的分离。数是涵于内者。在感应世界里，原无内外之别，现象／事物的交互作用，就发生在我们眼前。到理知时代，世界的规律作为数，隐藏到现象的背后去

---

① 《左传·僖公十五年》。

② 李零：《中国方术考》，第二版，东方出版社，2001年，第35页。

了。数不是我们为了方便从现象中归纳、概括出来的，数遵循着自己的规律循环替代。数这个观念和后世所说的自然规律十分接近。就数的运行决定现象世界而言，应当说，**数世界才是实在**，现象则是数运的展现，它既在空间中展现也在时间、历史中展现。数运不会因为现象而改变什么，尽管我们可以因为发现新的现象而修正从前我们对数运的断论，也就是说，从认识的角度看，现象是天数的消息；但从本体论上来说，现象只是副现象。本体世界是现象世界的原因。原因、原理，是更加真实的东西。在日常认识中，原因和结果是本体论上同一层次上的东西，或者都是现象，或者都是事物，**在理论认识中，原因是本质，结果是现象**。这是原因的理论意义：原理意义上的原因。

通过数的观念，世界不再被理解为现象／事物间的感应，而是被理解为实在世界的自行运转以及现象／事物随之运转。数标志着隐秘的、不可见的世界的结构和运行。互相发生感应的现象是在同一平面上的，与此不同，原理是隐藏在现象背后的，需要被揭示、被发现。隐藏在现象背后的才是世界的真相。由于现象和实在的分离，世界被给予一种**深度**。**理论旨在发现潜藏在事物内部的原理或形式**，从而具有"理论深度"。本体世界和现象世界的分离对理论建构具有最基本的意义，可说是理论的标志。例如，阴阳五行之成为一种理论，数（命运与循环）是其核心观念。

的确，感性的物质世界竟然体现着数字的抽象关系，这个发现令人惊异。毕达哥拉斯学派发现，发出和谐音的琴上，每根弦的长度必成整数比。这是一个著名的例子。乐音这样远离逻辑抽象而充满感性的现象竟然是由数决定的，这让远隔重洋的中国人同样感到惊异："试调琴瑟而错之……五音比而自鸣，非有神，其数然也"。① 天文学是最早系统运用数学的领域，其实，就数之为数运而言，它一开始就和天空有格外紧密的联系。希帕恰斯通过他的均轮、本轮模型，对"七大行星"的运行做出了相当准确的描述，使得对月食的预测精确到了一两个小时之内。不难类推，在其他形形色色的现象背后也同样有数运。今天的科学家们仍然为同类的事情惊诧不已。不同植物的花朵数目有的是 3，有的是 5，或者是 8、13、21、34……这不是一串杂乱无章的数字，其中每一个数字都是前面两个数字之和。大自然怎么会用这样意想不到的数学游戏来安排花朵呢？"数学模型或公式突然之间就把那些它们从未打算介入的领域……梳理得井井有条，这种经验是十分令人难忘的，而且极易使人相信数学的神奇能力……在科学的童年时代，对上述神奇的自然本性所做的草率结论，并不会使我们感到惊奇。"②

　本体世界是不可能被直接看到、直接经验到的，我们只能通过推论、论证通达它，通过理智的力量通达它。前面曾说到，理论工作和侦探工作颇为相似。不过，两者有一个根本的区别。侦探推论出来的物事，有可能后来被发现了，成了能够直接看到的东西。**理论所对待的原理，却是原则上不可能被直接看到、被直接经验到的。**阴阳之为事物背后的元素或动力，永远隐藏在事物背后，我们只能或通过神秘的直觉或通过理智的力量通达它。这一点前人曾从其他角度谈论过无数次了。并且，正是这一点让理论家们赋予理智以

---

① 董仲舒：《春秋繁露·同类相动》。

② 埃尔温·薛定谔：《自然与古希腊》，颜锋译，上海科学技术出版社，2002年，第 38—39 页。

一种更高的地位，因为**理智才能通达世界的实在**。如果把肉眼所见称作具象，那么，理性所把握的就是抽象的东西。文德尔班说，

> 自然研究的出发点尽管也是很富于直观性的，它的认识目的却是理论，归根到底是一些关于运动规律的数学公式；它以严格的柏拉图方式把有生有灭的个别事物当作空虚无实的假象抛开，力求认识合乎规律的、无始无终的、长住不变的、支配一切现象的必然性。它从有声有色的感性世界中布置出一个秩序井然的概念体系，要求在其中把握真正的、藏在各种现象背后的万物的本质……这是思维对感觉的胜利。[①]

第二节　数运与数学

上引文德尔班的这段话，评论的是近代科学。但"只要认识目的是理论"一语其实已经提示，凡是理论，都落到他的评论之中。无论是阴阳五行还是现代物理学，都是用数这类抽象元素之间的关系来统领各个不同领域中的事物与现象。不过，数运里的数观念不尽等同于数学里的数观念。数运观念中包含了大量的感应成分，数运理论中的数充满了象征，即数与现象的直接联系，现象与数的一一对应。这是原始的数观念的一个特点。由于数与其他现象之间的象征关系，数运看上去往往像是纷繁现象中的一组现象，数运

---

① 文德尔班：《历史与自然科学》，载于洪谦主编，《西方现代资产阶级哲学论著选辑》，商务印书馆，1964年，第60页。

之学看起来更像是逻辑和现象概括的混合。而数学中的数却洗净了象征意义，把数完全从现象世界中解放出来。

邹衍和董仲舒对数学并未做出任何贡献，毕达哥拉斯学派则不同，他们是一些真正的数学家，发现了包括勾股弦定理在内的很多几何、数学关系，不妨说数论研究就是毕达哥拉斯学派开始的。但即使在毕达哥拉斯那里，对数的兴趣也不是单纯的数学兴趣，在他们那里，对数字本质的理解是和对神、对世界上各种其他现象的理解交织在一起的，甚至有论者称他们的数学思辨"都是从宗教的灵感中引申出来的"[1]。"1"代表理性，因为理性是一整体。"4"是正义，[2] 它是第一个偶数（even number，"平等的数"）的自乘，而正义包含着互相酬报。[3] "7"是智慧之神密纳发，因为在十个个位数中，只有"7"既不为它所包含的数所产生，也不产生其中任何一个数。"10"是一个完美的数，"10"包含了相同数目的质数和合数，是前四个正整数之和，因此可以图示为神圣三角。在这种种提法中，我们看到数学之数和现象的混杂，实际上，"数是万物的本源"这一毕达哥拉斯原则的主要论据就在于万物与数相似。

---

[1]　莱昂·罗斑：《希腊思想和科学精神的起源》，陈修斋译，段德智修订，广西师范大学出版社，2003 年，第 61 页。

[2]　"4"或正方形代表正义这一观念通过 square 这样的语词保留到现在。

[3]　"4"和正义不是单纯现象相似意义上的相似；"4"是两个平等的数的乘积，自乘和互相酬报在概念上亲缘。总的说来，在毕达哥拉斯学派那里，数与现象的对应更多是结构性上的对应。张祥龙在《数学与形而上学的起源》一文中多次强调了这一点：毕达哥拉斯借以论证万物与数相似的"最根本的理由是结构性的"，"在西方传统形而上学的主流唯理论的开端这里，〔也〕有一种结构推演的精神在发挥关键性作用"。张祥龙：《数学与形而上学的起源》，载于《云南大学学报》，2002 年第二期。这一点判定了，从理论形态上说，毕达哥拉斯理论比五行理论要成熟得多。

　　数运是事物的高度概括。数运之为概括，依赖于现象的相似或同构，五行概括了五官、五音、五色。这种对应的同构自有经验的基础。正义和平等者相乘似乎有某种联系，乐音和弦长更是有明确的关系。所以古人说"同类相从，同声相应，固天之理也"。[①]然而，真正的数学和科学所要求的却不是这种现象上的相似，也不是数的结构和现象的直接对应。花朵的数目是 3、5、8、13、21、34……，这个奇异的序列是需要解释的，后来也的确连同生物学中的另一些同类奇异现象得到了解释，那是研究生物系统的复杂性的成果，而不是我们找到了哪种基因结构和这个斐波那契级数直接对应。自然也许是简单的，但"自然的那些简单性并不直接呈现在我们面前，而是以其独特的、难以捉摸的方式表现出来"。[②]对于我们的感性来说，看上去相同就是相同，看上去不同就是不同。鸽子、蝙蝠、蚊子的翅膀看上去是一类东西，我们就把它们归为一类东西。借助数学之类的推理，我们才穿透现象的拦截，达乎结构性的知识。

　　洗去了现象象征，数才变成纯粹的数，数学之数。数字不象征什么别的东西，无涉乎数以外的东西。数字本身没有内涵，每一个数的"意义"都由其他的数来界定，数字之间的关系是纯粹外部的关系。如此获得自主的数学是"科学的"数学。科学的数学不受现象的束缚，从而获得自治，可以安然地按照逻辑来发展。正多面体正好有五种，但这不是从五行推衍出来的，而是在数学内部加以证明的。

---

①　《庄子·渔父》。

②　伊恩·斯图尔特：《自然之数》，潘涛译，上海科学技术出版社，1996 年，第 98 页。

今天我们说到的数学，是洗去了象征的、纯粹的数之间的演算。从一个算式通往另一个算式是证明，或曰严格的演绎证明（demonstration），而不可借助任何其他东西如象征、想象。证明方法在希腊最为发达，欧几里得几何学是最突出的成就，即使在今天，用《几何原本》来做初级教育的教科书也无大碍。像希腊思想的其他因素一样，数学对希腊人也是舶来品，来自巴比伦、埃及，但是，像其他舶来品一样，数学到了希腊，改变了自己的面貌。"从一开始，希腊数学同埃及、巴比伦的数学就有区别；……希腊几何学所追求的目标是抽象的几何知识、规范的推理和证明方法。"[①]与之对照，如史蒂芬·巴克尔所言，"作为东方数学中的一种典型做法，巴比伦人、印度人和阿拉伯人并不怎么关心给出有关的证明来，更不必说把他们关于数的知识组织成公理化形式的系统了。"[②]数学史家斯科特表达了相同的看法："在整个东方数学中，任何地方都找不到丝毫的证据可以看出有我们所称之为证明的那种东西。"[③]斯科特接着引用塞奇威克（Sedgwick）和泰勒（Tylor）说，印度数学家对我们所说的数学方法是没有什么兴趣的。[④]斯科特所说的东方主要是指印度，但也包括中国：在同一章的最后他也说到，"在中国人手里，也像在印度人手里一样，数学这门学科并不是那么抽象

---

① 戴维·林德伯格：《西方科学的起源》，王珺等译，中国对外翻译出版公司，2001年，第91页。

② 史蒂芬·巴克尔：《数学哲学》，韩光焘译，肖阳校，生活·读书·新知三联书店，1989年，第114页。

③ J. F. 斯科特：《数学史》，侯德润、张兰译，广西师范大学出版社，2002年，第69页。

④ 同上书，第84页。

的"。研究中国古代史的许倬云也说："中国的数学发展就好像是为了做实际的四则杂题一样发展来的，并不是为了抽象的思考而发展的。"[1] 他还说到十部算经里大约有三千道题目，"没有所谓推演、定理或公理……当时训练数学家的方式不管抽象思考，只管计算，通过这些训练的学生就成为算学博士，但算学博士的地位在所有官吏里最低，待遇也最差。筹算之士不能进入知识分子的阶层，不过与医师技工一般"。[2]

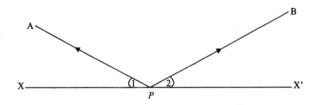

获得这种自主性的数学成为一种自主的语言。语言和现实不是两种事物，可以类比：相似、相同、不同。语言是现实的一种呈现方式。对于自主的数学来说，自然现象不再通过类推的方式和数发生联系。欧几里得发现，光线在镜面上发生反射的时候，反射角等于入射角。这和一条几何定理相应：在一条直线 XX′ 同一边的任意两个点 A 和 B，经过该直线上的一点 P 相连，当 ∠APX＝∠BPX′，连线 APB 最短。

在这里，欧几里得并非发现有一种光学现象和一种几何现象相

　　① 许倬云：《中国文化与世界文化》，贵州人民出版社，1991 年，第 82 页。
　　② 同上书，第 85 页。印度古代的数学我一无所知。而就我所知，中国古代数学如《九章算术》及刘徽注中都包含有抽象证明。但若以《几何原本》来衡量，仍可认为以上史家的断论大致成立。

同，而是在表明，光的反射本来就是一种几何现象，或更确切说，几何语言才能更准确地更有效地描述光的反射，从而使我们能够对光线的静态关系进行更深入的研究。

在欧几里得的论证中，现象和数理之间的相应获得了我们现在所习惯的科学形式，一种完全无涉感应的形式。同时，它也不是对已知现象的事后追加的概括，而是服从于自主原则的理智活动。作为一种语言的数字既不是与其他事物平级的一种特殊事物，也不是现实事物的概括。语言的产生包含概括过程，但语言不是用来概括的。几何定理并不是光学定理的更高层次上的概括，而是，几何语言使得光线的关系能够用几何语言来描述和研究。

科学采用数学语言以构建科学理论。科学是理论，但理论并不都是科学理论。数把阴阳五行造就为理论，但没有把阴阳五行造就为科学。我拿阴阳五行理论和近代物理理论对照，拿数运和数学对照，绝不是说阴阳五行是一种科学。科学理论能够预言彗星的到来，能够探知化石中埋藏的远古世界，这和五行理论通过数运概括以鉴往知来不是一类。这种鉴往知来直是"谬言数有神理，能知来藏往，靡所不效"，多半是些"妖妄之言"（徐光启语）。李约瑟把邹衍视作中国古代科学思想第一人，是弄混了理论与科学。

尽管数运之数和数学之数有重大的区别，但数，无论被理解为数运还是理解为纯粹数学，对理论建构都具有基本的意义。数运在阴阳五行理论中的作用，与数学在近代物理理论中的作用颇多相类之处。今天人们所说的自然规律，差不多就是古人所说的数，而且它们最终将只能用数学加以表述。

一个数学化的物理世界将是一个没有时间性的世界，这一点也已经埋藏在数的观念里面。数的脱时间性人所周知，这一点也使人们把数学真理说成是永恒真理。上面说数既在空间中展现也在时间中展现。但对时间的深入考察将表明，按照实在／现象的两分框架，实在是没有时间性的。把现象理解为副现象，将导致把时间本身理解为幻象。伯特在讨论惠更斯提出的做功概念时指出了这一点："原因和后果对科学来说就是运动，原因在数学上等价于后果。"[①]

从科学的发展来看，洗脱数的感性性质是极大的进步。然而，这一过程同时就剪断了数字和我们对其他事物的感受之间的联系，剪断了数和自然理解之间的联系，数不再具有概念内容，不再是编织在其他概念之中的一些自然概念，我们不再从数字的概念内容来把握它们，它们是一些完全依赖于互相之间的比例关系得到定义的符号，组成了一个完全独立的自治领。

第三节　科学的数学化

毕达哥拉斯第一个提出"数是万物的原理"。的确，从科学史角度来看，毕达哥拉斯学派占有突出地位，数是原因、原理，数决定功能，这套见识可以引导我们去把不同结构（不同原理）之间的联系加以形式化，从而可能产生通向"统一科学"的努力。不过，除了在声学领域，毕达哥拉斯学派在解释自然时对数的应用不是科

---

① 爱德文·阿瑟伯特：《近代物理科学的形而上学基础》，徐向东译，北京大学出版社，2003 年，第 77 页。

学的，而是思辨的或神秘的。在那里，数是有概念内涵的，每个数都独立地具有意义，而在此后的漫长的思想历程之中，人们逐渐学会了从完全的外在性来把握数字，形成了科学的数学语言。

柏拉图深受毕达哥拉斯学派影响，禀有数学取向。然而，对柏拉图来说，数学是入门的功课，是哲学的准备。

亚里士多德在他的物理学里也提供了对运动进行数学分析的一些线索，但他总体上否认数学对理解自然现象的作用。适合于数学分析的是位移，但位移不过是诸种变化中最简单的一种，其他变化，例如植物的生长，则很难用数学来加以描述。亚里士多德的《物理学》讨论能量、运动和静止，讨论什么是时间，但除了涉及一些相当直观的比例，可说一个数学公式都没有。读《物理学》跟读他的别的哲学书是一样的。亚里士多德并不是忘了在物理学中使用数学知识，他明确主张物理学不能用数学来研究，其理由是，物理学是用来研究经验世界的，而数学却是脱离了经验的抽象。反对在物理学中运用数学，会让现代人觉得惊奇，习惯于近代物理学的读者会想，离开了数学的物理学都是"空口白说"。但我要提醒说，亚里士多德的《物理学》是部哲学著作，原本就更该译作《自然哲学》，它不是要建立一个描述物理世界的形式系统，而是要通过考察我们平常对自然现象的描述和看法，更系统更深入地理解自然，理解自然现象之所以如此的所以然，数学在这里的确没有用武之地。

阿基米德的杠杆原理、欧几里得的光学、托勒密的数理天文学等等是些真正的异数，今天回顾，他们的确是实证科学的先驱，然而，他们不是希腊 episteme 的代表。天文学、光学、声学、静力学在希腊化时期以及后来在中世纪逐渐形成了近代数学化科学的雏形，但它们当时完全不曾对哲学思辨的统治地位构成挑战。

数学和自然哲学的关系到近代发生了根本的转折，若说在柏拉图那里，数学曾经是研习哲学的准备，那么对伽利略来说，数学是用来取代哲学的，如果哲学还值得研习，那它倒是为用科学方法研究现实做些准备。

近代物理学从根本上是对自然的数学化认识。把注重数学和注重实验作为近代科学的两个并列的特点反而会使近代科学的本质变得模糊不清。科学史家经常提醒我们，古代科学家、中世纪的炼金术士对实验手段都不陌生。另一方面，近代科学发展初期的科学家多半是学者型的理论家，他们主要从事原理探索，从表面看，他们和传统的哲学家非常相似。伽利略本人就说过他很少做实验，他做实验的主要目的是为了反驳那些不相信数学的人。人们一开始引入近代实验方法，在很大程度上不是为了验证新科学的理论，而是为了反对经院哲学的成说，反对宗教-哲学理论。大多数实验是由工匠、技师做的，"他们没有找出更深的内容和规律性的东西，只是获得了一些普遍的、实用性的知识。而且，直到十七世纪中叶，所做的实验都不是判决性的"。[①] 实验的地位受到广泛质疑，理论家们不仅不大信任实验方法，有时甚至认为实验方法是反科学的。夏平在《利维坦与空气泵》(*Leviathan and the Air-Pump*)一书中介绍了霍布斯和波义耳的争论。霍布斯对波义耳的真空实验做了猛烈抨击。在霍布斯看来，只有合理的推理是重要的，波义耳依赖的不是合理的思考，而是精心构造的工具和皇家学会会员的见证，这

----

① M. 克莱因：《西方文化中的数学》，张祖贵译，复旦大学出版社，2004年，第107页。

样的工作不是哲学，其方法不仅是错误的，而且是危险的。可以说，在近代科学早期，新科学的原理探索和实验工作并不总是携手并进的，两者之间经常发生方法论上的争论。直到较后，学者和实验家才联合起来，甚至合二为一，共同反对经院哲学，共同建构新型的科学理论。

数学化不仅是近代科学诸特征中最突出的特征，数学化从本质上规定着近代科学。温伯格曾讨论米利都学派和原子论的自然哲学，对后者赞赏有加，接着却口风一转：不论米利都人"错了"，还是原子论者在某种意义上"对了"，都无关紧要，在希腊"科学"中，"没有一点儿东西像我们今天对一个成功的科学解释的理解：对现象必须有定量的认识"。温伯格接着说，他在给文科学生讲物理的时候，觉得最重要的是让学生学会计算阴极射线的偏转和油滴的下落，这倒不是说任何人都需要学会计算这些东西，"而是因为他们能在计算的过程中体会物理学原理的真实意义"。[①]

克莱因总结说："近代科学成功的秘密就在于在科学活动中选择了一个新的目标。这个由伽利略提出的并为他的后继者们继续追求的新目标就是寻求对科学现象进行独立于任何物理解释的定量的描述。"[②] 笛卡尔是一个最典型的实例。他把整个自然还原为长宽高三维以及位移运动，就是说，还原为可以进行定量研究的对象。近代科学标志着我们对自然采取了一种新的态度，这种态度就是外在的态度或曰数学的态度。海德格尔用他特有的句式说道："近代

① S. 温伯格：《终极理论之梦》，李泳译，湖南科学技术出版社，2003年，第5页。

② M. 克莱因：《西方文化中的数学》，张祖贵译，复旦大学出版社，2004年，第184页。

科学的基本特征是数学性的东西，这倒不是在说，近代科学是用数学进行工作的；这倒是要在某种意义上表明，狭义的数学只有根据近代科学才得以发生作用。"[①]

讲到这里，我们可能会想到柏拉图的《蒂迈欧篇》，他在那里把基本元素设想为几种正多面体，即一些纯粹的几何形态。的确，和亚里士多德相比，柏拉图的数学倾向非常突出。在西方思想传统内部，人们一直看到两种对立的取向，一是毕达哥拉斯-柏拉图传统，他们重数、数学、形式，一是亚里士多德传统，重经验、生物学、有机生长。尽管如此，我们仍不难看到柏拉图和笛卡尔的巨大差别。首先，柏拉图的正多面体元素尽管体现了把自然数学化的趋向，但它是一种思辨，而不是拉卡托斯意义上的研究纲领。其次，在希腊（以及在中世纪），主宰数学王国的是几何，代数始终处于附庸的地位。几何形态，如三角形、圆、立方体等，是具有质的。这一点亚里士多德曾格外予以强调。而笛卡尔把质从几何学中消除了。笛卡尔创建了解析几何，使代数成为数学王国的君王。通过解析几何的技巧，很多原本被认定为不同性质的线和图形被归约为可以换算的代数公式，从而，"以前一向为几何学家所避免的许多曲线就有了和比较常见的曲线相同的地位了。"[②] 在笛卡尔的几何学中，在对几何的这种新的理解中，几何学本身也不再依赖于形象，图形只是数学公式的外部表现而已。数学在欧几里得那里脱离了感应，在笛卡尔这里脱离了感性。

---

① 海德格尔：《近代科学、形而上学和数学》，孙周兴译，载于《海德格尔选集》，下，上海三联书店，1996 年，第 856 页。

② 斯科特：《数学史》，侯德润、张兰译，广西师范大学出版社，2002 年，第 114 页。

迪昂描述了物理学理论形成的四个相续阶段的操作特征。一、选择那些简单的可测量的物理性质，用数学符号加以表征。二、用少数原理把不同种类的量连接起来。三、按照数学分析的法则把不同原理结合在一起。四、由这些原理推论出来的后果将被翻译为一些可与实际测量相比较的判断，并与实验定律进行比较。我们看到，这四个特征都和量化有关。乃至迪昂总括说："物理学理论不是说明。它是从少数原理推演出的数学命题的体系。"[1] 在另一处迪昂说，十七世纪的新哲学家们要求自己的理论"毫无例外地只处理量，严格排除任何定性的概念"。[2]

自然哲学是所谓定性的，它致力于解释现象为什么会发生的原因。例如亚里士多德用大量篇幅尝试解答为什么抛向空中的物体会回落到地面上。中世纪思想家用自然厌恶真空来解释虹吸等现象。与之相对，近代科学要求的是定量研究，例如一个落体下落时间与下落速度、下落距离之间的函数关系。伽利略指出，关于原因-原理的玄思并不能够增加知识，这种玄思的进展不过是一种解释取代了另一种解释，哪怕我们用一种较合理的解释取代了一种较稚弱的解释，我们的知识并没有什么增进。伽利略是对的，自然哲学旨在改善我们的理解，而非主要在意知识的积累。[3]

定量研究得到的是公式。公式不是对现象的解释，而是采用一

---

① 皮埃尔·迪昂：《物理学理论的目的与结构》，李醒民译，商务印书馆，2011 年，第 23—25 页。所讨论的段落参见英译本，皮埃尔·迪昂（Pierre Duhem）：《物理学理论的目的与结构》（*The Aim and Structure of Physical Theory*），普林斯顿大学出版社，1954 年，第 19—21 页。

② 同以上汉译本，第 140 页。

③ 这一点下几章将继续阐论。

种新的语言重新对现象进行描述。这一点之所以常常被误解，是因为数学描述不同于我们通常所说的那些有声有色的描述，而是在描述现象背后的规律。自由落体定律描述了一个物体怎样下落，而没有解释这个物体为什么下落，它为什么开始下落以及是否将继续下落。万有引力似乎提供了一种原因方面的解释。但上一章及其他处已说明，与其说万有引力是一种物理原因，不如说是一个数学原理，就像牛顿本人所称，万有引力不是一种物理力，而是一种"数学的力"。

科学的数学化所说的还远远不止于数学的大规模使用，近代科学数学化的更深一层含义是科学家从整体上不再把数学仅只视作操作的方式，数学正是探求自然世界的最正当的途径，甚至是唯一的途径。科学革命见证了一个基本转变，人们过去对待数学分析主要抱持操作态度，现在则"以一种更富实在的态度取而代之"。现在，"数学分析揭示的是事物的必然如此，如果计算行得通，那一定是所拟议的力量是真的"。[①]牛顿把万有引力称作"数学的力"，在牛顿的那些段落里，不难看出他在为"数学的"和"物理的"两者之间的区分苦恼。然而，对物理世界的基本理解正在发生转变。并非在数学的理解之外我们仿佛还另有对物理世界的真实理解。牛顿恐怕从来没有真正怀疑过万有引力的"真实的物理的意义"。在《原理》的结尾部分，牛顿直截了当宣称，revera existat，万有引力实际存在。

正如牛顿的主要著作题名所昭示的，近代科学的原理是数学，

① 约翰·亨利（John Henry）：《科学革命与现代科学的起源》（*Scientific Revolution and the Origins of Modern Science*），帕尔格雷夫·麦克米伦出版社，2001 年，第 15 页。

而不再是形而上学。数学，而非形而上学，造就理论。我们不妨在比喻的意义上说，数学成为新时代的形而上学，不过，在这些本来已经够纠缠的局面里，还不如简单清楚地说：数学取代形而上学成为物理学的 meta，成为物理学之原。

从伽利略和牛顿开始，越来越多的自然现象得以用数学语言来成功地加以描述。一两个世纪以后，物理学整体上数学化了，从伽利略起直到今天，"'数学物理学'与'理论物理学'这两个用语是可以替换使用的"。① 克莱因表达了相同的看法："任何近代物理理论实质上是一个数学方程体系，"对于这一点，"那些没有进入到〔数学〕这座现代德尔菲神秘之城的门外汉是不满意的，但是现在科学家已经学会接受了。的确，面对如此众多的自然界的神秘，科学家非常高兴把自己隐藏在数学符号之中"。②

今人回顾科学革命时代，不会不谈到数学在力学中的巨大成功，而同样明显的是，那时的人们曾普遍希望运用数学推理来通达一切知识领域。知识的整体观念在发生转变。斯宾诺莎要把整个人的研究都并入数学："我将要考察人类的行为和欲望，如同我考察点、线、面和体积一样。"③ 物理学成为科学的典范。其他学科一一跟进。康德的这句话被引用了无数次，让我再增加一次："我断定，在所有关于自然的特定理论中，我们能够发现多少数学，就

---

① 罗杰·G.牛顿：《何为科学真理》，武际可译，上海科技教育出版社，2001年，第128页。

② M.克莱因：《西方文化中的数学》，张祖贵译，复旦大学出版社，2004年，第319页。

③ 斯宾诺莎：《笛卡尔哲学原理》，王荫庭、洪汉鼎译，商务印书馆，1980年，第15页。

能发现多少真正的科学。"[1]哈维把定量研究引入生理学,据科恩说,这也是哈维最初能获得支持的唯一理由。[2]达尔文理论仍是定性理论,但且不说生物学中有相当一部分逐渐变为应用物理学和化学的一个分支,从孟德尔开始的遗传学最初就是由数量分析引导的,到二十世纪,与遗传学相合并的"新达尔文综合"引进概率论,到了今天,已是一种高度数学化的理论。例如,关于群体中的基因频率在世代交替过程中保持不变的哈迪-温伯格原理就是通过纯粹数学方法得出的。乔治·威廉姆斯说:"在最终意义上,自然选择涉及的是一个控制论意义上的抽象概念即基因,以及一个统计学意义上的抽象概念即平均表现型适合度。"[3]若对音乐进行科学研究,音乐学就是数学的一个分支。把音乐分析为音高、音色、音量、节奏,就可以清楚地看到,"音乐实质上是用数字来表示的"。[4]

有多少数学,就有多少科学。数学构成了科学的硬核。物理学是"硬科学"的典范,用斯蒂芬·科里尼的话说,物理学一向被视作"硬科学"中的最硬者。[5]生理学和生物学仍然不像物理学那样硬。我们用同样的眼光看待社会科学,在社会科学里,经济学是最硬的

① 康德:《自然科学的形而上学基础》,载于《康德著作全集》(第四卷),李秋零主编,中国人民大学出版社,2005年,第479页。(在这个全集本中,《自然科学的形而上学基础》译为《自然科学的形而上学初始根据》。)

② 科恩:《科学中的革命》,鲁旭东、赵培杰、宋振山译,商务印书馆,1999年,第243、245页。

③ 乔治·威廉姆斯:《适应与自然选择》,陈蓉霞译,上海科学技术出版社,2001年,第28页。

④ 托马斯·克伦普:《音乐的结构及其数字人类学根据》,郑元者译,载于《杭州师范学院学报》,第六期,2005年,第89页。

⑤ 见斯蒂芬·科里尼为再版《两种文化》所写的导言,C.P.斯诺,《两种文化》,陈克艰、秦小虎译,上海科学技术出版社,2003年,第41页。

科学,社会学之属努力把数学引入自身、但其"科学性"还远远不如经济学。⑥

自然由深藏在现象/事物背后的数的运行或数的规律指挥,这是一个古老的信念。不过,在那个古老的时代,数这个概念还夹杂着大量感应因素。利用纯数学来描述我们实际身处其中的现象/事物,这在古代很少有成功应用。那些描述远不能提供整体的自然图景,它们毋宁是用来加固这个信念的一些例证。而近代以数学为原理的思想,则要求全面地使用数字来描述每一自然现象。数学在近代科学中的应用不仅远为广泛,而且远为深刻。经过数百次连续演绎推理得出的一个定理,在应用中竟被证明是完全正确的,这似乎只能给出一个结论:自然界是按照一个合乎理性的计划设计的。数学成了理性的代名词。在新进的思想家看来,要坚持理性态度,就等于用数学来考虑问题。理性由合情合理转变为数学理性。

第四节　为什么是数学

我们勾画了近代科学数学化的轮廓。但我们最关心的是这个问题:为什么数学或数学化能够成就科学革命?能够让物理学家们深入外部宇宙的机制,获得哲学-科学无法企及的巨大成果?这是问题把我们引向一片人迹罕至的林野,本节尝试迈出几步粗拙的探索。

---

⑥　科学从"硬"到"软"大致是这样排列的:物理学、化学、生物学、经济学、心理学,然后或是政治学、社会学,或是社会学、政治学。所根据的标准有 1. 高度发展的理论、高度编程化。2. 量化。3. 对理论、方法、问题的意义、个人成果的意义等具有高度共识。4. 理论可做出预测。5. 知识老化速度快,表明知识在积累。6. 新知识增长快。参见史蒂芬·科尔:《科学的制造》,林建成、王毅译,上海人民出版社,2001年,第136、139页。

　　数学的优点常被人称道：数学概念的准确性、论证过程的严格性、数学真理的确定性和普遍性。

　　数学是精确的，因此近代科学中成熟的部分得名为"精确科学"。数字可以描述极小或极大的量，我们平常说长短、很长、很短，这些说法是不精确的，身高 1.88 米和 1.90 米都是个子很高，但 1.88 米和 1.90 这两个数字却说出了两者的细微不同。不过这种意义上的精确是乏味不足道的，在这个意义上，"数学是精确的"这话没说出什么特别的东西，无非是说数学语言是专门用来处理量的，所以它特别适合处理包括量上的细微区别在内的各种与量有关的事情。羡慕和仰慕有细微的区别，准确和精确这两个词有细微区别，但这些区别并不适合用数学来处理。有时我们会说，我爱你甚于你爱我，但我们不会说，你对我的爱是我对你的爱的 78%。在这些事情上，我们不知道精确量化是什么意思。有各种各样的准确性，我说丁丁你到我这里来一下，丁丁不会问：到东经多少度北纬多少度。"到这里来一下"不准确吗？在这里够准确了。维特根斯坦举了个好玩的例子，他叫他的仆人把切面包的刀拿来，他的仆人拿来了一个刮胡刀，他说我要的是切面包的刀，仆人说，我给你的是一把更精确的刀。

　　自然语言原本是包含数字的，如果需要，我们也能够用自然语言来表示各种量上的差别。然而，如亚里士多德的十范畴所提示的，量只是我们平常所关心的种种范畴中的一个，我们平常更多关心的是质，自然语言在表示极细微的量上的差别相当笨拙就是可理解的了。

　　"数学是精确的"这一说法的远为重要的意义是说：数学是明

确无歧义的，数学描述和数学推理具有唯一性。笛卡尔赞美数学的明确性，就是着眼于数学推理的唯一性。从人皆自利可以推出母亲在和女儿利益冲突时将保护她本人的利益，也可以推出她将保护女儿的利益，这是因为自利概念或自我概念包含着丰富的或曰芜杂的（视你的立场而定）内容。而从 2+2 只能推出 4。所谓数学论证的严格性及其结论的确定性，也就由此而来。

与精确性和唯一性相关的是全等的概念。2+2=4，完完全全相等。自然概念中也有些"同义词语"，例如快乐和愉快，例如张三打了李四和李四被张三打了，但它们之间几乎总是有点儿细微差异的，而 87+133=110+110 则完全相等。

但这样来比较数学中的全等和自然表达式之间的近似是不妥当的。数学中能够出现全等，不是由于数字精确，而仍然是由于数学是描述量的语言。羡慕和仰慕有细微的区别，这种区别不是量上的区别。而量之间的可比与质之间的可比不是一回事。质在某种意义上也是可比的，这一红色比那一红色更红，这一曲子比那一曲子更悦耳，这人比那人更善良。但是，大的量是由小的量相加而成，较强的质却不是由较弱的质相加而成。在一个笑话里，张三说：今天真热，32 度；李四应道：是啊，昨夜才 16 度，今天白天比昨天夜里整整热了一倍。如迪昂所指出，把很多暗红色的布头缝在一起并不会得到一块鲜红的布，很多平庸的数学家聚在一起不会成为拉格朗日。"质的每一强度都具有它自己的个性特征。"[1]

量上的可比性是为计算服务的。为了能够计算，我们就需要

---

[1] 皮埃尔·迪昂：《物理学理论的目的与结构》，李醒民译，商务印书馆，2011 年，第 139 页。

把质的强度转换为量的大小。例如，我们用温度计里水银柱的高低来标示冷热的变化。两个较热不能相加为更热，但水银柱标度的数是可以加减的。进一步，我们还要努力把不同的质转换为可以换算的量，例如把红黄这些颜色转换为波长。"为了使数学家把具体的实验境况引进他的公式，就必须以测量为中介把这些境况翻译为数。"[1] 物理学从量上来看待自然，描述自然，因此，它要求把各种质还原为量，从而纳入可计算的范围。笛卡尔要求把一切性质都还原为长宽高，用意在此。

从伽利略以来，圆锥曲线运动就被视作两个直线运动的综合。我们不妨说，从数学的角度来看，存在着两个运动。不过，这里的"看"是看的衍生意义，严格说，数学并不看，而是分析和计算。较少误解的说法是，采用数学语言，圆锥曲线运动就可以被描述为两种运动之合成。伽利略为什么要多此一举呢？因为把圆锥曲线还原为两条直线我们就能去除曲线和直线之间的以及不同种类曲线之间的质的区别，使得不同的性质的轨迹可以互相比较和换算，可以充分用数学来处理。

因此，全等并不是从数学的精确性中产生出来的，而是数学语法的基本设置——数学语言本来就是用来进行计算的，或者说，是用来进行计算式推理的。数学中的等式是量之间换算的主要工具。自然概念则首先是质的，我们关心的是羡慕和仰慕在质上的区别，量上的区别是第二位的。所以，全等在自然语言中并无用武之地——自然语言的用途不在于计算。

---

[1] 皮埃尔·迪昂：《物理学理论的目的与结构》，李醒民译，商务印书馆，2011年，第165页。

　　数学的真正独特力量来自它的普遍性或普适性。巴伊说，"数学解释的优势在于它们具有普遍性。"① 这代表了很多论者的看法。尽管人们经常称说数学的普遍有效性，但人们是在什么意义上谈论普遍的，并不很清楚。数学普遍性的深层含义是：在一切现象下面，都有物理结构，而这个物理结构只能用数学来表示。这种迂回的普遍性是还原论的一部分，这里无法深谈。通常，数学的普遍性被理解为数学可以直接应用于万事万物。这显然颇有疑问。一方面，哲学不也具有普遍性吗？ 古希腊的原子论、决定论、一分为二，都说是普遍规律或一般世界结构。另一方面，两个相濡以沫共同生活了多年的夫妇感情破裂，我们很难用数学来解释破裂的原因，也很难用数学计算出其间的谁是谁非。

　　要理解数学的"普遍性"，关键在于认识到并牢记：数学是一种语言，"大自然这部书是用数学文字写成的"这句箴言已经明白说出了这一点。数学不是和物理学并列的一门科学，数学家的工作不同于物理学家的工作，纯数学家研究数学，很像语言学家研究语言，用齐曼的话说："纯数学并不是普通的科学……纯数学家是语法和句法的专家。"② 数学不是一门"自然科学"，这虽众所周知，但在反思科学的性质之时却经常遗忘。

　　数学是一种语言，所谓数学的普遍性无非是说：数学是一种通用的语言，而不像英语、汉语、斯瓦希里语那样是一个语族所使用的语言。只有通用语言才能提供普适理论。

　　哲学曾希望找到世界的客观的本质结构。然而，即使找到了，

---

　　① 转引自科恩：《科学中的革命》，鲁旭东、赵培杰、宋振山译，商务印书馆，1999 年，第 215 页。

　　② 约翰·齐曼：《可靠的知识》，赵振江译，商务印书馆，2003 年，第 20 页。

我们的表述也会因为语言的限制而受到歪曲。也许是德国人最先发现了世界的因果机制，发现了人生的终极目的，这时，我们能用汉语来表述这些吗？显然，如果原因不恰恰等同于 Ursache，幸福不恰恰等同于 Glücklichkeit，那么，在用汉语表述这些终极真理时就会走样。当然，困难远不止于表述。哲学家们最初出发去寻找的是原因吗？还是去寻找 Ursache？还是 cause？还是 aitia 或别的什么？希腊人对这里的麻烦不敏感，他们只承认一种语言。中国古人对此也不敏感。这个麻烦后来却越来越困扰近代的欧洲思想家。发明或发现一种普遍语言成为近代思想家的持续不懈的努力，从培根和莱布尼茨到柴门霍夫，从弗雷格到乔姆斯基和 S. 平克。莱布尼茨希望构造一种普遍语言，以使我们的论证变得和计算一样。然而，何必另外构造一种，数学就是现成的普遍语言。在数学语言之外，我们无法找到这种语言；要让论证变得和计算一下，就不得不让语言变成数学语言。

为什么数学语言会成为普遍语言呢？简言之，数学的普遍性来自量的外在性。数学是描述量的语言，而量是互相外在的。亚里士多德说，量是具有相互外在的部分的东西。迪昂评论说这一说法过于简单，在我看，简单固然简单，这个说法却委实道出了量的本质。很多哲学家都见到量的根本规定是外在性，亚里士多德如是观，黑格尔也如是观。[①]

纯量的语言把一切关系转变为外在关系。数字没有概念内容，它们是纯形式符号，每个符号"意义"完全由它与其他同族符号的

---

① 参见黑格尔《逻辑学》第一部第一编第二部分量论，特别参见黑格尔，《小逻辑》，贺麟译，商务印书馆，1980 年，§99—101、105。

（外部）关系规定。数学成为普遍语言，这不是说，数学语言比到处泛滥的英语更加普遍，它也不是像世界语那样的建制，数学之成为普遍语言，因为它是另外一类语言，它由不具内涵的符号组成，这些由外在关系所连接的符号组成一个数学系统，"一个没有经验内容的庞大而精巧的概念结构"。[①] 按照希尔伯特的说法，去除了概念内容之后，"我们最后得到的不是用普通语言传达的实质数学知识，而只是含有按照确定规则逐次生成的数学符号和逻辑符号的一组公式而已。……于是实质演绎就被一个由规则支配的形式程序替换了"。[②] 迪昂从一个稍有不同的角度概括了这个转变过程，他说，科学家不去单独研究所涉的概念，而是把它们转化为维度概念，以便用数来表示它们。接下来，"他们不是把这些概念的性质本身联系起来，而是把测量所提供的数交付按照固定的代数法则进行的处理。他们用运算代替演绎"。[③]

　　由规则支配的形式程序替换了实质演绎，从而能进行漫长的推理而不失真。**数学推理的长程有效性**给笛卡尔以最深刻的印象："几何学家通常总是运用一长串十分简易的推理完成最艰难的证明。这些推理使我想象到，人所能认识到的东西也能是像这样一个接着一个的，只要我们不把假的当成真的接受，并且一贯遵守由此推彼的必然次序，就绝不会有什么东西遥远到根本无法达到，隐藏

---

① 卡尔·亨佩尔：《论数学真理的本性》，载于保罗·贝纳塞拉夫、希拉里·普特南编，《数学哲学》，朱水林等译，商务印书馆，2003 年，第 454 页。

② 希尔伯特：《论无限》，载于保罗·贝纳塞拉夫、希拉里·普特南编，《数学哲学》，朱水林等译，商务印书馆，2003 年，第 226—227 页。

③ 皮埃尔·迪昂：《物理学理论的目的和结构》，李醒民译，商务印书馆，2011 年，第 77 页。

到根本发现不了。"[①] 用费曼使用过的一个比喻来说，数学推论就像晶体阵列，晶体一端的原子的位置决定了晶体另一端的原子的位置，即使相隔上百万个原子，这种决定关系仍然有效。

数学推理无疑和概念演绎有亲缘，但数学推理自有其特点。我们的自然语言是我们的经验培育起来的，它受到我们的感性和经验的约束。自然语言也含有逻辑，我们能依循其中的逻辑通达我们不能直接感知的事物，我们多多少少能够理智地谈论神明、物自体、月上天球的互相作用方式，然而这些谈论始终受到可感的特殊事物[②]的约束。上节说到，由于自利概念包含着多维的内容，含有自利概念的自然推论就不可能具有唯一性。我们甚至可以说，在自然推论中，想象力比逻辑能力所起的作用更大。受过近代科学方法训练的人，难免不抱怨使用自然语言进行推论太不确定、太含混，缺少必然性。而在数学推理中就没有这些不便。数字没有概念内容，它和其他数字的关系是外在的，就是说，一个数字完全是在它和其他数字的比例中被定义的，通过等式的不断转换，数学推理无论走多远，都保持着原本的完全等同。具有了这种外在性，数学推理就可以突破感性的藩篱，走得很远很远，**通达我们的自然认识无法企及的事物**，不断有效地扩大我们的知识领域。"夫天不可阶而升，地不可得尺寸而度"，然而，通过等式的不断转换，我们就可以度量巨大的宇宙和微小的粒子。通过把一颗彗星的椭圆轨道描述为由它固有的直线运动与受到太阳引力作用而做的直线运动所合成，我

---

① 笛卡尔：《谈谈方法》，王太庆译，商务印书馆，2005年，第16页。

② 大致相当于斯特劳森所说的particulars，多有译作殊相的，但译作殊相似乎不如译作特殊事物。

们就能够计算出这颗彗星的整个轨迹，包括它处在无法被观察到的遥远空间的轨迹。我们现在知道地球的大致重量，这不是我们用秤称出来的，而是通过数学分析和演算得出的。

第五节　数学理解力

这种摆脱了感性的外在推理有它的代价，那就是丧失直观。圆锥曲线运动被分解为两个直线运动的综合，这有助于计算。但我们看到的是一个单一的曲线运动，而不是两个直线运动。我们的自然理解始终依赖直观，数学语言则迫使我们进入一种新的理解，这里要求的是"数学理解力"，这是一种特殊的理解力。

一项原理被分解成了若干基本的逻辑步后，一位初学者也可以对照演算规则逐步检验整个证明是否正确。他无须对该原理有什么理解。学习数学和逻辑演算所需要的理解体现在另外一个层面上，在这里，有所理解大致是说，一个学生明白这个问题为什么可以分解为这些逻辑步，换言之，他明白这些分离的逻辑步为什么合在一起就证明了该结论。因此，他能收到举一反三之效，把另一个问题分解为和这些逻辑步对应的东西，从而一步步加以证明，或者能指出某一证明过程中出现了缺陷、错误。基于这种理解，他甚至还可能提出对某一证明过程加以简化或改进的方案。

笛卡尔赞叹几何学证明是那样简单易解，然而齐曼却另有高见："数学推理的实质是它的每一小部分很容易理解，而合在一起则很难理解。"[①] 一小步一小步的理解在技术性上构成一个总体的理

[①]　约翰·齐曼：《可靠的知识》，赵振江译，商务印书馆，2003 年，第 22 页。

解，但那不是直观意义上的整体理解。数理演算的理解与理解一个哲学命题、理解道德准则、理解一首诗是大不相同的理解，任何一个被要求去修一门理科的文科学生都会有强烈的体会，反过来，只习惯数理理解的学生可能觉得诗或哲理十分难解。

数学理解，我会说那是一种**技术性的理解**，一种通过专业训练培养起来的理解。你不理解前一个定理，就无法理解下一个定理。读亚里士多德的《物理学》也需要有所准备，需要一般的良好理解力，还需要认真耐心的阅读习惯、对希腊文化的一般了解，还得有点儿想象力，但你不需要什么技术性上的准备。你认真阅读了，你会有或深或浅的理解，无论深浅，这些都是直接的理解。"理解"这个词就包含着直接性。通常理解不是按照固定的代数法则演进，各种理解互相渗透。对亚里士多德来说，无论是研究物理还是研究动物还是研究城邦，都是要增加对世界整体的理解。技术性的理解却不是这样，我可以在某一领域达到极高的数学理解，但我却缺乏对其他事物的一般理解。

在技术性统治的时代，数理类型的理解被视作最高的理解，这不啻颠三倒四。在数量关系中，感性内容被清洗掉了，而我们平常所谓理解，始终是包含着感觉的理解，可以说，越富有感觉，就理解得越深厚。数学固然可以在一个抽象的意义上描述物质的结构，并且得出正确的预言，但是我们却不能通过数量来直接理解这个世界。前面说到，虽然希腊人的数学相当发达，但亚里士多德在物理学中却几乎不使用数学。这一点反映了亚里士多德所理解的哲学-科学是在何种意义上寻求世界的真理。古代哲学-科学之寻求真理，是在寻求一个可以被理解的世界。这个"理解"，是指蕴含丰富感性的理解，这是数学所不能达到的。前面说到，现在，各门学科，包括社会学科甚至人文历史学科，都在争先恐后引进数学模式，以便成为真正的科学。经济学比社会学、政治学更科学，因为它包含更多的数学硬核。在近代的意义上，经济学也许越来越科学，但从希腊的哲学-科学来看，经济学对人的经济活动和社会活动越来越无所理解。

自然理解才是本然的因此也是最深厚的理解。如卢瑟福所说，如果我们不能以一种简单的非技术的方式解释一个结果，我们就还没有真正弄懂它。据大卫·L.古德斯坦和格里·纽吉堡尔说，费曼曾打算给大学一年级学生开一次讲座，解释自旋等于 1/2 的粒子为什么服从费米-狄拉克统计，后来他放弃了这个打算，费曼说："我没法把它简化到大学一年级的水平。这意味着实际上我们并不理解它。"[①]

法拉第曾写信问麦克斯韦，他是否能用普通语言来表达其数学工作的结论，以使非数学家能够理解他的工作并因此受益。克莱因在引述这封信后说道："遗憾的是，法拉第的这个要求直到今天仍得不到满足。"[②] 这是当然的，我们一开始采用数学语言，就是因为**它不受自然理解的束缚，通达某些我们由于感性限制所不能了解的真实**。数学语言的长处和短处是一个硬币的两面。数学语言之所

---

① 理查德·费曼：《费曼讲物理入门》，秦克诚译，湖南科学技术出版社，2004年，前言，第 16 页。我在一篇文章（胡作玄：《爱因斯坦与数学》，载于《中华读书报》，2005 年 11 月 30 日第十五版）中读到，爱因斯坦曾说："自从数学家搞起相对论研究之后，我自己就不再懂它了。"

② M. 克莱因：《西方文化中的数学》，张祖贵译，复旦大学出版社，2004 年，第 317 页。

以适合于长程的严格推理，恰因为它不受弥漫感受性的约束，恰因为它不是由感觉（意义）引领进行推理的。如果数学语言充满了意义，它将失去它的根本长处，即可借以进行长程的严格推理。

数学描述完美符合定义的抽象的存在，但这个存在却被剥夺了其他属性。这是反对把数学应用于社会科学的最基本的理由之一。齐曼问道：IQ 相加的算术运算能有什么意义呢？ 87+133=110+110 在智力范围内没有对应物。[①] 塔西奇直白说："图灵机这种抽象的计算机被专门设计来捕捉我能够计算的所有对象，但不是我能够做的所有事情。图灵肯定没有把他的模式运用到对人类婚庆仪式的详细研究之中。"[②] 就像语言不能穷尽我们身处其中的世界的生动与丰富，数学语言触及不到很多日常事实。它就事物之可测量的维度加以述说。数学的普遍性绝不是数学的普遍适用性，例如，"对于探讨科学的实际变化的历史学家来说，数学是一个不良先例，一个无论如何都不能推广的例子。"[③]

回过头来看，声称数学具有普遍性是浮面之见。数学的确建立了某种普遍的联系，然而它破坏了另一种统一的联系。我们在数字中看到了炮弹、地球和行星运动的一致性，而不是在感觉、经验之中。世界不再是统一到人的象中，而是统一到数字中。[④] 如柯瓦雷

---

① 约翰·齐曼：《可靠的知识》，赵振江译，商务印书馆，2003 年，第 17、165 页。

② V. 塔西奇：《后现代思想的数学根源》，蔡仲、戴建平译，复旦大学出版社，2005 年，第 117 页。

③ 米歇尔·福柯：《知识考古学》，谢强、马月译，三联书店，2003 年，第 211 页。

④ 参见陈嘉映：《无法还原的象》，载于陈嘉映，《无法还原的象》，华夏出版社，2005 年。

所言,感性的世界瓦解了,代之以"理智的统一性",[①]库恩应和道:
"最后,分崩离析的亚里士多德宇宙被一种全面而融贯的世界观所
取代,人类自然概念的发展进入了新的篇章。"[②]

①　亚历山大·柯瓦雷:《牛顿研究》,张卜天译,商务印书馆,2016年,第19页。

②　托马斯·库恩:《哥白尼革命》,吴国盛等译,北京大学出版社,2003年,第
253页。

第七章　自然哲学与实证科学

第一节　自然哲学

亚里士多德的《物理学》是自然哲学的典范著作，与柏拉图的《蒂迈欧篇》等对话一道，构成了自然哲学的源头。近代科学在某种意义上是自然哲学的继承者，在这个意义上，人们自有道理把亚里士多德称作科学之父，物理学之父。然而，对于希腊哲学-科学，近代科学既是继承人，又是颠覆者。因此，我们必须强调，亚里士多德的《物理学》是自然哲学，不是近代意义上的物理学。

自然哲学是哲学，是哲学的一个分支，它具有哲学的种种特征而非科学的特征。我们读亚里士多德的《物理学》，或希腊其他论自然的著作，从感觉上就发现它们和近代科学著作相差甚远，它们和当时的其他理论著作如政治学、形而上学比较接近，和后世黑格尔之类的自然哲学著作比较接近。自然哲学并列有不同的体系，每一个体系更多地展现某个哲学家首创的总体解释，而不在于为这一学科的知识积累做出贡献。亚里士多德的自然哲学里没有什么实验设计和实验结果，没有什么数据和数学公式。你要读懂亚里士多德的《物理学》，就像你要读懂他的《政治学》或海德格尔的《存在与时间》一样，也许很费思量，但无需任何特殊学科的技术准备和专门的数学训练。今天的物理学学生会想：没有数学还算什么物理学？

前面的《经验与实验》一章里指出，自然哲学较多依赖一般经验与观察，而近代科学更多依赖借助仪器进行的观察和通过实验产生的事实。亚里士多德关于植物、动物和物体运动等等的理论著作中，有对相关现象的独特观察，但在其基本理论部分，所据的通常无非是我们人人都有的经验、人人都知道的事例。亚里士多德在这些著作中对这些众所周知的事情提供解释；科学，或本书所称的哲学-科学，在亚里士多德看来，就是要解释各个领域中的基本事物-现象的所以然。

我们还记得，希腊人用很多办法证明地是圆的，例如，船只远去的时候，桅杆并不是一点点变小，而是在不远的地方就沉入大海；月食的时候，月亏的形状是弧线而非直线；各地看到的恒星不同；在同一个日子里，不同纬度上插一根同样高度的木棍，影长不同；土和水的自然位置在下方，向下运动是它们的自然倾向，其结果是这些运动最后停止之处距地心等距。在这些论证中，前面诸项我们今天看来仍然是成立的，是"科学的"，最后一项却是错误的。然而，在希腊自然哲学中，最后一项是最重要的，因为它不依赖于某个特殊的观察，而是诉诸我们的一般经验，合乎一般的原理。其他诸项则是实证的、局部的论证，或者如亚里士多德所说，是些"感觉方面的证据"。

哲学-科学理论把包含在常识中的默会理解加以形式化，形成理论，形成一个命题层面上的一致体系。这类理论来自对常识的反思。借助这种反思，常识获得了更好的、更系统的自我理解。这样的理论由于提供了更好的、更系统的理解而具有解释力。水往低处流，这原不需要解释。但地球为什么是圆的，却在一定程度上需要解释，因为地球是圆的而不是方的，似乎并没有什么明显的道理。我们似乎不难生出天圆地方的观念。现在，当我们在理论层面上、在原理层面上理解了水往低处流，当我们理解了元素的自然运动，我们就理解了地球为圆的道理。

　　虹吸现象也是需要解释的，我们不仅看不出这种现象有什么道理，而且它违背水往低处流的常识，因此不合道理。虹吸现象是通过自然厌恶真空得到解释的。这里的关键之点在于，自然厌恶真空并不是一条特设原理。ad hoc 或曰就事论事的特设原理是没有解释力的。自然厌恶真空不是针对虹吸现象而设的原理，它是亚里士多德自然哲学理论的一个有机部分，这个理论通过其他方式已经论证了真空不可能存在，这些论证包括，实在的虚空是个矛盾用语，在逻辑上不能成立；物体的运动速度因媒介的阻力而减缓，真空中的物体将以无限的速度运动，在出发的同时就到达终点，这是无法想象的；等等。

　　哲学-科学借助对常识的反思形成理论，在理论层面上，地球为圆、虹吸现象等等得到解释，它们其实并不违背常识，它们是其所是是有道理的，和其他的事物-现象贯穿的是同一些道理。

　　哲学-科学理论诉诸我们的既有经验，它所提供的命题是直接可理解的，因为它们是已经默会地得到了理解的东西。哲学-科学理论，在我看，都宜于称作经验理论。

　　通过反思洞察贯穿于各个领域中的基本事物-现象的道理，其核心工作在于澄清我们谈论各种事物-现象时所使用的概念。亚里士多德在谈论运动的时候，谈的都是我们每天都见到的各种运动形式，他的工作方法主要是审慎考察我们用来谈论运动的种种概念，例如时间、空间、运动、变化、增加、减少等等，清除概念中与特定研究不相干的因素，消除概念反思中的混乱和不一致。在探讨世界是不是生成的、是不是会消亡时，亚里士多德着手区分非生成的、生成的、可消亡的、不可消亡的这些语词的多重含义。从"是不是可消亡的"，进一步引到对"可能"和"不可能"的意义进行考察。从"不可能"又推进到对"虚假"和"真实"的考察。① 总体上，亚里士多德在他的自然哲学中考察我们实际上怎样使用运动等等词汇，而牛顿在他的《原理》中则一上来先下定义。

希腊人把物理研究和对自然概念的考察合在一起来考虑的。自然哲学的论证方式与哲学其他分支或第一哲学的论证方式没有什么两样。自然哲学依赖于自然概念，依赖于自然理解。自然哲学之为哲学，最关键的在于它使用的概念必须得到自然理解的辩护。自然概念里充满了感性内容，亚里士多德的物理学中大量保存了这些感性内容，例如火和气合乎自然地向上运动而水和土则向下运动。这里有两点值得注意。一、亚里士多德不是用某种隐藏在背后的机制来解释火向上运动这一感性图景，相反，这一感性图景具有基本的解释力。它不是某种原因所导致的，而是某种原理的体现。二、在保持感性图景的解释力的同时，感应因素则被消除。例如，在亚里士多德宇宙中，天球的运动不是由感应来解释的，各天球之

---

① 亚里士多德：《论天》，280b—281b。

间是由摩擦驱动的，摩擦致动是一种自然的运动。

"科学概念"章提到，在牛顿或其同时代人的著作中仍然常见对相关日常语汇的语义考虑，例如关于推力、引力、拖曳力、重力、活力等等的讨论和争论。那一章也表明，这类考虑越来越多地被严格的数学物理定义所取代，在物理学获得完全自治之后，对自然概念的考虑就变得不相干了，同日常语义相矛盾不再是一种忌讳，没有人因为不可见光、无意识动机等等的日常语义矛盾否证一个理论。科学概念由科学自己去定义。

牛顿到数学中去寻找自然哲学的原理，亚里士多德的物理学则自有其原理。如果竟需要寻求对这些原理的任何更为深刻的理解，那它也不会在数学中被发现，而是在形而上学即亚里士多德所称的"第一哲学"中被发现。如上一章所言，从亚里士多德主义来看，数学不可能提供原理，因为数学不包含自然意义上的理解。

亚里士多德的《物理学》不是近代物理学类型的著作，这对研究者来说原是常识。林德伯格在谈到中世纪"物理学"时警告说，不可由于古人和现代人共用"物理学"这个名称，就把两者混为一谈，以为"中世纪的物理学家在努力成为现代物理学家，只是成功的很少"。[①]亚里士多德《物理学》的第一位中文译者张竹明说：

> 这是一本哲学著作。不过《物理学》不是一门纯哲学，亚里士多德的纯哲学著作是《形而上学》。《物理学》是一门以自

---

① 戴维·林德伯格：《西方科学的起源》，王珺等译，中国对外翻译出版公司，2001年，第289页。

然界为特定对象的哲学……〔它〕是自然哲学……应译为《自
然哲学》或《自然论》。①

　　库恩在《科学革命的结构》一书中提出了**科学研究范式**，无人
不晓。据库恩自述，他是在读亚里士多德的《物理学》时萌发这一
思想的。对《科学革命的结构》一书，批评不断，②库恩本人对其主
要论题也不断做出修正。这里不多讨论，只想指出一点：从亚里士
多德的《物理学》到牛顿物理学的转变和从牛顿到爱因斯坦的转变
不是同类的转变，前者是一个远为根本的转变，是从自然哲学到物
理学的转变，后者则是物理学这门实证科学内部的范式转变。③ 从
亚里士多德到牛顿是概念方式的转变，而从牛顿到爱因斯坦的转变
则发生在实证科学内部，"对文化或哲学而言，牛顿引力理论和爱
因斯坦引力理论之间或古典力学和量子力学之间的差异并非是本

---

　　① 亚里士多德：《物理学》，张竹明译，商务印书馆，1982 年，译者前言，第 9 页。

　　② 例见劳丹（Larry Laudan）：《科学与价值》，殷正坤、张丽萍译，樊长荣校，福
建人民出版社，1989 年。其中特别有关的部分被选入洛斯巴特（Daniel Rothbart）编，
《科学哲学经典选读》，《解析科学变革的整体图景》（Dissecting the Holist Picture of
Scientific Change），北京大学出版社，2002 年。

　　③ 库恩的范式说大概是在外行中最有影响的科学哲学论断了。其实，类似的论
断在科学哲学论著中早已屡见不鲜。库恩把这个论断提得特别鲜明，论证特别系统。
要说服外行，简单明了是至关重要的。在我看来，库恩的范式理论有两个根本的疑点。
一是把亚里士多德到牛顿的转变与从牛顿到爱因斯坦的转变类比，仿佛都是纯科学内
部的范式转变。二是低估了科学内部范式转变后技术工作方法的延续。不过，《科学结
构的革命》远不止于提供一个干巴巴的理论，库恩的论述充满丰富的洞见。培根曾议论
说，一流的著作不能只读摘要。好的哲学写作不是一些公式，文本像诗一样包含着丰满
的内容，有多方面的指向的可能性。而且，库恩后来对《科学革命的结构》一书的论断
做了大幅度的修正，提供了一个更加复杂的科学论，只不过他后来的观点远不如《科学
革命的结构》那样路人皆知。

质性的"。^①让我引用斯图尔特的判词来说明本书的一贯主张：在实证科学内部，"当理论替代理论，范式推翻范式的时候，有一样东西是经久长存的：数学关系。大自然的规律是数学规律。上帝是几何学家"。^②

自然哲学是哲学的一个分支，像其他分支一样，其总根在于形而上学或第一哲学。形而上学原理是关于存在和存在者的一般原理，是对所有存在者都有效的。自然哲学是哲学的一部分，是我们对世界的整体理解的一部分，它独特具有的原理必须能够与形而上学原理编结在一起才有意义。如果一个学科私设了一些原理，这些原理和形而上学的一般原理无关乃至与之冲突，那么这些原理就是神秘的，甚至是明显错误的。

近代科学开端时期，常听到各个学派关于对方暗设"**隐秘原理**"的指责，其中最著名的是 Roberval 针对万有引力这种超距作用提出的指责。实证证据当然是重要的，但理论必须基于合理的思考，因而可以理解。波义耳改进了抽气泵，用实验表明存在着真空，霍布斯却指责波义耳说，他的实验依赖于精心构造的工具和皇家学会会员的见证，而不是依赖于合理的思考。"霍布斯认为，实验方式的生活形式不能产生有效的共识：它不是哲学。"^③罗杰·牛顿在叙述了这一段史实后总结说，我们现在所用的科学方法，就人类意识

---

① 温伯格：《索卡尔的恶作剧》，载于索卡尔等，《"索卡尔事件"与科学大战》，蔡仲等译，南京大学出版社，2002年，第110页。

② 伊恩·斯图尔特：《混沌之数学》，潘涛译，上海远东出版社，1995年，第5页。

③ 史蒂文·夏平（Steven Shapin）、西蒙·谢弗（Simon Schaffer）：《利维坦与空气泵》（*Leviathan and the Air-Pump*），普林斯顿大学出版社，1985年，第79页。

来说并没有逻辑上的必然性。① 这里所谓必然性，不是数理必然性，而是合理而自然的思考。新物理学虽然对其局部结论提供了实证的论据，但其原理却是神秘的，即是说，是无法理解的。在物理学后来的发展中，对必然性的这一形而上学理解逐渐淡出，代之以实验结果的确定性和数学推理的必然性。

在十七世纪，哲学-科学家们开始广泛意识到新兴的"实验哲学"和传统自然哲学之间的区别。他们经常为这一区别的重大意义感到不安，因为，当时居领导地位的是哲学而不是科学，当时，多数思想家承认，自然哲学的原理都应当来自形而上学。科学家要为新的工作方法进行辩护，他花费大量精力来考虑其理论是否具有哲学根据，破费篇幅来论证他的工作是合乎哲学的、是哲学的一部分，或者，承认其原理是一些假设，其形而上学的意义尚不明了。有时候则须说明他所做的只是形而下的科学工作罢了，因此，其原理只是一些方便说明自然现象的假设，它们没有什么形而上学意义。这种谦辞经常有意无意为躲避宗教攻击而发，但它们不都是一些字面的说辞，它们或多或少是真诚的。从这类辩护我们一方面看到具有形而上学意义仍然是重要的要求，但另一方面，这种态度实际上也在为科学的自治开创先例。从前，一项研究的意义从根本上来说是为体系服务的，而今天，一项研究可以独立具有意义。科恩说到牛顿论光和色的论文创造了好几项第一，其中一项是，"它描述了牛顿的实验以及他由此得出的理论结果，而没有为某个宇宙论体系或神学教条进行辩护；它是纯科学，这也就是从此以后直至今天我们

---

① 罗杰·G. 牛顿：《何为科学真理》，上海科技教育出版社，2001 年，第 11 页。

所理解的这个词的含义"。① 简言之，关于自然的理论，如果与形而上学原理相联系，就是自然哲学，如果没有这种联系，就是物理学。

今人的态度正好相反：现在的哲学家经常要表明自己的工作合乎科学的最新发现，或道歉说那只不过是哲学思辨罢了。我们今天把科学公理、科学理论视作天然正当的，如果某一理论引用了形而上学的理论或原理，我们会说那是神秘的。好像物理学的内容都被证明了，形而上学则祈援于神秘玄思。这种转变远不只是三十年河东三十年河西的风潮转变，而是体现着知这个概念的深层转变。自然理解本来是知的本质维度，现在，知转变为科学知识，能够获得实验数据支持取代了能够自然而然地得到理解。

实验哲学或实证科学摆脱了形而上学的体系约束，它提出的假说或定律不一定直接与整体相联系，而是依靠观测资料得到证明。但这并不是说，实证科学满足于零敲碎打。在古代，实证科学是哲学-科学理论边上的一条支流，但近代实证科学却绝不是一些支离破碎的实证工作。近代科学尽管允许独立于整体的研究，但它并不满足于对局部现象的实证研究，并不只在意确定规律。我在后面还会谈到，它更不满足于单纯的操作性说明。科学同样也寻求原理。科学定律不是一些各自无关的东西，一个定律通常通过另一个原理得到解释，互相勾连而成一个理论整体。近代科学从一开始就瞄着统一理论，取哲学整体理论而代之的另一类型的整体理论。牛顿光学也许是一项独立的研究，但他的力学和宇宙学却绝对不是，它们

---

① 科恩：《科学中的革命》，鲁旭东、赵培杰、宋振山译，商务印书馆，1999年，第104页。

构成了一个严整的体系。牛顿完成了第一次"伟大的综合"。这一伟大综合的原理是数学原理。只不过，在十七世纪，人们说到原理，自然而然是在说形而上学原理。数学的统一性不被视作原理，物理学基础概念的可理解性始终是原理的主要要求，因此爆发了对万有引力等的剧烈争论。然而，科学将沿着牛顿的方向前进，建设自己的原理。它不仅回答怎样的问题，它也回答为什么，把局部定律归化到总体的、深层的理论，怀抱着建立"终极理论"之梦。

十九世纪末，物理学家碰到了理论上在有限空间中电磁波会产生无限大能量的难题。普朗克的能量包假说在一定程度上解答了这个难题。根据普朗克常数所做出的计算与实验测量的结果密切吻合，使人们更加容易相信普朗克提出的假说。然而，能量包概念本身没有什么根据。后来，爱因斯坦对光电效应的研究为能量包概念提供了根据。这个故事发生在哥白尼三百多年以后，牛顿两百多年以后。情势已有巨大的差异。普朗克的能量包概念一开始没有什么根据，几乎是个操作性的概念。但这里所谓没有根据，不再是没有形而上学或自然理解的根据，而是在当时已存在的物理学理论中找不到根据。爱因斯坦为能量包概念提供的根据，也不是形而上学或自然理解的根据，而是把能量包概念整合到进一步发展的物理学整体理论之中。

上文提到，在十七世纪，形而上学家常会指责实验哲学家引进隐秘原理，各派实验哲学家有时也会这样互相指责。然而，实际上人们已经无法再回归形而上学原理了。曾被认为自明的形而上学原理已一一瓦解，科学却在不断整合，到今天，似乎正在临近大一统的终极理论，可以对世界提供最终解释。

　　从这个角度看，笛卡尔具有独特的重要性，就像他在其他很多方面具有独特的重要性。笛卡尔坚持新物理学的哲学性质，坚持物理学原理的可理解性，坚持物理定律和哲学原理的连续性，这种连续性当然不是因为哲学原理事后努力和物理定律保持一致，相反，这种连续性完全依赖于这样的程序：物理定律是可以从哲学原理中推导出来的。我们今天从笛卡尔对演绎的倚重把笛卡尔叫作理性主义，以与经验主义相对待，仿佛一方注重推理而另一方注重经验或实验，这种综述在很大程度上错失了要点。笛卡尔的演绎主义是其哲学构想的必然结果，而不仅仅是某种特别的态度。从怀疑一切到我思故我在到心物两分到物理事物之定义为广延到物理学原理到各式物理定律是一个连续体，只有这样才能保证新物理学仍然是哲学的一部分，保证物理学的自然哲学身份。

　　然而从两个方面来说，笛卡尔都扭转了古典自然哲学。一、亚里士多德的自然哲学和形而上学并不保持严格的演绎关系，而是由此及彼可获得自然理解的融洽关系，是一种疏松得多的联系。而笛卡尔所理解的演绎是以数学为典范的。二、哲学本身被重新定义了，哲学不再依赖于自然概念，而被允许自行定义其概念，突出的一例是笛卡尔对运动的重新定义，而笛卡尔对运动的新定义是近代力学的基石。①

---

　　① 　这可以与牛顿、波义耳等人对待基督教的态度类比。他们坚持认为科学研究的首要目的在于证明上帝创造世界的信仰，然而，在他们坚持科学与宗教的和谐之际，他们是"把他们所理解的上帝硬行塞进了他们的科学宇宙"。参见韦斯特福尔（Richard S. Westfall）：《十七世纪英格兰的科学与宗教》（*Science and Religion in Seventeenth Century England*），密歇根大学出版社，1973 年，第 199 页。

不过，就对哲学走向施加影响而言，牛顿的影响并不亚于笛卡尔。牛顿不是哲学家，但他从外部迫使哲学从根本上改变了性质。从牛顿开始，出现了一种可与哲学争夺终极理论书写权的思考方式。三四个世纪之后，局势已经十分明朗：终极理论之梦是属于物理学的，哲学必须放弃这个梦想，重新变得清醒。

不消说，从自然哲学到近代实证科学的转变是逐步发生的。在伽利略、笛卡尔、伽桑迪、牛顿、莱布尼茨那一时期的著作里，我们可以清楚看到自然哲学和近代实证科学的交织和转变：当时的"科学著作包含很多我们今天所称的哲学，科学家还常常做出形形色色的纯粹哲学假设"。[①] 牛顿以后，也仍然时不时有人提出新的自然哲学体系，但它们生在蓬勃发展的物理学之侧，似乎只是要用自己的苍白来衬托物理学的旺盛生命。慢慢地，人们认识到，哲学是另一种类型的思考，而不是和物理学并列或竞争的理论体系。

第二节　自然与必然

今人谈到自然，经常是指自然界。今人反思自然概念，首先想到的是正常，正常则越来越多地在概率意义上得到理解。这些都是衍生的理解，我们须得回到对自然的原始理解才易于看到这些衍生理解之间的联系。

就像自然这个汉语词所体现的，自然的本义是"出自本身"。

---

① 亚·沃尔夫：《十六、十七世纪科学、技术和哲学史》，周昌忠等译，商务印书馆，1995年，第704页。

自然本来主要是表示一种存在方式。自然与人工相对，但古人并不把非人工的东西合在一起叫作"自然界"，把人工的东西合在一起叫作"人类社会"。人类社会中的事物同样有的出自自身，有的出自人为，例如在关于人性善恶的争论中，荀子认为恶是出自本性的，善是人为的。希腊文里表示"出自本身"是 ta auto。physis 和中国古人所说的自然也有很多相似之处，但 physis 较早就有了接近于今天所称的"自然界"的含义。①

出自本性的事情是自然的、正常的。自然和偶然相对。"自然是事物自身本来具有的，而不是因偶性而有的运动和静止的原理或根源。"② 人活到八十岁，半夜睡着时死了，这是自然的，是自然死亡，被陨石砸死了，这是偶然的。**理性当然只关注自然的东西**，关注本性使然的东西；本性使然的东西才有道理，才是道理。偶然之事不需要解释也无法解释——"那只是个偶然事件"不是对那件事的解释，而是一个关于无需也无法深究理由的评断。

形而上学探索事物之所以如此的道理。合乎道理的存在是必然的存在。在这里，**是与应当并没有巨大的裂隙**。合乎道理的存在是如此，也应当如此。界限在于自然的存在和偶然的存在，偶然的存在是如此这般，但没有什么道理它应当如此这般而非另一个样子。

科学用定律来说明现象。定律告诉我们事物是如此这般，并且

---

① 柯林伍德说，physis 从晚期希腊已经隐约出现了"自然界"这一含义，但这始终是远为次要的含义。R. G. 柯林伍德：《自然的观念》，吴国盛、柯映红译，商务印书馆，2018 年，第 55 页。

② 亚里士多德：《物理学》，192b。

在一个转变了的意义上，必然如此这般。但在形而上学家看来，科学的"必然规律"其实是偶然的，因为事情如此这般并没有什么道理。于是我们就能够理解，为什么在黑格尔那里，理性的最高原则是自由。理性的本质在于理解，而我们真正能理解的，是自然的东西，自由的东西。**最高的可理解性是自由**。黑格尔指出，自然律的必然性本身应被视作偶然的东西，原则上就是与理解相隔阂的东西。①

在汉语里，**自然和自由的字面意思几乎完全一样**，发自本性的活动是自然的，也是自由的，被外力胁迫，是不自由的，也是不自然的。我们把在真空中坠落的物体称作自由落体。从字面说，只在古典意义上它是自由的，即，与精神追求卓越的自然倾向相反，重物从高处落向低处是自然的——人往高处走，水往低处流，各依其本性。在亚里士多德那里，即使简单的位移也有自然（基于本性的）和偶然之分：迫使物体离开其固有位置的是强制运动，是外加的、偶然的，而返回其固有位置则是物体的本性，弹簧出于本性返回其固有位置，这是自然运动。

> 一颗子弹飞动着穿过空气，因为它尾部的火药爆炸了，我们不会说是"因其本性"而飞动的，因为爆炸不在子弹里，爆炸传给子弹的动量是从外面传进去的，因而子弹的飞行不是子弹的本性行为而是强迫之下的行为；但是，如果在它的飞行中，

---

① 伽达默尔对黑格尔这一提法的阐释参见：汉斯-格奥尔格·伽达默尔（Hans-Georg Gadamer）：《科学时代的理性》（*Reason in the Age of Science*），弗雷德里克·G. 劳伦斯（Frenderick G. Lawrence）译，麻省理工学院出版社，1983年，第8—9页。

子弹穿透了一块木板，它之所以能穿过而不是停留在木板里头则是因为它重，……它的穿透力，就它是其重量的功能来讲，是它的"自然"的功能。[①]

而在牛顿力学中，物体受了外力的作用才坠落，那么自由落体就是不自由的、不自然的。实际上，在牛顿力学中，没有任何一种变动是自然的或自由的。[②] 由于消除了本然运动与被迫运动的区别，牛顿才能够问：苹果为什么会落下来。牛顿当然比我们聪明，但在这件事上，并不是牛顿格外聪明所以问出了我们平常问不出的问题，而是牛顿在另一个方向上思考问题。

自然存在有其本性，鸟生羽，兽生毛，然而黄瓜茄子赤条条。人也是自然存在，有其天性，例如，人按照天性求理解。telos，目的或终点，必须从这个角度去理解。**自然存在朝向它的 telos 发展**，以达乎它的本性所要求。人造物则异于是，把树锯开、做成板材、制成书桌，这不是树自己的天性使然，书桌也没有自己的 telos，它的制成和使用都是从外部来的，在这个例子里，是从人来的。亚里士多德依此对自然事物和人造事物做出区分。[③]

---

①　R. G. 柯林伍德：《自然的观念》，吴国盛、柯映红译，商务印书馆，2018 年，第 57 页。

②　也许我们会说，在牛顿力学中，有一种根据其本性的运动，即惯性运动。然而，惯性运动在自然中丝毫没有特殊的地位，只是作为计算运动的一种初始状态。也因此，牛顿承认，我们无法以实在论的方式确定何者是惯性运动。

③　现在，我们倾向于把功能视作目的，但在亚里士多德的概念框架里，功能和 telos 有明确的区分。我们今后讨论生物学和社会学科的区别时，这种区分将变得非常重要。

本性总是以某物为中心得到归属的，**必须有一个自身，才谈得上本性**、自然。上引亚里士多德"自然是事物自身本来具有的……"云云说到这一层意思。自身性或本身性是自然哲学中的核心概念。科学史家经常说到近代科学的去中心化，我们在这里看到，去中心化应视作去本性化的一个显例。在新物理学中，各种事物不再各自拥有自己的本性（自然），所有的运动和活动都由外力加以说明，于是我们不再面对各式各样的本性，而是面对一个笼而统之的"自然"或自然界，整体上与人类社会相对待。今人有时强调自然界和人类的统一性，强调人是自然的一部分，但在自然科学的强势概念框架里，这有时竟不是要重新把自身和本性赋予自然事物，而是要把人类活动也视作不具本性的活动。

今天的物理学不再用本性之类来说明弹簧回归原状的运动了。去除本性是近代科学的基本战略之一，并因这一战略获得了巨大的成功。但这并不意味我们的日常思考不再用本性和受迫这类概念来理解弹簧的变化。实际上，我们平时甚至并不把弹簧拉长、按紧、归于原状叫作"运动"，弹簧的这些变化和一个台球被击到台面这边那边是不一样的。

更不用说涉及人类行为的思考了。无论人的行为获得了哪些实证说明，受迫抑或出于本性仍然是且仍将是我们理解人类行为的主导范畴之一，其他方式的说明只可能起到很有限的辅助作用。

自然哲学探索事物怎样依其本性活动，自然科学则专门研究没有本性的事物，这些事物的总和被称作"自然"。自然科学专题研究没有本性的、"不自然"的对象，近代科学搜集到我们很难自然而然看到和经验到的现象，通过各种实验装置迫使事物进入不自然的状态，深入到人们难以自然地理解的领域。在上述种种意义上，**自然科学中的"自然"都和我们平常所理解的自然相反**。① 我们今天说到"自然科学"，通常并不产生误解，因为我们已经习惯于自然的两个意义，几乎截然相反的两个意义。不过，与之相关的误解还是时有可能，例如所谓"认识论的自然化"，指的是用自然科学的方法来处理认识论问题，如此营造的认识论颇不自然。

在自然哲学中，自然运动是发自本性的，偶然的运动则是被外力迫使的。近代力学消除了各种事物的本性，一切运动和活动都是由外力造成的。如果说，在自然哲学中源于本性的活动是必然的，那么现在反过来了，被迫的运动和活动反倒被视作是必然的。

不过，古典意义上的必然/偶然这组对偶在近代力学里消失以后，"必然"已经没有它的对偶了。一切运动都是必然的。除非在如下意义上：一切都是必然的，偶然只是假象。但这不过是说，偶然只是出于认识的无能，真实世界中是没有偶然的。

我们看到，绝对必然性学说和去本性化有紧密的逻辑联系。文化考察也许会表明，这一过程从一神教已经开始，在这样的宗教里，唯有上帝有本性，其他万物都是被决定的。在基督教神学中，上帝之为唯一的具有本性的存在使得人的自由意志和道德责任成为最棘手的难题，这和现在科学主义面临的情形可说一模一样，差别也许只在于基督教神学实不甘放弃自由意志和道德责任，而科学主义者似乎做出了放弃的准备。

---

① 不过，自然科学和自然哲学一样，有一层含义是与"超自然"相对的：其提供的解释是依赖于事实的，而不诉诸神迹、奇迹等等。

第三节　实证与操作

我们把近代科学称作实证科学。不过，实证态度在古代已经出现了。希腊化时期是实证研究的第一个繁荣时期。阿基米德力学、希帕恰斯和托勒密的天文学都属于实证研究，可以视作近代科学的先声。

古代天文学常常被视作实证研究的典型。迪昂说希腊人就明确区分"什么是自然哲学家（physicist）或今人所说的形而上学家的任务，什么是天文学家的任务。自然哲学家的任务是依据宇宙论所提供的理由来决定星球的实在运动是什么。另一方面，天文学家绝不可涉及他们描述的运动是实在的还是虚构的，他们唯一的目标是精密地描述天体的相对运动。"[1] 自然哲学论证给出自然之所以如此的理由，而天文学旨在表明某种类型的原理（包括假说）和现象一致。我们不知道为什么宇宙会有本轮和均轮的设置，不知道地心体系中七大行星周转的中心为什么不是地球，而是地球之外的某一个虚空点。传下来的一段希波多尼斯（Posidonius，约公元前 135—前

---

① 皮埃尔·迪昂：《物理学理论的目的和结构》，李醒民译，商务印书馆，2011 年，第 48 页。这里谈到的差别常被称作宇宙论-物理学 vs. 天文学。在古代，physika 或曰物理学是和宇宙论同类的，是关于实在世界的哲学研究，而今天，物理学指的是实证研究。（至于实证研究是否涉及实在，则正是我们眼下正在讨论的议题。）读者须注意这层区别。上文已经表明，为突出这层区别，physika 最好译作自然哲学或自然论而不是物理学，以便把物理学这个名称专用于科学革命以后的实证物理学，physics。不过，从文字来说，physics 毕竟就是 physika 的现代写法，且把它译作物理学也已经约定俗成。所以本书只在必须特别提请注意的时候把 physics 和 physicist 译作自然哲学和自然哲学家。

51)的著名言论结尾说:"事关原理,天文学家就不得不求助于自然学家。"①

在这段阐述之后,迪昂引用了阿奎那的相似论述。阿奎那说,物理学家和天文学家可能得出相同的结论,他们的**区别在于他们的证明方法**。要证明地球是圆的,物理学家即今天所称的自然哲学家使用的证明是地球的诸部分在每个方向上同等地倾向于地心。天文学家使用的证明则是月食时月亮的形状,或世界上不同的地方看到的恒星不同。

迪昂倾向于从操作主义来理解物理学。他认为物理学并不对付现象背后的世界,物理学不意在把握实在,而是意在用少数假设代替大量定律。

> 当我们谈到光振动时,我们想到的不再是实在物体的实在往复运动;我们想象的仅仅是抽象的量,即纯粹的、几何学的表达。……对我们的心智来说,这种振动是表征,而不是说明。②

与此相似,生物学家把鱼鳔视作与脊椎动物的肺同类,这种同源性也是"纯粹理想性的联系"。③

托勒密似乎把他的宇宙体系视作一个操作性的理论,据迪昂分析,在托勒密体系里,偏心圆、本轮等常被当作纯粹的数学工具而非物理实在。至少他本人没有声称均轮本轮等各种圆是实在的。

---

① 转引自皮埃尔·迪昂:《物理学理论的目的和结构》,李醒民译,商务印书馆,2011年,第49页。

② 同上书,第32页。

③ 同上书,第31页。

西方天文学传到中国，多数中国学者似乎把它视作操作性理论。钱大昕把开普勒学说称作"假象"。阮元说："自欧逻向化远来，译其步天之术，于是有本轮、均轮、次轮之算。此盖假设形象，以明均数之加减而已，而无识之徒，以其能言盈缩、迟疾、顺留伏逆之所以然，遂误认苍苍者天，果有如是诸轮者，斯真大惑矣。"他接着说到西人的"椭圆面积之术"，"以为地球动而太阳静……夫第假象以明算理，则谓为椭圆面积可，谓为地球动而太阳静，亦何所不可？然其为说至于上下易位，动静倒置，则离经畔道，不可为训"。①

　　为了躲避宗教迫害，科学革命早期的科学家往往把自己的学说称作操作性的假说，以区别于探讨实在世界的哲学或曰形而上学。在有些情况下，科学史家无法最终判定哪些是作者的真实看法哪些只是表述策略。主持出版哥白尼《天球运行论》的奥西安德在为这本书匿名写下的序言里声称这是个假说，它只是一个数学家为了工作方便的操作假设，而不是对宇宙的真实描述，因此它并不是对基督教世界观的冒犯。伽利略也接受天文学和自然哲学的区别，前者的唯一约束是和实验一致，而后者是要把握实在。不过，伽利略的这一说法也许只是为其日心说的真实信仰做掩护。伽利略为《关于两大世界体系的对话》补写的序言把日心说称作"一种纯粹数学的假说"，②则明显是策略性的。

　　操作态度不问真和不真，甚至明确承认它所设定的东西不真。我们两个去爬山，你决定走左边的路，我决定走右边的路，我们约

---

① 阮元：《畴人传》，卷46，中华书局，1991年，第610页。

② 伽利略（Galileo）：《关于托勒密和哥白尼两大世界体系的对话》（*Dialogue Concerning the Two Chief World Systems*），加州大学出版社，1970年，第5页。

定，那好，我们在山上会，这山长得像一只老虎，我们就在老虎脖子那里见。我们按照这个约定去行动、去操作，就能达到一个预期的效果，但它并不是真实的。

这种态度冠以主义，就是操作主义。[①] 在不问形而上学原理这一点上，操作主义和实证主义是一样的。实证主义和操作主义看来的确没有什么区别。首创实证主义这个词的孔德说："实证哲学的基本性质，就是把一切现象看成服从一些不变的自然规律；精确地发现这些规律，并把它们的数目压缩到最低限度，乃是我们一切努力的目标，因为我们认为，探索那些所谓的始因或目的因，对于我们来说，乃是绝对办不到的，也是毫无意义的。"[②] 柯瓦雷在对牛顿的重力、引力等概念进行了细致的讨论之后，结论说："牛顿的立场似乎是相当清楚的：他所讨论的那些力是'数学的力'，……我们的目标不是去思索它们的真实本性〔或者产生它们的原因〕，而是去研究它们的作用方式是什么。或者，用稍嫌时髦的话来说，是去寻找 how 而非 why，是去建立'定律'而非寻找'原因'。"[③] 实证主义不问形而上学原理，只求定律，只求定律得到证明。

不过，尽管操作主义和实证主义看起来很像，但涉及实在性或曰真实性这一至关重要之点，实证主义和操作主义有根本的区别：操作主义不在乎其结论真或不真，实证主义却是在乎的。实证主义

[①]　科学史家通常在这个意义上谈论操作，和布里奇曼的操作主义（operationalism）不尽相同。

[②]　孔德：《实证哲学教程》，第一课，转引自洪谦主编：《西方现代资产阶级哲学论著选集》，商务印书馆，1964 年，第 30 页。这是孔德的主导思想，反复表述，例见孔德，《论实证精神》，黄建华译，商务印书馆，1996 年，第 10 页。

[③]　亚历山大·柯瓦雷：《牛顿研究》，张卜天译，商务印书馆，2016 年，第 219 页。

要求实在，只不过它所要求的实在和旧日形而上学所要求的实在不同罢了。对自然哲学来说，不知其终极意义上的所以然就不能保证理论的真理性或实在性，而终极意义上的所以然是由形而上学保证的。的确，实证主义不问形而上学意义上的终极原理或原因，但这只说明它抛弃了只有形而上学才为真实提供保证的信条，而不是抛弃了对真实的追求。实证主义恰恰要改变形而上学对真实的界定。实证主义并非不问 why 只问 how，它也并非不问终极意义上的为什么，它只是不问目的论意义上的为什么，而**只问机制意义上的为什么**。它追问机制，一直追问到终极机制。我们最多是在这个意义上说实证主义不问"终极意义"上的为什么：在实证主义那里，终极是没有意义的。实证主义坚持其探究对象的实在性，只不过，现在它在相当程度上转变了实在的观念。

操作理论不在乎它是否真实地涉及对象，只问其定律是否有效。不真而有效，所以其有效只能限定在明确划出的现象范围之内。实证理论却不是这样的。实证主义也注重有效性，但它同时认为它自己是因真实而有效的，因此，其有效范围并不限于某一特定的现象范围，实际上，超出它所从出的资料去预测某些新颖的现象，是实证理论是否成功的一个主要标志。

操作主义不声称真实，因此，它并不构成对自然哲学的威胁。操作主义可以在自然哲学旁边生长，实证主义则不同，正因为实证主义所追求的也是实在，它和自然哲学不相容，它必定要求自己**取自然哲学而代之**。

固然，有一些实证主义者——他们多半是哲学家，但也包括发表哲学议论的科学家——明确主张操作主义的科学观。但我们很难设想哪个科学家在实际工作中会长时期满足于操作论的世界图景。[1] 下文马上要谈到，广泛地采用假说和模型，丝毫不意味着近代科学不再关心实在性。迪昂强调中世纪天文学的操作主义倾向，强调天文学和宇宙论的区别，林德伯格不能同意，认为迪昂"严重夸大了古代天文学思想中的工具论倾向"。[2] 对大多数天文学家来说，两球理论不仅提供了一个对现象的方便的概括，而且它代表了实在，对现象提供了深层解释，使我们理解了为什么这些现象是其所是。正如柯瓦雷指出的，在科学工作中，操作态度只是暂时的，"科学思想总是试图透过定律到达其背后去找出现象的产生机制"。[3] 开普勒并不像阮元所理解的那样停留在操作性上，他关心的是提供实在世界的图景，他不仅在观念上由于其柏拉图主义而坚持其学说的真理性，并且在实证的意义上获致成功。实际上，他是捍卫哥白尼学说的真实性的第一个也是最重要的一个人物。

在这个意义上，托勒密到中世纪到开普勒都更多是实证主义的，而不是操作主义的，只不过古代的实证工作位于自然哲学之侧，不成主流，因此显得像是纯操作的。无论如何，近代科学总体上不是操作理论。很少有哪位科学家持纯粹的操作主义立场，在实际工作中不关心他是否涉及世界的真实。

其实，尽管迪昂倾向于从操作主义来理解物理学，他还是承认，

---

① 罗杰·G. 牛顿："很难想象一个科学家怀疑真实的世界独立于我们自己而存在。"见罗杰·G. 牛顿：《何为科学真理》，武际可译，上海科技教育出版社，2001年，第163页。

② 戴维·林德伯格：《西方科学的起源》，王珺等译，中国对外翻译出版公司，2001年，第268—269页。

③ 亚历山大·柯瓦雷：《牛顿研究》，张卜天译，商务印书馆，2016年，第10页。

在大量探索后，在各种现象都落入了理论秩序以后，"我们无法不相信，这种秩序和这种组织不是实在的秩序和组织映射出来的图像"。物理学家既无能为这种实在论的信念提供理据，但也无力摆脱实在论信念。他引用帕斯卡的话来总结自己的看法："我们无能为此提供证明，任何教条主义都无法克服这种无能；另一方面，我们拥有一种真理观念，任何皮浪怀疑论也同样无法克服它。"[1]

第四节　预测与假说

人们常常会从两个方面来考虑理论的意义，一是解释已知的事件，二是预测未来的事件。与此相应，我们检验一个理论是否正确，是否有效，要看它是否符合我们既有的经验或已知的事实，以及是否能做出准确预测。

这个标准对科学理论似乎是合适的。科学理论既能提供解释又能提供预测。1871年，门捷列夫提出元素周期表，这个周期表为已知的62种元素提供了说明，同时预言了三种新元素，镓、钪、锗，15年内，人们相继发现了这三种元素。爱因斯坦的广义相对论对物体运动提出与牛顿体系至少同样有效的解释，同时又预言了牛顿体系做不出的预言，例如，光线在通过大质量物体的时候会发生弯曲，1919年，爱丁顿在日全食时通过观察证实了这一预言。[2]彭齐

---

[1]　皮埃尔·迪昂：《物理学理论的目的和结构》，李醒民译，商务印书馆，2011年，第33页。

[2]　究竟这个测试证实到何种程度是有争议的，可参见哈里·科林斯、特雷弗·平奇：《人人应知的科学》，第二章，江苏人民出版社，2000年。

亚斯和威尔逊（Arno Penzias and Robert Wilson）1965 年发现宇宙
背景辐射，后来更敏感的仪器测量到宇宙微波辐射的温度为 2.7K，
正符合大爆炸理论的预言。这对大爆炸理论提供了强有力的支持。
总的说来，科学理论越来越倾向于以假说形式提出，从一个特定假
说可以推导出某种预测，而理论是否正确，相应地越来越依重于预
测是否得到证实。在关于科学实在论的争论中，科学预测能够得到
证实这一点也成为科学实在论者最重要的论据。

预测得到证实还为科学理论带来极大的公信力。广义相对论
预言得到证实曾在世界范围内引起巨大轰动，把不为公众所知的爱
因斯坦形象送上了各大报纸的头版。

预测能力为什么对理论具有这么重要的意义？情况似乎是这
样：对于已经发生的事情我们可以提供多种多样的解释，往往找不
到什么确定的标准来判断哪种解释为真，或较优。我们看到日月周
章，可以用托勒密体系也可以用哥白尼体系也可以用盖天说来解
释，甚至可以用阿波罗驾着马车载着太阳在天上周游来解释。但是
引进预测就不同了。设想同一些资料得到两种不同的解释，不分轩
轾；既然它们是不同的解释，就总会有点儿不同，如果它们对解释
既有资料同样有效，那么我们就只有指望它们提出的预测不同了。
一旦某种预测得到证实而另一种预测被证伪，这两种解释谁对谁错
就判然分明了。罗伯特·特里弗斯（Robert Trivers）的亲子冲突理
论（theory of parent-offspring conflict）像弗洛伊德的俄狄浦斯情结
一样都对经验到的亲子冲突现象提出了解释，但从两种理论可以引
出某些不同的预测。发展心理学家据此设计了一些特定角度的资
料测试。据信，测试结果倾向于支持特里弗斯的亲子冲突理论，证

伪了弗洛伊德理论。①

　　准确预测的能力似乎单单属于科学。罗杰·牛顿评论道，在一种广泛的意义上，神话、占星术、巫术、哲学、历史学，都是对世界的理解。但只有在科学中我们要求，理解了一个过程，"我们就应当能够依以做出准确而不含糊的预言……而对一连串事件作历史的或哲学的理解就没有这种要求"。② 就此而言，哲学理论比神话强不了多少，它最多只能解释既有的经验，但不具有预测能力。

　　为什么哲学理论不能产生预测呢？ **科学怎么一来就有了预测的本领呢**？

　　我们不能说，亚里士多德的理论也能做出某些预测，至少是定性的预测，例如它能预测，外力消失之后，被此外力拉长的弹簧会回到原来的位置。这是日常的预期，是无需理论也自然会有的预期。人人都能预测太阳明天将从东方升起，不管他相信托勒密还是哥白尼抑或阿波罗驾着马车载着太阳在天上周游。这里说到预测，指的是不通过理论就原则上无法做出的预言。我们很早曾说过，理论通过类推或推理达到我们不能直接经验到的事物。同样，理论也能够预测单凭经验无法预言的事情。

　　预测的能力似乎确立了科学理论的优越性。科学理论在提供解释的能力之外还多出一种能力，预测能力。哲学则最多只能做到符合已有的经验。而一种理论仅仅符合已有的经验却不能做出正

---

① 戴维·巴斯(David M. Buss)：《进化心理学》(*Evolutionary Psychology*)，培生教育出版社，2004 年，第 215—216 页。

② 罗杰·G. 牛顿：《何为科学真理》，武际可译，上海科技教育出版社，2001 年，第 53 页。

确预测，它似乎就无法得到充分验证、令人信服。也许正因此，各种哲学理论互争短长，从没有办法明确判定谁对谁错，而科学却通过不同理论的有序竞争不断进步。

再多想一步，我们甚至会怀疑哲学理论是否真的符合既有事实。细想起来，**符合过去的事实和预测未来的事实似乎并没有根本的区别**。一位社会学家搜集了很多资料，在对一半资料进行了考查之后得出一个理论（假说、模型），这个理论做出了某种预测，他用尚未考查过的一半资料来验试这些预测。这个普普通通的例子说明，我们应当这样划分资料：借以产生理论的资料和用来验证理论的资料。这种划分和过去、将来并无关系。只要已经研究过的资料量足够大，一个能够成功解释这些资料的理论似乎也应该能够做出正确的预测。

这么想来，哲学理论不能有效预测未来，不只意味着它只履行了理论的一半功能，解释功能，实际上意味着它并不曾有效地解释以往的经验。基于广泛经验的正确哲学理论理应具有预测的能力。

然而，本节想表明，用预测能力来要求、来衡量哲学理论，这是从根本上误解了哲学理论的性质。**哲学理论完全是解释性的，和预言毫无关系**。亚里士多德的《政治学》详细讨论了各类希腊城邦的政治问题，却丝毫没有显示出对正在形成并将成为西方一种主要政治形式的帝国有所预期。这是亚里士多德政治学理论的缺陷吗？亚里士多德的政治学理论可能有这样那样的缺陷，但鲜见有人因为它不曾对未来有所预测来批评它。"在黑格尔那里，就像在亚里士多德那里，法则观念主要是那种通过反思理解把握的内在联系的观念，而不是通过观察和实验建立起来的归纳概括。对这两位哲学家来说，解释在于使得现象在目的论上变得可以理解，而不是通过对致动因的了解变得可以预测。"[1] 反过来说，托勒密体系能够相当准确地预言月食，但亚历山大里亚和中世纪天文学一般只声称自己的数学计算能够"拯救现象"、进行预测，而不声称自己提供了实在的宇宙理论。

有一个著名的故事，讲述的是第一位哲学家泰勒斯通过成功预言赚了很多钱。但这并不表明哲学能够提供预测，这个故事的寓意反倒是：哲学家也具有哲学以外的能力，如果愿意，他也可以从事预测，甚至借此大发其财。可他在从事哲学的时候，就连下一脚要跌到沟里都预见不到。可叹，我们这些今天的哲学工作者只继承了跌到沟里的哲学能力，没继承到预测股票市场的非哲学能力。

我们今天已习惯于把科学理论视作理论的范式，习惯于假说-预测-检验的模式，习惯于把理论与预言连在一起：理论的初始形态是假说，理论需要验证，预测的成功证实理论。然而，在古代和中世纪，哲学理论从来不可被视为假说。

·　·　·

"假说"来自希腊词 hypothesis，它和英文词 supposition 构词相同，意思也相同，都是说"置于某事物之下"。从存在论上说，hypothesis 指的是把某事物置放于其他事物的下面作为基础，是为 hypostasis，基质或实体。与此相应，在逻辑学上，hypothesis 指的

---

① 乔治·亨里克·冯·赖特(George Henrik von Wright)：《解释与理解》(*Explanation and Understanding*)，康奈尔大学出版社，1971年，第8页。

是把某一命题视作可以依以推导出其他命题的前提。从这个基本含义出发，**假说发展出多种相互纠缠的含义**。假说可以指有待于证明的临时假定——在实证科学里，证明主要指望由实验提供，而在柏拉图那里，假说的证明也可能由更高的原理提供。但有些假说也可能根本是无法得到证明的，只是为了论证暂加认可的悬设。甚至，假说也可能已知为虚构不实，但这种虚构对于提供某种解释来说仍可以是有用的，例如卢梭明言他所谓的自然状态是一种虚构。还有的时候，我们做出一个假设，只是为了反驳它，这就是所谓反证法。

到相当晚近，又出现一种新用法，**把整个理论叫作假说**。当然，这是说尚未获得证实的理论。大致上可以说，没有获得证实的理论是假说，获得了证实的假说是理论。不过，实际上我们经常难以分辨假说和理论，因为一个复杂的理论很难说是否已得到充分证实。进化论是理论还是假说？弗洛伊德学说是理论还是假说？理论和假说似乎只有证实程度上的区别。科学家有时觉得这只是字面之争，各自随高兴取用一个词罢了。

对我们的分析来说，首先要抓住"假说"一词的多重含义中的主线：假说是一种特殊的前提，我们不知这个前提本身的真假，但它是一个逻辑出发点，可由此出发进行推论。

在很多情况下，我们并不关心假说本身是否为真，我们设定假说只是为了便于清晰地论证。从"不辨真伪的前提"这层意思上，假说发展出一种操作的意思，即，"纯粹的简便易用的数学技巧"。[①]奥西安德为《天球运行论》所写的序言里把哥白尼理论称作假说，

---

① 亚历山大·柯瓦雷：《牛顿研究》，张卜天译，商务印书馆，2016年，第43页。

多半是有意地掩饰哥白尼理论的实在性，以缓冲可能遭受的反对。

但在另一些情况下，我们关注的恰恰是假说本身是否为真。我们设立假说，看从它那里能推出什么东西，意在从所推出的东西反过来检测假说是否为真。之所以采取这样迂回的步骤，是因为我们无法直接判明所设定的东西是真是假，所以不得不反过来根据假说的后承来判断该设定为真或为假。

把整个理论作为假说提出，就属于后面这种情况。这时，提出假说的目标是通过验证来证明该理论为真。寻问哲学理论是否提供了预测，是否得到证实的时候，就是用这样的眼光来看待哲学理论的。此中包含的一般观念是：理论最初是以假说形式出现的，理论需要证实。

然而，在亚里士多德那里，所有的哲学-科学推理都与假说无关。哲学-科学推理都源于真理性的前提。与此对照，如果推理所依赖的前提是一些假说，那么，它们就不属于科学，只能产生"看法"，它们不是科学推理，而是"辩证"的推理。柏拉图允许哲学-科学中采用假说，但对于最高的知识，是"理性自身通过辩证法达到的"，在这里，理性即使用到假说，也"不是把假说用作第一原理，而是仅仅用作假说，就是说，用作进入高于假说的世界的步骤和出发点，以便理性可以超越它们，翱翔而入乎第一原理的世界"。①

---

①　柏拉图：《理想国》，第六卷，511b-c。王晓朝的译文是："假设不是被当作绝对的起点，而是仅仅被用作假设，也就是说假设是基础、立足点和跳板，以便能从这个暂时的起点一直上升到一个不是假设的地方，这个地方才是一切的起点，上升到这里并从中获得第一原理以后，再回过头来把握那些依赖这个原理的东西，下降到结论。"《柏拉图全集》（第二卷），王晓朝译，人民出版社，2003 年，第 509 页。

　　柏拉图和亚里士多德的用语不同，在柏拉图那里，辩证法是通达最高知识的途径，而亚里士多德则把基于假说的非科学的推理称为辩证推理。用语差异背后有着见解上的区别。但是，他们两人都分明认为由假设获得的见识不是最高的见识，在这种见识之上还有第一原理。

　　哲学作为理论整体也和假说无关。人们经常比照后世的理论体系来理解亚里士多德。按照这种理解，形而上学提出一些自明原理。如果形而上学原理被采用作为一个推理体系的出发点，原理就成为公理，axiom。① 公理是自明的真理，无须证明也无法证明。② 如果一个哲学部门，例如自然哲学，其所依的原理理论不是自明的，那么，亚里士多德会主张，它们应该由更高的原理来说明，而不是需要由其他什么来验证。

　　这样来勾画亚里士多德哲学体系，虽然有相当的根据，却仍不到位。按照这种理解，哲学体系仿佛是一个推理体系，它和现代科学理论的差别在于，现代科学是从假说出发，反过来证明其真理性，

────────────────

　　①　公理与公设（postulate）不同。公设相当于今天所说的假说，其真理性未经证明而暂加认可。公理本质上不可证明，而公设像假说一样，不一定不可证明，它们只是未加证明就被假定了而已。在欧几里得几何学和笛卡尔几何学中，公理和公设这两种原理都被采用。

　　②　还有一种不是严格意义上的公理。它无法在采用它的那门科学里得到证明，而是要在更高的科学中得到证明，例如"在几何学中证明力学定理或光学定理，或在算术中证明声学的定理"。它们不真正是公理，因为它们是可以得到证明的：但在一门特定科学中，它们可以扮演公理的角色，因为可用来证明其他的命题而自身则不经证明。可称为次级意义上的公理。阿德勒（Mortimer J. Adler）主编：《西方世界伟大著作》（*Great Books of the Western World*），不列颠百科全书公司，第二版，1990 年，第一卷，第 582 页。

而哲学理论是从真理出发，推演出其结论的真理性。于是我们不能不问：这个体系的自明公理是从哪里来的，它们是否足够自明？实际上，即使在亚里士多德被普遍视作最高权威的时代里，形而上学里的命题也说不上有什么特别自明之处，甚至亚里士多德的体系也并不是公认的形而上学体系。大多数哲学家接受亚里士多德体系，不是因为其形而上学原理格外自明，而是因为整个体系比较自然地互相呼应。

哲学要求某种自明的东西，这一点大家并不陌生。但这始终被理解为：哲学从自明的东西出发。笛卡尔以降，哲学家一直在寻找自明的出发点。我思？感觉与料？我有两只手？意识结构？其结果大家也不陌生：关于究竟什么是自明的，哲学家们纷争不已，可说使"自明"成了讽刺。然而，哲学体系的自明性并不在于找到某些事实，这些事实或这些种类的事实比另外一些更加确凿可信。哲学命题的自明是理应如此这一意义上的自明。哲学中的自明和自然是紧密联系在一起的。

我们若用自明来谈论古代哲学，自明却并不限于出发点。哲学阐论始终以自明的方式开展，它不仅从自明的东西出发，而且也行在自明的东西上，落在自明的东西上。哲学不是从一套自明公理出发展开的一个推理体系。毋宁说，哲学是通体自明的。如前面"自然与必然"一节所论，哲学关心的是本性使然理应如此的东西；本性使然理应如此的东西，在一个基本意义上，是自明的，因为在从事哲学思考之前我们已经知道这种东西。哲学并非从自明的东西出发得出某种惊人的结论，它依栖于自明的东西，并且它的结论就是它依栖的东西，只不过现在这种东西在命题层面上变得清晰了。

这当然不是说，一个哲学家认为自明的东西就是自明的。然而，我们拒绝他认作自明的东西，所依据的仍然是某种自明的东西。这里并不存在无穷倒退的困境，因为我们总是对某种特定的提法是否自明提出疑问，并不准备回答这世界上究竟什么东西是最终自明的。

形而上学是各哲学分支的基础，这应被理解为：**形而上学是哲学思考的汇拢之处**；而不能被理解为：形而上学是哲学各部门推理体系所依赖的自明公理的手册。

哲学思考当然包含推理。但是，其推理都是短程的。[①] 我们在上一章谈到，自然概念的推理行之不远。与数学推理比较起来，这仿佛是一个重大缺陷。但这种比较本身就基于混乱。哲学推理不是要把我们引向远方，进一步只是为了退一步，始终盘桓于近处。哲学推理根本不是要得出某种我们事先不知道的结论，哲学只是把我们在某种意义上已经知道的东西以形式化的方式呈现出来，以便在命题层面上明示哪些是我们真正知道的，哪些是我们自以为知道但实际上并不知道的。

亚里士多德被称作逻辑学之父。奇怪的是，在亚里士多德那里，逻辑并不包括在他的哲学体系内部。如果逻辑是所有哲学-科学思考的方法论，它应当占据远为重要的地位。然而，我们所理解的推理能力，逻辑-数学推理能力，在哲学探索中原本就不是一项重要的能力。**在哲学中，相应于推理的能力乃是形式化的能力**。

把已经知道的东西以形式化的方式呈现出来。怎么形式化？

---

① 这一点说明了为什么哲学书我们可能一段读不懂下一段又读懂了。

无非是：说出来，用我们自然而然能听懂的语言说出来。任何从事过这种努力的人都知道，这可不是一件容易的事情。然而，人们却由于种种原因有意无意误解这一点，仿佛深奥难懂的 jargons 标志着深刻的思想。我们默会的深刻道理，有时极难达诸言辞，乃至我们不得不使用别扭的语言。这种佶屈聱牙的表达法是一个标志，表明我们尚未在形式化层面上有清楚的理解。有时候我们想得不够清楚就急于传达，也无可厚非，[1] 但总体上说，就哲学表达来说，绝不是形式化程度越高就越清楚。[2]

哲学关心的是本性使然合乎道理的东西，而不是建构某种假说以合乎某些资料。假说是不辨真假的前提，从假说的这一根本含义着眼，可以清楚地看到，哲学理论不是以假说方式开展的。那些不合乎道理的东西，偶然的东西，对哲学理论来说没有什么意义，哲学并不建构假说去从外部加以说明。哲学真理不是"有待"的真理，它不需要验证。希波克拉底和希帕恰斯采用假说方法工作，属于实证研究。柏拉图和亚里士多德则不是这类理论。

当然，哲学理论也须符合经验，也须"验之于经验"。但这个宽泛的说法不应被误解为假说-验证。就连"理论是否符合经验"这个说法也应留心。符合这个概念是外在的，它适合用来表述假说和资料的关系，不适于用来表述哲学理论和经验的关系。至少我得说，符合我们的既有理解既有经验和符合搜集到的资料是两种非常不同的符合。

---

① 例如，两个较为清楚的论题之间需要某种连接。

② 我当然不是说，用易懂的语言写的哲学都是好哲学。我最希望读到的，是通俗的语言表达高深的思想，最不喜欢的，是用高深的语言表达浅俗的想法。

　　上节说到物理学家和天文学家采用不同的方法来论证地球是圆的。我们现在可以这样来表述这两类证明的不同之处。地球的诸部分在每个方向上同等地倾向于地心，因此地球是圆的，这个论证诉诸我们的直接经验，几乎不能叫作推理。而通过月食时月亮的形状来证明地球是圆的，则需要我们对月食产生的原因、对地球和月球的关系等等有一种理论上的了解，这个理论是多多少少依赖于数学计算的，而非诉诸经验即可成立。

　　因此，我们须得**区分假说与判断**。我们平常的判断直接来自经验。当然，来自经验并不能保证判定是正确的。判断可以因多种原因失误，例如，侧重了一方面的经验而忽视了另一方面的经验。我说张三真小气，举了个例子，你说，可你忘了张三那次还何如何如慷慨呢。再例如，判断可能干脆缺乏判断力。但是，反驳一个判断，并不总是需要说"咱们拿一些新资料来验证一下再说"。实际上我们通常不是这样批驳一个判断的。

　　哲学阐论当然也可能出错，哲学阐论的错误大致与这里所说的判断错误相当，而不是假说不成立那种意义上的错误。

　　近代倾向于用确定性来界定真理性。要区分某一实证理论在多大程度上是个确立的理论抑或仍然是个假说，确定程度的确是一个标准。哲学理论不是从假说开始的，哲学理论之间的区别也不在于确定性高低、得到证实程度的高低。哲学理论和实证理论之间的区别更不是确定性的程度之别，而是类型区别。哲学见解不可能依赖等待进一步的验证来提高其确定性，如果这里说得上确定性，那么它来自对既有经验的更深入的反思，来自判断力的提高。

· · ·

　　我们既可以说实证化的科学失去了形而上学的支持，也可以说实证科学抛弃了形而上学的支持，总之，它不用形而上学原理来支持自己，而转向用证据来支持自己。事实以及对事实所做的数学处理，取代了经验观念和哲学原理。

　　科学理论来自对观察资料和实验所获数据的归纳，这些资料是如此这般，并非理应如此。科学概念和科学理论是外在于其资料的，它们固然也是资料建议的，但并不是资料培育的。不像经验和自然概念的关系，在那里，概念本来就是经验培育起来的，本来就是经验所包含的或明或暗的道理。理论转变了形态，它不再从天然合理性开始并始终依贴着天然合理性，而是从假说开始。

　　假说需要验证。而对这种外部验证来说，预测具有头等重要的意义。库恩总结出了评价科学理论的五个尺度，[①] 第一个就是理论预测的准确度——然后依次是一致性、视野的广度、简单性、丰饶或曰富有进一步的生产潜力。马赫甚至把预测成功视作一个理论是否可被接受的唯一标准。

　　实证理论和预测能力的联系，比我们通常所认为的还要更加紧密。准确预测只是库恩所列出的五项标准中的一项，然而，其中至少还有两项和预测直接相关。例如第四项，理论的简单性。普遍承认简单性是造就优秀理论的一个重大优点，而人们通常是从 elegent

---

　　① 托马斯·S. 库恩:《必要的张力》，范岱年等译，北京大学出版社，2004 年，第 313 页。

或优雅的美学角度来理解这一点的。但有研究表明，这个优点看来并不独立于预测能力。对于一个数理模型来说，具有同等解释力的模式，其中较简单的那个模型将具有更强的预测能力，或更高的预测精度。[①] 我们后面会看到，其中第五项，丰饶，fertility，其实也差不多等于说能够产生新的预测。

我们曾提到，预测的能力并非科学所独有。有多种多样的预测、预言、期待、臆测。最容易想到的一种，是通过掌握规律来进行预测。常识也发现很多规律，在这个意义上，常识也能"预言"。谁都能"预言"夏天之后是秋天。

然而，"掌握春夏秋冬的规律"这话是应当留神的。我们说到掌握规律，其典型是在外部资料中发现规律。而像春夏秋冬这类现象样式，早已经深深嵌入我们的经验之中，与其说它是我们需要去掌握的东西，不如说是我们经验的一部分，属于我们的认知原型，即我们依以掌握其他事物的经验基础。在经验范围内，谈论"规律"或"发现规律"是十分可疑的。当然，我们也不说"经验到规律"，我们说经验到某种相似之处，经验到某种样式，pattern，体察到某种样式。缘于同样的道理，我们并不说我能预言夏天之后是秋天。相反，在日常生活里，说到预言，通常是说预言那些一次性的事件，例如是否会发生战争，谁会和谁结婚或谁会离婚。

我们曾问，科学怎么一来就有了预测的本领呢？最容易想到的

---

① 参见麦克姆林（McMulin）：《为科学实在论一辩》（A Case for Scientific Realism），载于杰瑞特·雷普林（Jarrett Leplin）编：《科学实在论》（Scientific Realism），加州大学出版社，1984年，第30页。我要加上说，对一个解释性理论来说，简单性和验证没有直接关系，简单性是为了真切理解服务的。

是，科学理论能够发现规律，一旦发现了规律，当然就能够做出预测。的确，科学工作的一个主要目标正是发现规律。但须注意，这个说法里的首要之点并不在于春夏秋冬那样的"规律"，而在于"发现"。在这里，发现是和资料的外部性相应的。如果我们把春夏秋冬也叫作"规律"，那么发现规律就不是科学的特长了。所谓"发现规律"，是在并非理应如此的地方发现规律。这是科学的特长。我们记得，"自然规律"这个用语也是随着近代科学观念一起流行起来的。

一旦掌握规律，解释和预测就成了一回事。**规律是没有时间性的**，或者，时间作为一个外部因素被纳入到规律之中。在"数运与数学"一节，我指出数与自然规律这两个概念的紧密联系，它们都是脱去时间性的概念。规律对未来和以往一视同仁，能够对以往事件做出说明，就能够对未来事件做出预测，秋天跟着夏天若是个规律，那我们就不仅能解释为什么去年夏天之后来了秋天，而且自然能预测今年夏天过后也是秋天。在这里再特别谈论预测没有意思。这并不是我们在科学实践中实际上看到的预测。掌握这种所谓"经验规律"只是科学的初级阶段。社会科学大半停留在这个阶段，恐怕也将永远停留在这个阶段。物理科学早已超出了这个阶段，它深入到规律背后，发现产生这些规律的深层机制。引力是一种机制，它不仅说明为什么苹果落到地上，也说明为什么行星的轨道是圆的，也说明为什么潮起潮落，而这些现象并无表观的相似性。二元二次方程公式也是一个机制，你代入不同的数字，它就产生出不同的得数。你得到的不是现象的重复。各种输入和各种输出并不呈现表观规律。化学元素形成一个周期，但这些元素的现象却没有对应的周期，它们之间互相反应所产生的现象更不形成直接对应的周期。

人们常说，理论具有普遍性。然而，有多种多样的普遍性。最简单的一种是概括断言类型的普遍性。物体的共同点是共相，事件顺序的共同点是规律。抽象出共同点，这是一种普遍性。然而，从个别"上升"到一般，通过归纳和抽象获得共同点，通过概括获得规律，只能产生最表浅的"理论"。这类理论若说提供理解，提供的也是表浅的理解。苏格拉底为什么死了？"人不免一死"没有从理论上给予回答。嫌疑人曾每天都到谋杀现场，和他曾有一次到过谋杀现场，是在相近的意义上需得到解释的事情。**万有引力不是对苹果、冰雹、眼泪这些下落的东西的归纳**，不是在"反复出现"这一含义上的"规律"，有很多东西落下来、很多东西互相吸引，同样也有很多东西上升、飘浮、互相排斥。但显然，牛顿不是从恩培多克勒的吸引和排斥中减去了排斥就会得到万有引力概念。万有引力不仅要参与解释物体的互相吸引，而且要参与解释为什么月亮不落到地球上来，要解释木星卫星的旋转、地球的形状、潮汐运动等等看似完全无关的各种现象。

理论的普遍性不是靠在广度上外推，**理论的普遍性是深度带来的**。没有哪种成熟的科学理论是根据现象的重复预言它还将重复。科学是通过发现机制做出预测的，通过对机制的把握，它能预言一种从没有出现过的新颖现象。

科学理论所做的预言有意思，恰在于它们会超出经验预期。这才给予理论以重要性，给予理论以不同于经验的身份。我读过一本社会学的书，经过漫长的研究，得出一系列结论，例如，经常出差在外的人有较高的外遇率。直觉就可以告诉我们，这位研究者离有意义的理论还差得很远。一个良好的理论，我们会期待它预测某些新现象，这些新现象在种类上离开原来的现象越远，越不大可能被期待，我们就会越说这个理论或模型良好。这就意味着它们不只是发现了规律，而是发现了机制。那种专门发明出来对付眼前事例的理论（ad hoc theory）是无趣的理论，缘故在此。库恩所说的理论丰饶性，是从表观上说的，我们可以更深入地把它理解为这一理论进入了深层机制。麦克姆林说，丰饶性这一标准减少了 ad hoc 理论、一事一说法的理论的可能性。[①]

科学所欲把握的深层机制是远离日常经验的机制。我们只有通过理论的、推理的方式才能到达那里。近代物理学通过数学化获得了这种远行的能力。我在前两章表明，量的纯外部关系保证了长程推理的可靠性。正是这种长程推理的可靠性使得科学可以发现或建构远离经验的深层机制。科学做出预言的能力是以数学化的方式达到的。从英文词 calculable 来看，量化和预测差不多是一回事。但这不是说，只要我们量化就能做出准确的预测。量化和预测是通过机制联系在一起的：量化保证了长程推理的可靠性，长程推理使我们能够掌握远离经验的机制，掌握这一机制使我们能够预测。

科学做出的预测是一种特殊类型的预测。人们说，科学提供精确的预测。由于我们被"精确"这个词的褒扬意义迷住了眼睛，反倒忽略了这个词的基本意思：先行数量化。科学理论并非在一般意

---

① 麦克姆林：《为科学实在论一辩》，载于杰瑞特·雷普林编，《科学实在论》，加州大学出版社，1984 年，第 30 页。

义上能够做出更准确的预言，它在某些特定的事情上做出准确的预言，这些事情和我们平常做预言的事情不同类。爱因斯坦理论对行星的实际轨迹做出的预测比牛顿理论所做出的预测更精准，这里的"更"是在两个科学理论之间的比较，至于我们普通人，不是我们的预测不够准确，我们在这里根本无从预测，最多是臆测。反过来，我们预料张三会升官，李四会发财，在这些事情上，科学并不能提供预测，遑论更加精确。科学理论的本领是在我们平常根本无法做出预言的地方做出预言。科学的极高的预测能力，说来说去是预测能够量化的东西：纯量的活动，或者能归化为纯量的活动。而我们的经验世界原则上是无法大规模量化的。

科学理论不是直接来自经验，它以外在于资料的假说形式出现。这些假说，通常是由通过远程推理得到的一些结论建构起来的，这个推理过程往往牵涉理想化的前提和条件，往往或明或暗地引入了一些尚未证实的东西。这些结论建构起来的假说是否正确有待于验证。假说-预测-检验-理论的程序是和实证理论连在一起的，这也是为什么是在实证科学兴起之后，假说才被用来指称理论，预测才对判定理论真伪起到决定作用。Savoir pour prévoir（知的目的是预知）这话出自实证主义哲学的创始人孔德之口，不亦宜乎？

如上所言，科学理论不是预言已经发生过的现象还会重复发生，它根据机制预言新颖的现象。主要是由于理论能够做出这一类预测，才使得验证成为可能。这类新颖的现象可能从没有被经验到，甚至从不可能被经验到。要验证现代科学理论，经验不够了，直接观察也不够了，理论需要通过实验所生产的事实来加以验证。不是"验之于经验"，而是验之于实验。科学预测和实验是紧密关联的。我们曾强调经验与实验的根本区别。相应地，我们在这里要强调验之于经验和通过实验来证明有根本区别。其中的一个区别是，经验是自然的、回溯的，所谓验之于经验所需要的是判断力。这和依据一个假说设计若干实验来加以证实大不相同。

无论阴阳五行理论还是各种哲学理论都不能发现可经验范围之外的规律，也不能掌握可经验范围之外的机制。阴阳五行理论若被理解为关于机制的学说，那么，我们可以基于其预测的失败把它视作伪科学。哲学呢？哲学也常被视作或自视为发现规律和发现机制的学说。结果，那些热衷于总结规律、发掘机制的哲学爱好者，要是没有成为科学家，就会成为最无聊的"理论家"。但如下一章所要辨明的，这种冲动出于对哲学的误解，和很多人的想象相反，哲学研究的鹄的并不在于总结规律，发掘机制。哲学是对经验的反思，尤其是对概念的考察。**哲学理论是要让世界变得可以理解**，而不是让世界变得可以预言。只不过，概念考察和机制研究，尤其是定性的机制研究，[①] 有多重交织，极容易被混淆。理解有举一反三之功。哲学扩大其"适用范围"的方式和科学理论是不一样的，哲学引领我们在深处贯通，在这里，理解的深度意味着理解范围的扩大。在相当程度上，这和科学不断推进以把握深层机制从而扩大了应用范围是可类比的，并因此容易引起混淆。但两者不是一回事。

·　·　·

---

① 如自然选择理论。

在日常生活中，对事态做出较优预言的能力在很大程度上依赖于对事态的较深理解。依此类比，我们会设想，科学理论既然能做出更准确的预言，表明科学对世界有更深的理解。但如上文所示，科学的预测能力涉及的是某些特定的事情，可以也必须通过量化才能把握的事情。由此，科学具有预测能力并不一般地表明科学对世界具有更好的理解，除非是在这种意义上：在一些我们日常经验没有想到要去理解的并且也无法理解的事情上，科学提供了一种理解。这种理解和通常理解有别，本书称之为"技术性理解"。在技术性理解的意义上，科学理论做出预言的能力当然依赖于理解。

但如"万有引力与可理解性""为什么是数学"等节所提示，技术性理解并不等于我们通常所说的理解。在很多情况下，一个科学理论可以做出良好的预测，但它对它所处理的课题并不理解。量子力学对量子事件的预测成功率几乎是百分之百，但费曼仍说，没有人懂得量子力学。科学发现定律、做出预言的能力是以数学化的方式达到的，也是以数学化为代价达到的。我们不能不加限制地认为，现代科学能够做出准确的预测证明了它在一般意义上为我们提供了对世界的更好的理解。[①]

所以，我们倒要反过来问：既然我们并不理解现代量子力学，我们为什么要接受它呢？物理学家 B. 格林回答说：第一，量子力学在数学上是和谐的。第二，它做出的许多预言都得到了科学史上最精确最成功的证实。[②] 我们接受一个物理学理论的理由，和我们接

[①]　不少物理学家对这一点了解得很清楚，至少比很多哲学家更清楚。例如我们这里所引的费曼和格林。

[②]　B. 格林：《宇宙的琴弦》，李泳译，湖南科学技术出版社，2004 年，第 88 页。

受一个哲学理论的理由是根本不同的。

"我不杜撰假说"

牛顿有一句名言："我不杜撰假说"。[①] 这句话引发了研究者广泛而持久的讨论，[②] 因为，如研究者早已指明，牛顿本人像所有科学家一样提出假说。

如上所言，"假说"有多种相互纠缠的含义。我们说牛顿本人也经常提出假说，指的是现在流行意义上的假说——假说是需要加以验证的模式或理论。在这个意义上，牛顿当然提出假说。但牛顿说到假说，意思不同。牛顿认为：科学研究应当从现象中归纳出某种法则，然后再尝试把这些法则应用到更广泛的现象中去，在这个过程中检验这些法则是否正确。一开始对法则的尝试性表述，虽然尚未得到充分检验，但它并非假说，因为它本来就是从相当广泛的现象中归纳出来的。与此相对，杜撰假说是把单纯由逻辑构造或心智构造而成的东西当成某种实在的东西，赋予它们以实在。[③] 如果争论的一方只是从逻辑的可能性出发来否定通过归纳整理出来的

---

① 这句话的一个主要出处如下："我始终未能从现象中找到引力的这些特征的原因，而且我不杜撰任何假说；因为凡不是从现象中推演出的东西都应称作假说；而假说，无论是形而上学的还是物理学的，无论是具有隐秘的性质还是力学性质，在实验哲学中都没有地位。"伊萨克·牛顿：《自然哲学之数学原理/宇宙体系》，王克迪译，武汉出版社，1992年，第553页。

② 例见卡约里对《原理》一书的注释第55条，载于中译本第683—688页，又见柯瓦雷的《牛顿研究》，第二篇，第32、51页。

③ 上面谈到 hypothesis 和 hypostasis 的语词联系，就此而言，牛顿把从（虚构）实体来理解假说是有根据的。不过，也有人恰恰据此提出批评说，牛顿光学理论中的以太也是虚构的实体，即他所批评的意义上的假说。

法则，声称"还有另外一种可能"，那就是依赖于假说了。依赖于假说的争论将永无止境，因为总会有别种可能的。[①] 简言之，在牛顿那里，假说大体上指的是**原则上无法通过数学方法和实验数据加以证明的理论**。

现在通常所称的假说，当然不仅仅是逻辑上可能的，而且是材料最鲜明地指示的。上面说到，门捷列夫的元素周期表做出了重要的预言，预言了三种未知元素的存在。但周期表本身是从 62 种已知元素中总结出来的。也就是说，现在所称的假说-验证方法差不多就是牛顿所推荐的工作方法，标准的科学工作方法，和牛顿所反对的假说几乎正好相反。牛顿所称的假说，大致相当于我们所说的形而上学思辨。就此而言，"我不杜撰假说"实际上是近代科学向形而上学发起根本挑战的宣言。

到十九世纪末，假说大量增加。这无非是说明，科学在观念上战胜了自然哲学，科学家再不会屈从于提供形而上学根据的要求，都自觉采用归纳-假说-验证的工作方法。

第五节　一般的实在问题

几乎没有哪本讨论物理学哲学的书不讨论物理学对象是否实在的问题。物理学是否提供关于实在的理论？是否在揭示世界的结构及其作用方式？实在论者的回答是肯定的，但他们的立场又有

---

① 参见迈克尔·怀特：《牛顿传》，陈可岗译，中信出版社·辽宁教育出版社，2004 年，第 235、365 页。

很大区别。粗分，一些论者是防御性的，针对反实在论者坚持物理学理论的实在性。另有一些论者持物理主义还原论立场，主张只有物理学对象是实在的，唯有物理学才认识实在，常识所认识的世界不是实在世界。反实在论者的立场同样是形形色色。粗分，一大批论者从物理学理论的"操作性"出发否认物理学对象的实在性。另一批是所谓"强纲领"的社会建构主义者，主张科学无非是一种意识形态。还原论者可视作实在论中的极端派，社会建构主义可视作反实在论中的极端派。我们在导论里谈到过社会建构主义。关于还原论，我打算在另一种上下文中讨论。我所讨论的问题是物理学理论是否只是操作理论，抑或事关实在。本节中"实在论"和"反实在论"是在这一限定意义上使用的。

有些科学家、科学史家、科学哲学家把物理学理论视作约定、建构、操作理论，另一些努力证明物理学对象的实在性。前一个阵营被称作反科学实在论者，包括劳丹（Larry Laudan）、弗拉森（Bas C.van Fraassen）等。库恩一般也列入这一阵营。[①] 后一个阵营被称作科学

---

① 库恩的《科学革命的结构》被建构主义者奉为经典，他本人被理所当然地视作反实在论的一个主要代表。但在我看，这是对库恩及《科学革命的结构》一书的重大误解。库恩所质疑的是人们对"实在"的流俗理解："我愿强调，我不是主张那儿有个实在，科学达不到那里。我的观点倒是，科学哲学中通常谈到的那个实在观念，是无法被赋予任何意义的实在观念。"库恩的后期著述尤其清楚地表明，他所要坚持的是心智范畴可以随着语言和经验的适应演化过程有所改变，然而，"这种观点丝毫不必要求世界变得较少实在"。他甚至自称是个"死不悔改的实在论者"（unregenerate realist）。以上三句引文分别引自詹姆斯·科南特（James Conant）和约翰·豪格兰德（John Haughland）所编辑的托马斯·库恩（Thomas Kuhn）：《结构之后的路》（The Road since Structure），芝加哥大学出版社，2000年，第115、207、203页。我个人认为库恩的思想的确超出通常的实在论反实在论之争。

实在论者，包括亨佩尔、普特南、塞拉斯、厄尔南·麦克姆林等。[①]

两个阵营的争论有时剑拔弩张。在一本题为《科学实在论》（*Scientific Realism*）的论文集里，尽管大多数作者是或者至少自视为实在论者，鹰派反实在论者阿瑟·法恩还是凿凿声称："实在论死了。……的确，最近又出现了一些哲学文著，要支起实在论这个僵死的躯壳，给它吹入新的生命。但我相信这些努力到头来只能被视为并理解为哀悼过程的第一场，对死亡这一事实拒不承认的那一场。"[②]争论的激烈程度可见一斑。

关于科学实在性的争论包括极为多端的议题，本节并不介入那些具体的争端，而是提供几个一般性的建议，希望这些建议能搭建起探讨这个问题的一个新的平台，从这个平台上瞭望，很多争论的端绪会变得更清楚一点儿。

反实在论者让我们注意，科学在不断改变面貌，从前得出的"科学结论"经常被否定。我们凭什么认为今天的科学结论恰恰就正确反映了客观实在呢？何况，我们不能轻易把这个不断否定的过程视作线性进步，不断地接近实在。很多人赞同库恩的主张，认为科学发展有时是革命性的，是不可共度的范式的转变，于是更谈不上不同科学理论的唯一客观基础了。例如，科学理论中很多看似指称性的名词其所指的东西经常变换得那么剧烈，很难让人相信它们各自

---

① 此外还有立场明确的"中间派"，如苏佩（Frederick Suppe）所自称的"准实在论"。他在《语义式理论观和科学实在论》（*The Semantic Conception of Theories and Scientific Realism*，伊利诺伊大学出版社，1989 年）中系统阐述了他的准实在论主张。

② 阿瑟·法恩（Arthur Fine）：《自然本体论态度》（The Natural Ontological Attitude）"，载于杰瑞特·雷普林（Jarrett Leplin）编，《科学实在论》（*Scientific Realism*），加州大学出版社，1984 年，第 83 页。

始终指的是同一个东西。

实在论的论证也是多种多样。这些论证有时各行其是，有时互相合作。这里不列举形形色色的论证，主要谈一套相互联系的论证。

这套论证的主要路线是：**从不同角度建立起来的理论能够互相印证**，例如我们根据某种理论计算出了地球周长，而这种计算的结果可以通过其他途径所验证。如果这些理论的对象不是实在，很难设想它们会碰巧得出同样的结论。

这个论证对我们的直觉有相当的号召力。但怎样来把握这种直觉上的号召力呢？也许，我们可以把这个论证和我们的日常经验如何印证实在加以比较。在日常生活中，对实在的常见怀疑是幻觉和假象。看着像个鸭梨又怕看花了眼，我摸一摸，我尝一尝，如果不同的感官都告诉我那是鸭梨，那它就的确是个鸭梨。幻象和假象恐怕不会同时满足各个感官的期待。在可类比的意义上，只有实在能使来自不同领域的物理定律互相协调互相依赖。

不过，这个类比会提出更进一步的问题。感官印证实在的力量不是并列的，触觉更多印证实在。摸着冰凉坚硬，那是个金属制品，吃起来是木瓜味道，那它是木瓜不是鸭梨。这样类比下来，我们要问，得出同样结论的不同理论究竟是并列的互相印证呢，抑或是某种更基本的理论印证了另一个理论？

除了不同理论之间的互相印证，类似的印证也可以出现在同一个理论内部。一个理论往往能连贯地解释很多物质变化，而能够把不同现象进行整合解释的理论应当是真的，否则很难设想它碰巧适用于多种现象。

在这条论证路线上，预测成为一个关键。如果一个或一批由理论推导出来的结论能够由实测和实验加以验证，该理论即是真实的。例如，元素周期表所预言的某些新的元素后来被发现了，这应当说保证了理论的真实性。按常情想，不合乎现实就不可能做出稳定的正确预测。如果一个理论是脱离了实在的主观建构，系统的成功预测，用普特南的话说，就成了奇迹了。

　　用正确预测来论证理论实在性现在大概是最被倚重的方法。但反实在论者不为所动。有些论者否认预测在选择理论时的重要性，他们指出，能提供正确预测的理论有时会被证明为假，如滞止膜理论。这类事实有很重要的意义，但它们是否可以用于反驳实在论则十分可疑。如果你论证有的理论尽管能够正确预测却仍然是假的，你似乎已经承认了在别处有判定理论真假的标准。如果没有任何理论可能为真，单挑出滞止膜理论来说它是假的就没有意义了。

　　更多论者承认正确预言是我们选择某一理论的重要依据，但不承认它支持了科学实在论。正确预测表明的是理论的正确性，而非表明了理论的实在性。例如，模型的较高的预测力也可能来自模型的更高程度的理想化，这使得相关模型在对资料的符合和模型的简单性两者之间达成适当平衡。从而，较高的预测能力仍然只能在操作意义上保证较优的模型，并不能保证模型"反映"了实在。[①]

―――――――――

　　① 参见 Christopher Hitchcock and Elliott Sober, "Prediction vs. Accomodation and the Risk of Overfitting", *The British Journal for the Philosophy of Sciences*. vol.55, number 1, March 2004, p.1. 从技术性的层面上说，容适（accommodation）和预测（prediction）还有一个重要的区别。资料总带有某些杂质，事后理论若容适所有资料，就包括容适这些杂质，从而变得过度符合（overfit）。所以，为了容适资料的所有方面而营建的过于复杂的模型在进行预测时往往是低能的。

　　一般说来，反实在论更多诉诸技术性的分析，实在论者则较多诉诸直觉，我是说，他们尽可以在技术性层面上与反实在论争论，但是最后还是会诉诸直觉。这一点并不奇怪。在我看来，实在，说来说去首先是一个常识观念。海森堡说："任何理解最终必须根据自然语言，因为只有在那里我们才能确实地接触到实在。"[①] 这里他提示了一个重要的事实。连贯性、成功预测这些特点是否证实了实在性？按常情想，似乎是这样。但它们似乎仍然不能算充分的证明。例如，库恩也注意到科学理论的一个标准是能连贯地解释很多物质变化，"各种现象都落入了理论秩序"，但他不愿由此得出实在论结论，只是含含糊糊地说："这种对于概念图式的信奉是科学中的一种普遍现象，而且看上去是不可缺少的。"

　　看来，物理理论是否在对待实在始终存有疑问。这一点不仅可以从有那么多反实在论者看到，而且，实在论者不断尝试通过种种途径来论证物理学的实在性，似乎也表明这里的确有疑问。也许，如帕斯卡和迪昂所称，物理学家和科学哲学家最终也无能证明实在论的信念。

　　我也相信，即使把实在论者的所有论证合在一起，它们恐怕也没有为物理学理论的实在性提供充分的形式证明。然而，要紧的是，这一点并不一定使得物理学理论的实在性变得可疑。实在性也许根本不是我们能够"充分证明"的。这里首先需要问的倒是：人们为什么觉得物理学的实在性需要证明？这牵涉到一个一般的问

---

　　①　W. 海森堡：《物理学和哲学》，范岱年译，商务印书馆，1981 年，第 134 页。我前面曾在另一个上下文中引用过这句话的前半句。

题和一个特殊的问题：实在性在何种情况下需要证明？怎么一来，物理学的实在性就成了问题？

我们知道，近代哲学是从笛卡尔的怀疑一切开始的。在笛卡尔那里，世界的实在成为一件需要证明的事情。否认外部世界的实在性，或者反过来证明外部世界的实在性，耗费了很多哲人的很多心思。康德认为，在他之前尚没有人提供过令人信服的证明，并把这件事称为"哲学和一般人类理性的耻辱"①。他本人于是提出了一个显然自认为满意的证明。海德格尔讨论康德证明的时候说的一段话被广泛引用："'哲学的耻辱'不在于至今尚未完成这个证明，而在于人们一而再再而三地期待着、尝试着这样的证明。"② G. E. 摩尔也曾多次提供外部世界存在的证明，在《外部世界的证明》这一讲演中，他举起自己的双手说"这里有一只手""这里还有另一只手"，从而"证明"了外部事物的存在。他的证明比康德简单得多，"素朴"得多。摩尔当然承认这不是"逻辑证明"，但他坚持说，他确实知道这些命题为真，而有些真理是人们确实知道但却不能提供逻辑证明的。维特根斯坦在其晚期笔记《论确实性》中系统考察了摩尔的论证方式。维特根斯坦的大意是说，怀疑总是特定的怀疑，怀疑是需要理由的③。这不是一个告诫，而是一种描述，即是说，没有理由的怀疑没有意义，没有理由的怀疑我们听不懂。例如你走到我面前用右手指着左手说，我怀疑这只手是否存在，我会听不懂你

---

① 康德：《纯粹理性批判》，邓晓芒译，人民出版社，2004 年，第 27 页。

② 海德格尔：《存在与时间》，陈嘉映、王庆节译，商务印书馆，2019 年，第 285 页。

③ 维特根斯坦：《论确实性》，张金言译，广西师范大学出版社，2002 年，458 节等处。这一段转述该书的另几处只在正文中注出节号。

怀疑的是什么（32 节等处）。我们的确可以想象一种语境，在其中你这话是有意义的，例如你虽然眼睛看着这只左手，但你却指挥不了它，它触到任何东西都没有感觉，等等。这是一种有意义的怀疑，从而也是一种有可能被消除的怀疑（372 节等处）。

怀疑总是特定的怀疑，对实在的证明总是针对某个特定怀疑的。从而，我们就能够接受 J. L. 奥斯汀的论断，"实在"不是一种正面属性，而是一种对否定实在的反驳。"'但这是真的吗？这是实在的吗？'这类怀疑或质问总有一个、必定有一个特定的缘故，"我们有时会疑问这只金翅雀是不是真的（real），怀疑这片绿洲是不是错觉，"……给定语境，我们有时（通常）明白这个问题提示的是哪类答案：金翅雀也许是个标本，但没人会设想它是海市蜃楼，一片沙漠绿洲也许是海市蜃楼，但没人会提议它是个标本"。[①] 因此，关于实在性的证明总是有限的证明，总是针对特定怀疑的证明。消除了特定的怀疑，就"证毕"了。如果要求我们超出特定的怀疑而对实在性提供终极证明，那么无论是物理学对象的实在性还是任何东西的实在性，我们都将无能为力。

对物理学对象实在性的怀疑必须是一种特定的怀疑，才是可讨论的。这包含两层意思。第一层关涉到科学内部的特定怀疑，第二层关涉到相对于日常物体而言的对整体物理学对象的怀疑。在这里，提问的角度并非：理论怎么一来就敢于声称实在？而是：相对于日常世界，是哪些因素使得物理学的实在性成了问题？

---

① J. L. 奥斯汀（J. L. Austin）：《其他心智》（Other Minds），载于《哲学论文集》（*Philosophical Papers*），克拉伦登出版社，1961 年，第 55 页。

　　某一理论所设的对象是否实在，这是科学内部的特定怀疑，是在科学内部得到解答的。某一假说是否真实，如何加以证实，也自有相关科学自己的标准。科学理论所设想的存在物也许不存在，某一假说也许是错误的，科学通过自身的发展去处理这些问题。科学理论所设的实体，有时被肯定为真实存在，有时被否定，例如热素、以太。科学理论所设想的联系，有时被证明为错误，有时则被肯定为真实。鱼鳔与脊椎动物的肺同类，这一开始也许只是"纯粹观念上的联系"，但经过物种谱系学的全面发展，经过基因学说的建立，这种同源性得到了充分证明，那不是博物学家编造出来的方便假说，而是自然的真实。夏佩尔曾就构成论的物质观表达过这层意思。他说，构成论的物质观并没有先天的必然性，它可能是错的，它需要得到证明，问题不在于科学是否是对实在的认识，而在于科学工作中的不同推论如何竞争。①

　　上节说到，科学理论以假说的形式提出，本来就是意在验证它是否真实。我们也曾说到，科学家很少承认自己的全部工作只是操作性的。科学家会就热素或黑洞是否存在发生争论，一如我们会就雪人或俄卡皮鹿是否存在发生争论。一个科学理论认定的某种东西可能并不存在，科学得出的任何结论总是可错的，假说可能被证伪，这些正是科学整体是在探求实在的最好佐证。

　　但假说是否真能获得充分的验证呢？我们现在是在讨论科学内部的特定怀疑，如何消除一种特定怀疑，是在科学内部得到解答

---

　　① 达德利·夏佩尔：《理由与求知》，褚平、周文彰译，上海译文出版社，2001年，第361页。

的。不过，这里所涉及的实在问题和我们平常涉及的实在问题原则
上是一样的。如果一种论证消除了特定的怀疑，其论证就是充分
的。能够更连贯地解释世界，所预言的事情后来发现果然如此，等
等，当然都是判定实在的方法。科学论证实在和我们平常论证实在
的差别只在于，如何判定一个理论是否连贯地解释了某些特定的物
质变化，某个新元素的发现是否确实等等，这些是专家们的事情，
是科学内部的事情。

科学实在论的争论双方难免都会引用了大量的科学史证据，但
我们不要被这些案例迷花了眼。其实，这一争论中所涉及的更多的
是一般真理与实在的问题，而不是科学是否实在的问题。如果争论
涉及的真是某一特定理论中的对象、假说等等，那么它们和一般的
实在问题就没有直接的关系。

科学在不断改变面貌，从前得出的"科学结论"经常被否定。
这根本不是科学的特点，无论哪一类认识，都会不断改变面貌，其
结论都经常会被否定。

库恩的范式转变给人一种印象，觉得那是对实在论的更强烈的
挑战。但即使像库恩后期那样，更多强调科学的逐渐演化而非革命
性的变革，即使科学是在线性进步，粗糙的实在论也会碰上困难。
什么是线性进步呢？是在不断接近实在吗？但若我们从来不知道
实在真正是什么样子，我们怎么知道自己在接近它？如库恩本人在
其后期反复强调的，这里的关键是重新澄清一般的实在观念，而不
是在范式转变和渐进演化之间进行选择——这是一个科学史的内部
问题，并不涉及一般的实在问题——我们能认识实在还是不断接近
于对实在的认识还是根本不能认识实在？

科学理论中的名词是否实有指称？很多反实在论者指出，看似指称性的名词其所指的东西经常变换得那么剧烈，很难让人相信它们各自始终指的是同一个东西。语词指称的问题当然与实在问题相关，或不如说，它本来就是实在问题的一种特定形式。但这是一个一般的语言哲学问题，需要在更广泛的范围内加以澄清。日常语言中的指称性名词所指的东西也经常变换，例如"户"从前指称门，现在指称别的什么了。诚然，日常名称的指称变化一般是缓慢的，但这并不改变问题的实质。

说到预测尽管保障了理论的正确性却并不保障理论的实在性，我们要讨论的是正确和真实这两个概念的一般同异问题。

上述争端，以及其他许多争端，涉及的主要是一般实在概念问题，而不是科学史的专业问题。固然，从科学史角度来探讨这些问题，有可能做出别有新意的贡献，但我们分清问题的层次，很多争端会变得比较鲜明可解。

第六节　物理学的实在问题

关于实在的争论，关于真实的争论，是哲学的首要的、永恒的话题，物理学的实在性争论是一般的实在问题的一例。关于一般的实在与真理问题，我曾在别的地方做过一点儿讨论，[①] 本节要讨论的是：怎么一来物理学的实在性就特特成了问题？为什么古典理论不发生实在的问题？这里谈到对物理学实在性所生的怀疑，是以肯定

---

① 例见陈嘉映：《真理掌握我们》，载于《云南大学学报》，2005 年第一期。

日常对象的实在性为一般背景的。于是，我们需要澄清的就是，物理学对象和日常对象有何种不同。我们的问题**不是科学怎么一来就接触实在了，而是科学怎样一来就似乎离开了实在**。通过前面对操作、假说等等的讨论，我们应该为思考这个问题有了相当的准备。

科学是理论，理论的真实性从来就和日常对象的真实性不同。我们知道并接受这种区分，所以并不一般地对理论的实在性提出质疑。自古以来人们就从各种角度争论实在问题，然而，总的说来，希腊人争论感觉是否实在等等，而理论对象是否实在则不形成一个特殊的问题。古典理论是依赖于经验的理论，其真实与否可验之于经验。当然，经验、感性是否实在本身也可以成为问题，但那是另一个问题，而不是理论对象是否实在的特殊问题。实际上，哲学-科学本来意在确切认识实在。如果把实在一般地区别于神话、幻觉、主观感受等等，那么，哲学-科学正是关于实在的认识的专门发展。

科学理论的实在性成为问题，主要是因为，物理理论首先是以假说的形式提出的，假说是如何形成的，以及何种观察或实验结果能够对假说加以验证，则都是由数学来说明的。

这造成了物理学特有的实在问题。我们须得警惕，不要把它泛化为一般的实在问题，把假说-预测-验证-实在当作讨论一般实在问题的模式。那样一来，我们似乎会说，我看见了一串葡萄，于是提出这是一串实在的葡萄的假说，我把这串葡萄拿到手里、吃到嘴里，验证了原来的假说，肯定了这串葡萄是真实的。

这里的叙述方式有点儿别扭，但似乎道理并不错。然而，凡遇到这类别扭的叙述方式，我们都要提高警惕。把一种普普通通的情况用相当理论的语言重述出来，往往不只是重述，而是塞进了某些东西，或者隐藏了某些东西。

这个叙述默默地预设了，事物是否实在原则上是需要验证的。上文已经表明这是不对的。从根本上说，我们的实在观念不是建立在假说-预测-验证之上的。实在并不一般地需要验证。而科学假说之所以需要验证，主要因为它是间接得出的，与资料的关系是外部关系，它不是资料本身的应有之理。

与资料相符但看不出什么道理的定律被称作"经验定律"。这不是个良好的用语，但我们姑妄沿用。经验定律的实在性的确是可疑的，也很少有科学家把经验定律当作对实在的把握。它们是"操作性的"，无非是符合资料罢了。

然而，科学探索并不满足于停留在经验定律上。我们曾引用柯瓦雷，"科学思想总是试图透过定律到达其背后去找出现象的产生机制"。机制才是科学所探求的实在。柯瓦雷的这句话本来是要说明，操作态度只是暂时的，科学探求实在，其方式是从定律走到机制，而这就是说，从操作走向真实。

科学理论集中探索的是机制。机制是不是实在的呢？首先须提醒，日常世界里也有不同种类的存在，或说得更适当，在日常环境中，我们也在不同意义上说到存在。旗子存在，旗子的各部分存在，风存在，力存在，风对旗子的作用存在，某种因果致动关系存在，某种力学机制存在。力和旗子的实在不在同一个平面上，我是说，我们用不同的方式来确定旗子是否存在和力是否存在。要确定旗子的实在，我们看一看、摸一摸，但力却看不见摸不着。这当然不表明我们无法确定某种力是否存在。

日常世界里有不同种类的存在，同样，科学对象也以种种不同的方式存在，能量、磁场、夸克的存在方式和电子的存在方式不同。把粒子理解为场，当然不是把它视作某种不实在的东西。场不是空洞的、仅仅具有几何性质的空间，而是具有物理性质的空间。场就像风一样实在，只不过在这里，实在和虚空的截然两分被取消了，我们发现质子并不是像米花糖球里的一颗小米花而是更像一个电磁场，这丝毫不减少质子的客观实在，除非是说，风不像旗子那么实在。

　　但这也让我们看到，在物理学理论中，存在物和机制之间的区别越来越模糊。在我们的日常理解中，物体是实在的原型，而在现代物理学中，物体的观念越来越淡，所谓描述微观"物体"，其实就是描述一个机制。而比较起对物体的描述，对机制的描述更多依赖于我们的概念方式。

　　物理学对机制的描述，包括对微观物体的描述，依赖于它所特有的一套语言。如上章所述，这是一套用数学定义的语言，或者干脆就是数学语言。物理学的实在问题在很大程度上就是"数学世界"是否实在的问题。数学世界是不是真实的世界、实在的世界？常识眼中的世界和数学世界哪个是真实的世界，或哪个是更真实的世界？

　　"数学世界"有时和"桥牌世界""丝绸世界"的用法差不多。数学家沉浸在数学世界里，桥牌迷沉浸在桥牌世界里，这时候谈不上数学世界是否真实。

　　"数学世界"还可能有什么别的意思呢？**数学是一种语言**，它描述世界，"数学世界"即由数学描述出来的世界。我们问数学世界是否真实，就是问数学是否能真实地描述世界。

　　这个问题是什么意思呢？我们不会问，汉语是否真实地描述了世界；我们可以用汉语真实地描述世界，也可以用汉语歪曲世界。我们不会问，汉语和英语所描述的世界哪个更加真实。我们会问，汉语的长处何在，汉语的短处何在。一个双语者在有些场合觉得说甲种语言达意，有时说另一种语言达意。我们可以像布鲁纳那样，把自然语言和数学语言视作"一种特殊意义上的双语"。[1]

　　当然，这里必须强调"特殊意义"这一点。语言使用是有规则的，但说话远远不止于一种遵守规则的行为。[2] 语词与语词之间的联系只有一小部分能够形式逻辑化，它还包含其他多种联系，隐喻的联系乃至词源、情感意味、音色、字形之间的联系，言说是否通畅入理，所有这些联系都在起作用。眼下，我把逻辑关系之外的所有这些因素笼统称之为"感性因素"。而在数学中，只有一样东西决定符号之间的联系是否成立，即数字之间的相互定义。由于数字不再具有感性内容，所以数学表达是充分遵守演算规则的活动。我们通过努力可以熟练掌握一门外语，最后像母语一样亲熟。我们也可以通过努力，最后极为熟练地使用数学语言，这意味着，极为纯熟地应用一套规则。但数学表达不会成为任何人的母语。

――――――――――

　　[1]　杰罗姆·布鲁纳：《左手性思维》，彭正梅译，上海人民出版社，2004 年，第132 页。

　　[2]　维特根斯坦关于"遵守规则"的研究给语言哲学带来了很大影响。他本人有一个时期那么强调语言使用和遵守规则的联系，乃至给人要把两者等同起来的印象。但这不是维特根斯坦关于该问题思考的结论。这里无法细论，只用一句引文来提醒注意："我们在哲学里常常把使用语词和具有固定规则的游戏和演算相比较，但我们不能说使用语言的人一定在做这样一种游戏。"维特根斯坦：《哲学研究》，陈嘉映译，商务印书馆，2016 年，§81。

　　所以，我们只有在一种严格限定的意义上才可以把数学语言与自然语言的关系比作外语和母语之间的关系，英语和汉语是并列的两种语言，自然语言和数学语言是两个层次上的语言。

　　对于英语和汉语，不存在哪种语言描述的世界更加实在的问题。然而，由于数学语言和自然语言是两个层次上的语言，就可能出现哪种语言在描述实在世界的争论。数学和实在的关系曾一直是双重的。一方面，如数与实在一节所表明的，理论倾向于区分实在世界和现象世界，理论把握实在，这个实在，强烈地含有"数"的观念。数遵循着自己的规律循环替代，数世界才是实在，数的运行决定现象世界的展现。另一方面，对自然的纯数学处理，曾一直被认作是操作性的。在科学革命时期发生了关键的转折。自然逐渐被理解为用数学语言书写的。因此，只有数学才能真正把握实在。前面① 曾提到，尽管牛顿出于当时应有的谨慎，把万有引力称作"数学的力"，但他从来没有放弃万有引力的"真实的物理的意义"。如"运动"一节所言，为方便计而引入操作定义是一回事，由于理解的转变而不得不重新定义基本概念是另一回事。新物理学家重新定义我们关于自然的基本概念，因为只有这样我们才能更好地从数学上处理关于自然的问题。正是牛顿完成了从形而上学到数学物理的关键转变。从今以后，对物理学来说，凡合乎数学描述的，就是实在的，乃至唯有合乎数学描述的，才是实在的。

　　在伽利略看来，能够使用数学来描述的两个直线运动及其合成才是现象背后的真实存在，曲线运动只是现象，乃至只是幻象；就

---

　　① "万有引力与可理解性"一节及"科学的数学化"一节。

像 X 射线照出来的才是真相，脸蛋儿长得漂亮不漂亮不过是些主观的感觉。然而，对我们的感知来说，真实存在的似乎仍是单一的曲线运动，力学分析只是迂回的假说。我们早已普遍接受了数学物理的自治，但我们的自然理解仍然感到"数学的"和"物理的"两者之间存在区别，这一区别仍隐隐对物理学的实在性提出质问。关于数学世界和日常世界孰真孰幻的争论错失了要点。这里的区别不是真和幻，而是所使用的语言是否可得到直观的、自然的理解。

　　在实在问题的讨论中，**实在和自然的联系**这一点较少受到注意。我们平常说到实在的时候，自然与否是一个重要的因素。[①] 如果一样东西的颜色来得自然，我们就觉得实在，这颜色来得不自然，就像是假的。在古希腊，人们觉得圆周运动是自然的，一个由圆周运动组成的宇宙图景容易让人觉得它在描述实在，一个由椭圆运动组成的宇宙图景就像是个操作模型。圆周运动的中心如果落在地球上，这个图景就像是实在的，如果落在地球之外的一个虚空点上，就像个操作模型。古代理论比较接近常识的自然，理论对象是否实在的问题就不那么突出，现代科学离开这个自然很远，因此缺少"实在感"。

　　不过，这种由自然而然之感而来的"实在感"从来不是判定实在的最终标准。不如说，它是一个起点。正因此，实在才是一个独立的概念，不等同于自然概念。在日常经验世界中，实在的确立反过来也不断调整我们对何为自然的感觉。

---

　　① 也有人注意到这一点，例如 J. L. 奥斯汀，参见其《感觉与可感物》(*Sense and Sensibilia*)第七章，G. J. 沃诺克编，牛津出版社，1962 年。

在一个平俗的意义上，张三比中国实在：你可以实实在在拥抱张三，但你只能在比喻的意义上拥抱中国。在这个意义上，当然可以说数字所指的东西不像张三所指的东西那么实在。然而，这里的差别不是张三和中国是否具有指称，也不是这两个词所指称的东西哪个更多实在——这种说法不过是把我们平俗意义上所说的实在转化成为形而上学的说法，把原本明明白白的话变得无意义或至少意义含混；这里的差别是具体和抽象的差别，或是在讨论哪些概念就理解而言依赖于哪些概念。实数比虚数实在，大概不外是说：我们不掌握实数就无法理解虚数，而不是说，世界上有一些叫作实数的实体却没有虚数这种实体。我们用秤称出了黄瓜的实实在在的分量，我们通过计算得到地球的重量，或氢原子的重量，那也同样是实实在在的分量。

数学通过远程推理达到某些结论，这本身并无伤于这些结论的实在性。麦克斯韦方程描述的内容无法用自然概念充分翻译出来，但它仍然是关于实在的方程。**世界的一部分真相只能用一种特定的语言表述出来**。如我们在"力、加速度、质量"一节所表明，牛顿的术语并非一般而言更好地揭示了自然的真相，而是适合于让我们从一个特定的角度看到自然的某种真相。

不过，数学通过远程推理达致的结论的确已经远离了可感可经验的自然世界。它们由于缺乏自然感而缺乏实在感。但这毋宁是说，随着理论离开自然世界越来越远，**实在这个概念本身改变了**。在数学物理世界里，自然对实在已经没有多少约束力。这使得在物理学中谈论对象的实在性和日常所谓的物体的实在性颇为不同。我刚才提到，在我们的日常经验中，触觉最能印证实在，而验证物理学对象是否实在，触觉很少派上用场。科学理论通常通过观察来验证实在，但如科学概念章所言，在很多情况下，所谓观察也是非常间接的观察。某个理论是否只是假说抑或它揭示了物质实在的结构，其所依的标准和我们通常在看得见、摸得着意义上的实实在在有了很大区别。我们对炮弹确切沿着何种轨迹飞行可以发生种种争论，但炮弹穿过这片田野的上空却不会是争点。然而，如果把电子视作炮弹那样的实体，电子的很多行为就无法解释。但这并不意味着电子不具有实在性。不如说，实在这个概念在物理学中发生了变化。我们无法把关于身周物体的实在观念直接套在量子物理学的研究对象上。

总体上说，近代科学之所以面对特殊的实在问题，是因为它逐步远离了我们的经验世界。遥远是由论证的数理力量造成的，数学推理可以一环一环达乎遥远的结论而不失真，然而，感性却随着距离减弱。除了检查所采用的数理推论的过程是否正确，用实验结果来验证推论的结论是否正确，我们没有别的办法确定它所通达的对象是否实在。而如何判断理论的正当性、判断其结论是否与实验结果相吻合，如上所言，是物理学内部的工作。

哲学-科学是关于实在的认识的专门发展。然而，科学在加深对实在的认识的同时改变了一般的实在观念或真实观念。就好像现代专业体育的发展改变了体育的观念，与一般强身健体的原初目的已经相去很远。关于物理学实在性的争论，大一半由此而来。

既然实在这个概念在应用于科学时发生了重大的变化，那么，我们干吗还在物理学里谈论实在呢？我们另选一个词何如？这是关于概念选择的一般问题，须另加讨论。我一般认为，换用一个新概念并不会使问题消失，反倒掩盖了观念的延续发展，使我们更难看清实质问题所在。物理学的确仍然面对实在问题或曰真实问题。在物理学内部，一个对象或一个理论是否真实始终是可争论的。在物理学和常识之间，关于谁是实在或谁是首要的实在的争论也是有意义的，是有重大意义的。当然，如果我们决定不采用实在不实在这些语词来言说物理学对象，那么，我们当然就不能说物理学对象是非实在的了。

从一开始，哲人就探求实在。他要找到不含杂质的实在。多少世纪以后，通过科学，他终于找到了纯粹的实在，它们原来是些远离实在的公式。这时，他也许幡然醒悟，并没有不含杂质的终极实在，并没有不可错的真理，那个混杂着虚幻和虚伪的世界才是最实在的，我们必须连同虚幻和虚伪，必须针对虚幻和虚伪，才谈得到真实。

第八章　通过反思求取理解

第一节　常识和理论

在没有理论之前，或者对那些不谙理论的人们，遇上智性困惑，该怎么解释？靠常识。实际上，即使在我们这个理论泛滥的时代，绝大多数人在绝大多数时候仍然靠常识来解释形形色色的困惑。

常识是对寻常事实的认定：水往低处流，太阳东升西落，火是热的冰是冷的，鸟会飞鱼会游，眼镜蛇有毒。这些事实十分寻常，时时可以经验到，或者，即使经验不到，我们也不觉得这些事情奇怪，没有特别的理由，不会去怀疑事情就是这样。妈妈告诉我眼镜蛇会致人死命，老师告诉我仁读如人，我就这样接受下来，用不着证明一番。

我们无须懂很多道理才能接受常识，但常识并非没有道理。金星、木星、天狼星、牛郎星都是"星星"，太阳不是星星，其中的道理是明显的。星星本来指的就是夜空里一闪一闪的小亮点，太阳显然不在此类：太阳独一无二，给世界带来光明与温暖。鲸鱼归在鲨鱼一类而不归在老虎一类，道理也是明显的。**我们把常识接受下来，慢慢地也就明白了其中包含的道理。**一种动物，我从来没见过，但我知道它是鱼还是鸟，我理解区分鱼和鸟的道理。我常称之为**自然理解**的，指的首先就是常识里所包含的理解。

我们身周的事情大多数是可理解的，且无需谁有特别强大的理解力。这一部分是因为，前人理解事物的努力已经通过种种方式传给了我们。其中最基本的一种方式是语词：我从来没有见过丹顶鹤，第一次见到就把它归入鸟类——我们的词汇把动物分成鸟兽鱼虫而不是分成稀奇古怪难以识辨的类别。

当然，我们也会遇到有点儿奇怪的事情。爹娘个子大孩子也个子大，这是常识，但父母高高大大，孩子也可能长得又瘦又小。可能是小时候撞上了三年饥馑吧。营养不良就长不壮大，这也是常识。我们搜索所知的常识，看看哪一种能够应付相关的情形。这一类解释，所谓**常识解释**，把与一种常识相左的事情转归到另一种常识之下。

常识解释并不总行得通。猴子浑身是毛，人却光溜溜的，这是常识，可是，邻居家怎么生出一个毛孩来？水往低处流，可是在虹吸管里，水却升了起来。人生而欲求理解，常识解释行不通，会胡乱想出个解释。磁石吸引铁屑，因为磁石有灵魂；出现月食，是月亮被天狗咬了。这些解释里也有常识的影子：灵魂无须接触就能起作用，这是常识，月饼被谁咬了一口会缺掉一块，这也是常识。只不过，有灵魂的东西一般有动作有表情，磁石却没有这些，结果，为磁石能吸引铁屑赋予它灵魂，这种解释跟没解释差不多。天狗食月也是让人起疑，天狗是为日食月食特设的，平常不知道它还在干些什么，再说，它为什么每次咬了一口月亮，过一会儿一定又把它吐出来？常识本来是对付的是寻常之事，解释不了怎么看都反常的事情。

　　常识包含的道理就事论事不相连属，中间有很多缺口。《列子·汤问》里面有一篇《两小儿辩日》，两个小孩子在那里争论太阳中午离我们近一点还是早上近一点，一个小孩说太阳早上出来的时候挺凉的，到了中午就热起来，热的东西离我们越近越热，可见太阳在中午离我们近些。另一个小孩说，太阳刚出来的时候那么大，到了中午变小了，什么东西都是离我们越远就越小，可见太阳中午离我们远些。两个小孩子争执不下，据说孔子路过，听了这争论，也决定不下孰是孰非。两个孩子所依据的都是再自然不过的常理，却各自得出相反的结论。这个故事妙在找到一个焦点，这两个相反的结论在这里冤家碰头，你无法把它们同时接受下来。

　　为了真正解释反常的事情，为了在看似矛盾的事情中有所取舍，我们不能停留在常识上，需要把常识提供的道理加以贯通，形成一个道理系统，为事物提供整体的解释。这个道理系统，我们称之为理论。

　　理论所依的道理从哪里来？**从常识来**。除了包含在常识里的道理，还能从哪里找到道理？理论家在成为理论家之前先得是个常人，先得有常识，就像他在学会理论语言之前先得学会自然语言。然而，尽管理论所依据的道理来自常识，理论解释却不同于常识解释。理论并不是常识的集合，它把包含在常识中的道理加以疏通和变形，组织成一个连贯的系统，在这个系统里，有些道理是原理，是大道理，统辖另一些道理。理论解释不像常识解释那样，借用那边的道理来解释这边的事情，作为一个道理系统，理论提供的是整体解释——自然位置学说能解释了水往低处流，火往上升；它也能解释为什么弹簧被拉长以后，外力一旦消失，弹簧又回到本来的位置；它还能解释为什么苹果熟了掉到地上，解释为什么地体是圆的。自然厌恶真空的原理解释了虹吸这种奇异现象，同时也解释了物体运动的速度总是有限的这一寻常事实。牛顿力学的少数原理对月球轨道、天王星轨道、潮汐运动、炮弹的轨道给出了统一的解释。①

　　理论采掘常识里包含的道理，明述这些道理。但这只是准备工作。理论的目的不是把常识中隐含的道理加以明述，不是把常识精致化，②也不是对常识加以总结。在这一点上，误解甚深。**营建理论是一项新事业，是一种新的追求**：对形形色色的事情提供统一解释。地心说比日心说更合乎常识，但它不是常识，也不是常识的延伸。它是一种理论，对天文现象做出统一解释。在这个理论中，七大行星的运动方式始终是核心问题。而在我们常人眼里，并没有所谓七大行星。太阳是独一无二的，月亮是独一无二的。金星、木星则与天狼星、牛郎星相属，都是星星。包括在地心说之内的多重天球理论更并不潜在于我们的常识之中。

　　为了提供统一解释，理论家必须把包含在常识中的形形色色道理加以组织。在这个过程中，他重视常识中的某些道理，忽视另外一些，把一些视为主要的，把另一些视为次要的；他从一些道理中，通过种种延伸和变形，推衍出另一些道理。要营造理论，从一开头，

---

　　①　当然，如内格尔所言："并非一切现存科学都呈现出力学所显示的这种高度统一的系统说明形式"，但在各门科学中，"这种严格的逻辑系统化思想作为一个理想仍然起着作用。"欧内斯特内格尔：《科学的结构》，徐向东译，上海译文出版社，2002年，第5页。

　　②　我不能同意爱因斯坦所说的，"科学整体无非是日常思考的精致化"（Einstein, *Ideas and Opinion*, Wings Press, 1988, p. 290）。所有理论有要求独特的、自主的思考方式，更不用说科学理论了。

到营造过程,到结论,理论都难免与某些常识相左。常识把金星和牛郎星归在一类,现在,天文学把金星和太阳、月亮归为一类,叫作行星。随着理论的继续发展,理论家可能得出在常识看来更加古怪的结论,例如太阳静止而地球转动。

与之对照,我们的常识并不是一个体系,并不对世界提供统一的解释。常识高低不平厚薄不一,也没有总体指向。各个片断的常识以极为繁杂的方式互相勾连,有时通过类比,有时通过认知原型,有时通过语词,有时通过某个单独的事例或印象极深的个人经历。常识不是体系,它不是由原理统帅的。重要的常识是那些在日常生活中常要用到的常识,它们具有感性上和经验上的重要性,而不是像原理那样,具有在一个解释体系中的重要地位。

像虹吸现象、磁石这样的事物,虽然很早就引起人们的注意,但对于常识来说,它们始终是些边缘现象。虽然常识也在理解、解释这个世界,但它主要是为生活和行动服务的。理论则特别关注这些反常的事例。因为我们营建理论,本来就是为了解释这个世界,而这些反常事例常识又恰恰无法提供适当的解释。理论家用自然厌恶真空的学说解释了虹吸现象。地上有个洞,水会往里流,这用不着理论家用自然厌恶真空来解释,因为常识告诉我们,水往低处流。水在虹吸管中向上升了,这是常识无法解释的,正因此,人们才发展出自然厌恶真空这样的理论。理论的解释力特别显示在虹吸现象、磁石的吸引力、日食月食、行星逆行这些异常的事例那里。

前面说到过,我们总是从反常情况开始追问为什么的,苹果熟了掉到地上,水往低处流,火往上升,这些是正常现象,无需解释。但理论不是这样——理论解释反常现象,也解释正常现象,自然位置学说和万有引力学说都可以解释水往低处流。或不如说，理论提供的整体解释**消弭了正常与非正常**。

另一方面，有一些事情，本来我们觉得自然而然，却成了某种理论需要加以解释的事情。笔直抛到天上的物件掉到脚边而不掉到西边，这本来不需要解释，我们根本提不出这样的问题，但这成为地动说需要解释的一个问题。当然，地动理论最终要表明这件事情也服从于一般的原理，并没有什么异常之处。

人们常常问，**理论是否必须合乎常识**？的确，理论所主张的可能与常识相异甚至相反。常识视太阳和月亮为独一无二的天体，古代天文学理论把它们和金星、木星归在一类，都是"行星"，现代天文学把太阳跟天狼星归在一类，都是恒星。常识视鲸鱼为鱼，动物学则把鲸鱼和老虎归在一类。按照我们的常识，大地不动，是日月星辰在动，天文学告诉我们是地球在转动。在常识眼里，桌面是致密光滑的，物理学告诉我们，桌子由原子组成，原子和原子之间的空隙远远大于原子的尺度。我们平常看来，拒贿迥异于索贿、因爱情而结合迥异于买春卖春，生物学和经济学告诉我们，两者都是生存选择的结果，服从同样的投入产出规律。如果理论与常识相左，我们该信从理论还是信从常识？

其实，我们很难笼统地拿理论来和常识比较。首先，常识是个筐，装着各种各样来历的有用没用的知识和见识，有的来自传说，有的来自书本，有的来自经验或印象。自从我们有了科学，有了学校，常识里又多出一类"科学常识"。按照常识，鲸鱼是一种鱼，这份常识保存在"鲸鱼"这个词里，但鲸鱼是哺乳动物，不是鱼类，这也是"小学生的常识"。太阳东升西落，这是常识，地球在围着太阳转，这也是常识。

很难拿理论跟常识比较，更重要的原因在于，理论的"用途"不同于常识的用处。我们依靠常识应付日常生活，而理论的目的则在于对形形色色的物事提供连贯的解释。就此而言，常识有常识的道理，理论有理论的道理。在常识眼中，太阳东升西落，这个事实与东南西北的方位感连在一起，与山川和风雨连在一起，与新生和衰落连在一起，这些联系是生活中顶顶重要的联系。在常识眼中，普照世界的太阳独一无二，有什么能跟太阳同类？古代天文学把金星和太阳、月亮归为一类，叫作行星，当然也有道理：它们都是和恒星步调不一致的漫游者。这种重新分类显然是为了系统解释天体的运行。它依据的是天体运行是否与天球同步，这个区分对建构多重天球理论是重要的道理。近代天文学又修改了托勒密天文学的分类法，把太阳和天狼星归在一类，是恒星，金星是行星，月亮是卫星。这一转变，在相当程度上与取消天上事物和地上事物的区别有关：现在，天文学要转变成为物理学的一部分，它需要服从一个对天上事物和地上事物总体的更连贯更系统的解释。托勒密体系对天体的归类与常识的归类相左。但它保存了大地不动这一重要的常识，就此而言，它比日心说与常识较近。但新天文学理论更加连贯系统，对更多的现象具有解释力。天文学家也是常人，他当然知道，对我们的日常生活来说，太阳具有与金星或天狼星完全不同的意义。但他从事天文学时，考虑的不是某一事实在生活世界中的重要性，而是它对营建统一理论的重要性。理论具有更强的或曰更连贯的解释力，但这是有代价的：理论把事质领域加以重新组织，原本不相干的事物获得了连贯的解释，同时，生活世界中息息相关的经验被分隔开了。

尽管科学结论有时会表明，我们认作常识的，可能是错误的看法。但总体上，并没有常识和理论孰是孰非这样的问题。把鲸鱼叫作鱼不是错误，在生活世界里，鲸鱼更接近鲨鱼一类而不是老虎一类。理论所要证伪的是理论，哥白尼要批驳的是托勒密的地心说，地心说是理论，不是常识。常识的确认定大地不在旋转，是河在流，云在飞，风在动，这没有什么错。即使有了哥白尼，我们说太阳东升西落也不是一种错误。我们每一天都依据这些常识看待世界，依据这些常识行动。[①]当然，在生活中，就像在理论探究之中一样，如果发现曾经信以为真的东西是错误的，就应该放弃错误的认识和做法，代之以"科学常识"。

第二节　思辨理论与概念考察

上一节讨论常识和理论的时候，泛泛使用理论一词。我们在第一章"理性与理论"一节已经说到，有多种类型的理论。本书关注的，则主要是哲学-科学理论和近代科学理论。

哲学-科学理论意在为世界提供整体解释。哲学-科学家秉持理性态度，反对超自然的世界解释。他们一方面注重经验，尊重常识，广集见闻，通过系统观察和一些实验拓展知识，另一方面审思常识所包含的道理，尤其是包含在概念中的道理。他们把这些道理重新安排，营建起自圆其说的理论，为世界提供统一解释，使我们

---

① 至于"理论指导实践"，则纯属无稽之谈，可参见拙著《何为良好生活》，第五章第七节。

对世界的理解在一个更深的层面上互相协调,连贯而成一个整体。依经过反思的道理来对现象提供解释,是为思辨。以这种方式建构整体性的解释理论,是为**思辨理论**。[①]

各种各样的常识包含着各种各样的、不相连属的道理,那些深层的、相互具有较为紧密联系的道理沉淀在我们的语言之中。哲学-科学向常识要道理,必然会常常把眼光投向我们的基本概念,通过概念考察来采掘包含在基本概念中的道理。伽达默尔说:

> 先于科学的知识是由我们的语言的世界定向植在我们之中的,(它实际上正是亚里士多德的所谓"科学"的基础,)……先于科学的知识,或曰前知识(Vorwissen),当然不是可凭靠来对科学进行批判的法庭,而且它本身倒要承受来自科学的种种批判性的驳议,但它是且始终是承担一切理解的媒介。[②]

哲学-科学所提供的统一世界解释是和概念考察连成一片的。我曾提请注意,亚里士多德的《物理学》中,包含对运动、物体、存在等基本概念的大量考察,由此得出的道理成为亚里士多德物理学的主要原理。概念考察既是营建理论的一种手段,也是理论构成的

---

① 据剑桥哲学词典的释义,思辨哲学是指"超出观察所能证实的限度之外的从事理论的方式",特别是指建构对世界整体看法的宏大叙事,意在达致对人类经验的统一而包罗万象的理解。不消说,黑格尔被举出来作为思辨哲学体系的典型。*The Cambridge Dictionary of Philosophy*, general editor: Robert Audi, Cambridge University Press, 1996. 见 Speculative Philosophy 词条。

② 汉斯·格奥尔格·伽达默尔:《诠释学Ⅱ:真理与方法》,洪汉鼎译,商务印书馆,2010年,第580页。

一个主要部分。不过，概念考察本身不等于建构思辨理论。把概念考察运用于对世界进行整体解释才成为思辨理论。**思辨理论所基的根本信念是，我们可以对各种道理的思辨为世界提供一个融贯的解释。**

这个根本信念遭到了近代科学的拒斥。伽利略、培根、笛卡尔明确提出，以往的哲学思辨看似不断提出了新见解、新说法，其实只是在我们早已理解了的东西里面打转，并没有产生新知识。要推进知识的发展，我们必须打倒语词的偶像，卸掉自然概念的帷幕，直接面对自然和事实；如果自然和事实要求我们创造新概念，那我们就大胆创造新概念；如果需要行向远方，我们就只能依赖数学的推论。技术性的概念和数学推理将帮助我们摆脱各说各话的思辨，营建真正能够反映客观世界结构的理论，当然，这将是唯一的、普适的理论。

的确，思辨理论似乎依赖于一种错觉：把对我们的经验及概念的考察错当成了对客观世界的原理及机制的考察。对 hyle 的考察，对 kinesis 的考察，原本是对某些基本希腊语概念的考察，亚里士多德却把它们错当作对客观物质-运动结构的考察。与此相似，贝克莱和马赫关于感觉和心灵的分析，不是被理解为对 sense、perception、mind 及其相关概念的考察，而是被理解为一种心理学工作。

哲学家问什么是物质，他问的是什么？问的是包含在物质及其相关概念中的道理。物质等等概念体现在各式各样的经验之中。蒸锅里的馒头可以果腹，画里的馒头不能。成了亿万富翁会有很多人跑来点头哈腰，梦想成为百万富翁过往人众看也不看你一眼。看见一张桌子可以走上前去摸到它，看见海市蜃楼却怎么走也走不到那儿。他可能得出结论说，桌子具有物质性的存在，海市蜃楼不具物质性的存在。另一方面，有人人穷志短有人穷且益坚，同是饭疏食喝清水，一个不堪其忧，一个不改其乐。侧重前一方面的哲学家可能得出结论说，物质基础决定思想观念，受到后一类事实鼓舞的哲学家则可能得出结论说，幸福在于心灵而不在于物质。哲学家追问物质和心灵的关系，是在追问贯穿于这些经验的道理。他不是且也无能去讨论在这些经验以及我们对这些经验的自然表述之外的物质结构和心理结构。

我们并不能通过对经验和概念的缜密考察达到和我们的表达方式无关的"客观本质"。什么东西的本质？物质的本质？亚里士多德追问的是"物质"的本质还是 hyle 的本质？"物质"和 hyle 的意思未尽相同，那么，你追问的是物质的本质还是 hyle 的本质？也许本质是物质和 hyle 这两个概念中互相重叠的部分？但还有matter 呢。那么，本质就是物质和 hyle 和 matter 这三者共有的部分？然而还有 material，还有别的语言里的相关概念。这里的困难早有人注意到，但在语言转向之后，这里的困境可说人所周知。

概念实在论者会说，我们探求的不是"物质"的本质，不是matter 的本质，而是那个，那个，让我们来创造一个新词来指称那个吧，就叫它 m，我们探求 m 的本质。弗雷格的概念文字是这样一种尝试。它首先是为逻辑研究服务的，但根底上是要为整个哲学-科学建构一种语言，一种以逻辑语言面貌出现的本体论语言。[①]这

① "弗雷格并不仅仅是对逻辑进行一种数学处理，他实际上创立了一种新的语言。

一尝试以失败告终。这种尝试从原则上就不可能成功：最后创造出来的，要么是某种世界语——我们若真用哪种世界语来思考，它就会具有我们的母语的所有长处和短处；要么是某种符号逻辑系统，它是逻辑科学的语言，逐渐成为数学语言的一个分支。至于物理学，它不需要谁来为它创制超乎自然语言的语言，它自己一直在进行这项工作，也只有它自己能实施这个任务。

所谓二十世纪哲学的语言转向，从根本上来说，即在于澄清概念考察与科学探索的区别。面对哲学建构理论的冲动，维特根斯坦坚持哲学之为概念考察的本性。

> 我们的眼光似乎必须透过现象：然而，我们的探究面对的不是现象，而是……关于现象所做的陈述的方式。……奥古斯丁是在思索关于事件的持续，关于事件的过去、现在或未来的各式各样的陈述。
>
> 因此，我们的考察是语法性的考察。……①

"物质是什么？"这样的提问不妨说是在追问物质的本质。但

在这一点上，他以莱布尼茨的普遍语言思想为导向，只要恰当地选择符号，语言就可以获得力量。"马丁·戴维斯：《逻辑的引擎》，张卜天译，湖南科学技术出版社，2005年，第58页。

　　① 维特根斯坦：《哲学研究》，陈嘉映译，商务印书馆，2016年，§90。这里，"我们的探究面对的不是现象"是与陈述方式相对而言的，不能理解为哲学不关心现象，不妨说，由于哲学关心的始终是"关于现象所做的陈述的方式"，所以哲学始终执着于现象，而不是要绕到现象背后去发现产生现象的机制。只不过要澄清此点，还须对"现象"概念做一番梳理。

若在这里说到本质，那它指的不是外部世界的不变结构，而是我们说到"物质"就不能不说出的东西："本质在语法中道出自身"。[①]哲学不是从现象进步到现象背后的机制，而是从现象退回到关于现象的陈述，退回到我们的概念方式。据此，维特根斯坦建议把"物质是什么？"这一类问题改写成："我们把什么叫作'物质'"？这种改写只是为了减少误解，为了更明确地显示哲学的任务并不是脱开我们的概念来揭示世界的"客观"结构。所谓语言转向，精义在此。

那么，柏拉图和亚里士多德错误地理解了哲学的任务——哲学的根本任务原是概念考察，他们却把它误解成了为世界提供整体解释？这种想法之荒唐，一如说李白杜甫其实没弄清什么叫诗，我们现代诗人写的才是真正的诗。柏拉图和亚里士多德定义了哲学。古代哲学不限于我们今天所称的"哲学"，它笼统地囊括一切类型的系统知识和深思。古代哲学家关心一切学问，既关心概念考察，也关心自然机制的探索。亚里士多德不仅对运动、时间等概念进行分析，他像所有科学家一样，搜集资料、细致观察、从事实验。在古代哲学中，知识增进、经验反思、概念考察是和世界解释连成一片的。让我们回想一下亚里士多德关于不存在真空的论证。他在专门讨论这一问题的地方[②]首先说：要确定是否存在虚空，应当先了解虚空或 kenon 这个术语。他的大部分论证都是概念考察，尤

---

① 维特根斯坦：《哲学研究》，陈嘉映译，商务印书馆，2016 年，§371。我每次引用这句话都有几分犹豫，因为要适当理解这句话，必须先对维特根斯坦的一般思想做细密的讨论。这里倒是可以顺便说到，人们把维特根斯坦称作"反本质主义"。也许更好的说法是，维特根斯坦反对关于本质的某种理解：事物的本质不是由物理学才刚揭示出来，我们从来就已经领会着事物的本质。

② 亚里士多德：《物理学》，从 213b30 开始。

其是对存在虚空的主张所依据的理由的辩驳。他的一个论证是说，kenon 所意谓的真空或曰 real void，实在的虚无，差不多和方的圆一样是矛盾用语。再一个论证是说，物体的运动速度和媒介的浓度成反比，因此，物体在真空将以无限的速度运动，而这是荒唐的。后世亚里士多德学派经常采引的一个证据是虹吸现象。

哲学-科学理论并不严格区分概念考察和物理描述。这在很大程度是因为，希腊人所处的世界大体上是经验的世界，而经验的世界，包括经验世界的运行机制，大体是可以通过自然理解加以把握的。哲学-科学的主要目标不是把握纯客观的机制，而是提供对各种机制的自然理解。一种解释是否自然，是否能连回到我们的自然理解，是裁定理论是否成功的一个重要标准。在古代，天文观测资料、对抛物体运动的观察等等已经对亚里士多德体系的解释力提出了挑战。哲学-科学是理性的理论，它必须尽量合乎经验和事实。只不过，对哲学-科学来说，理论的自然性仍然是最重要的考虑之一。毕竟，总有一些现象是理论解释不了的，它们是些边缘现象。

我们曾问：柏拉图和亚里士多德为什么要关心行星轨道这些事情呢？科学-哲学家们广集见闻、勤于观察、勤于思考，尝试把遥远的见闻和日常经验联系在一起，使之得到理解。行星轨道这么重要的事情，他们理所当然会去关心。在没有近代科学方法，没有望远镜和充分的数学工具之前，在他们要把一切现象联系到切近经验的思路指导之下，他们关于行星轨道只能提供那样的解释，不是很可理解吗？无人能够否认，哲学-科学应列于人类心智最伟大的成就。

实证理论都是从思辨开始的。这一显眼的事实会诱使人们把哲学思辨理解成为实证科学进行的准备工作，把思辨理论理解为较低发展阶段的实证理论：思辨理论虽同样基于事实，由一系列合情合理的洞见和推理展开，但它的证据不够坚实，其证明不够严格；科学则建立在更坚实的证据和更严格的推理之上。古希腊的原子论、阿里斯塔克的日心说、马耶和布丰的生物进化论，这些都是思辨，与之相比，迈耶尔-门捷列夫的原子论、哥白尼-开普勒的日心说、达尔文-华莱士的生物进化论则是科学。然而，实证理论从思辨开始，并不意味着思辨理论是在为实证理论做准备。哲学-科学和实证科学是各成一体的思想形态。德谟克里特、柏拉图、亚里士多德、黑格尔的思辨是自足的思辨，旨在通过反思融通我们的经验。他们的理论不是在为某种尚在未定之天的实证研究提供有待证明的假说。科学家尽可以自由地从哲学思辨中汲取营建实证理论的灵感，他们自己也通过思辨提出各种假说，但不能反过来把哲学思辨理解为实证理论的准备。年轻人享受他的青春；只在极其有限的意义上才能说青年是成年的准备。

　　哲学-科学以建构普适理论为己任，然而，它不曾实现其提供普适理论的自我期许。二十世纪以后，大概没有哪个哲学家还幻想建立关于自然界的哲学理论了，但直到今天，哲学-科学的惯性仍在，人们仍然一而再再而三地尝试在其他领域建构普适哲学理论，我们有各种国家理论，有真理的符合论、融贯论、实用论、冗余论，有语词意义的指称论、观念论、可证实论等等。但不管建立普适理论的自信有多少，事实上却从来没有哪个哲学理论获得公认，甚至像胡塞尔、卡尔纳普那样精心构造的理论，几乎只对学院里少数几个教授有意义，我们从黑格尔、胡塞尔、卡尔纳普那里学到好多东西，但这并不要求我们接受他们的整体理论。我将尝试表明，这不是因为以往的哲学家在这里那里走错了，是哲学的自然理解本性不允许哲学成为普适理论。[①]

哲学不能提供普适理论，而另一方面，如本书尝试表明的，科学虽然成功地建立了普适理论，但它并没有达到哲学-科学欲求的普遍理解。哲学之不能建构普适理论与科学的普适理论并不提供对世界的整体理解可说是同一件事情的两个方面。为了提供纯客观世界的图画，科学不得不把最重要的东西，心灵，留在了世界画面之外。而在我们的自然理解中，世界总体上是连着我们自己的心灵得到理解的。今天有一种倾向，不假思索地认为，如果我们有什么事情弄不清楚，科学迟早会把它弄清楚。我们期待大脑神经的研究来解决意识的缘起问题、语言和思想的关系问题，期待基因研究来解决遗传与教育的问题，来解决自私和无私的问题，期待对生物择偶的研究来解决美感问题，解决幸福和不幸的问题。这些是虚幻的期待。为了揭示物质世界的机制，科学需要改变自然概念，需要构造一整套技术性概念。等我们用这些技术性概念建构起了理论，无论它能帮我们理解多少事情，却**并不能帮助我们解决自然理解中的困惑**，因为这些困惑的根子埋在我们原本用来思考、言说的自然概念里面。尽管今天的科学十分发达，尽管我们早已接受了物理学为我们提供的物质世界画面，我们仍然用平常的方式说到运动、静止、日出日落，过去与将来。我们仍然在自然概念中达到理解。我们在这个理解过程中会产生困惑，例如，谁面对时间不感到困惑？奥古斯丁在《忏悔录》中用了大量篇幅来探讨我们每个人只要对时

---

① 我在《说理》一书做了这一尝试。

间有所思考就会碰到的困惑。奥古斯丁问道：在上帝创造世界之前，上帝在干什么？他回答说，时间是随着创世一起创造出来的，因此，并没有上帝创造世界"之前"这回事。当代物理学有一套成熟的时间理论。这些极为成功、极为高深的理论，是否已经"解决了时间问题"？是否释解了奥古斯丁关于时间的困惑？我不知道你对奥古斯丁的这个回答是否感到满意。如果你听了奥古斯丁的回答仍然感到困惑，那么，你听了大爆炸之前没有时间这回事恐怕也仍然感到困惑。这种困惑，用上引维特根斯坦的那段话来说，是"关于事件的持续，关于事件的过去、现在或未来的各式各样的陈述"的困惑。而这些困惑，又和我们对生死的体悟、感叹或诸如此类的东西联系在一起。科学不可能释解这些困惑。科学是真理，但它不是全部真理，也不是首要的真理。

第三节 哲学的终结?

哲学-科学理论的目标是为世界提供理性的整体解释。亚里士多德体系是哲学-科学理论的最伟大的典范。然而，这样的理论并不能掌握纯客观世界运行的机制，而这项任务恰恰是近代科学的目标。由于目标的转变，那些本来处在边缘的现象，如今被移到了理论注意力的中心。通过仪器和实验，科学发现日新月异，近代成为一个事实爆炸的时代。哪个哲学家能把这事实的海洋收入眼中？如今，在学问的任何一个领域都有那么多专门的知识和定理，仅此一点，就注定了没有哪个个人能通过思辨营建整体理论。思辨的推理尽可以合情合理，但在常情下通行的道理，并不一定到处行得通。

水银在常温下是液体，然而到了极低的温度，水银也会冻结。实际上，物质的许多性状在超低温时都变得面目皆非。在一个特定的时间点，一个物体总有个确定的位置，这是再明白不过的道理，但这道理到了量子世界里却失效了。要解释遥远幽微的各种奇异现象，常识中所包含的道理远远不够——这些道理始终围绕着我们的自然概念，行之不远。只有数学类型的技术性论证才能达到我们经验不到的世界，把握独立于经验的客观世界结构和机制，从而成功建构关于客观世界的普适理论。同时，在这一转变中，理论能不能自然得到理解的考虑就退位了。

今天回顾，情形十分明朗：建立说明客观世界构造的理论的冲动终于通过伽利略他们找到了正确的道路。我们今天当然知道，概念考察无从建立客观的、普适的理论。经验反思和概念考察不能告诉我们物质是由哪些元素构成的，四种、五种还是一百零六种。它最多只能把我们带到"原子事实"、"感觉与料"这类无用的元素那里。我们当然知道，像天体运行轨道这样的事情应该由实证方法去探究，那不是通过思辨回答得了的问题，不是诉诸形而上学原理回答得了的问题。形而上学据称给出自然之所以如此的理由或原理，这是些什么原理呢？力必须通过接触起作用，天体轨道必然是圆的，自然厌恶真空，这些原理我们今天并不承认。**并不存在所谓的形而上学原理**。所谓形而上学原理，无非是常识所蕴含的基本道理，它们由于能够诉诸我们人人共有的理解而具有普遍性。而所谓形而上学层面上的区别，则无非是自然概念的区别罢了。

以往的哲学-科学分而成为今天的哲学和科学。今天，我们越来越清楚，哲学-科学理论包含着两项性质不同的任务，一是以概念考察为核心对经验进行反思，一是以经验反思为核心建立整体解释理论。要说这一区别在黑格尔时代还有点儿朦胧，今天它早已变得一清二楚。

近代科学继承了哲学-科学为世界提供统一理论的雄心，但它从根本上改变了提供整体理论的方式。哲学继承了哲学-科学的经验反思本性，但它不再为解释世界提供统一理论。各分得一半遗产，那么，为什么"哲学"这个名号传给了今天所称的哲学？这并非因为科学割尽了哲学的地盘，只给哲学留下了经验反思和概念考察。更多倒是因为，经验反思和概念考察从来就是哲学的出发点，即使哲学-科学力图建立统一理论这样的大业，也是从经验反思和概念考察出发的。是今天所称的哲学把这一基本认知形态继承了下来。与此相对，科学则是一种新的认知形态。今天所称的哲学在上述意义上是传统哲学名正言顺的继承者，尽管如此，我们必须看到，近代科学已经改变了哲学面貌，哲学不再是哲学-科学。

经验反思和建立整体理论的区分，诚然是事后的分法，但是这一区分，在我看，对理解西方哲学的发展具有核心意义。从这一区分着眼，可以看到科学革命前后哲学性质的根本转变。

无论古代还是在近代，我们都可以区分偏重概念考察的哲学家和偏重整体解释的哲学家。巴门尼德关于无物运动的思考和赫拉克里特关于万物永恒流变的思考偏于概念考察，德谟克里特的原子论则是最典型的思辨理论。① 柏拉图和亚里士多德各自包罗万象，

---

① 古希腊的原子论思辨对十七至十八世纪科学的影响大过其他任何哲学学说，然而从概念考察的角度看，德谟克里特等人并不被列为最重要的哲学家。

但两人相较而言,柏拉图稍侧重概念考察而亚里士多德稍侧重营建理论。康德偏重概念考察。黑格尔联通概念考察和整体解释。尽管某一哲学家可能有所偏重,但总的说来,古代哲学更偏于为世界提供整体解释,是典型的哲学-科学,[①] 近代哲学家如贝克莱、休谟、康德所从事的则主要是概念考察工作。

现在看来,至少就自然界的结构和机制而言,科学提供的才是正确的解释。地球不处在宇宙的中心,恒星不镶嵌在天球上,倒是组成各种星系,它们有生有灭,并不永恒。水不是基本元素,水也没有它的自然位置,水往低处流,是因为地心的吸引力,在宇宙飞船上水四处横飞。到二十世纪,没有哪个重要哲学家还执着于为世界提供整体解释,这项任务完全由科学共同体接过去了。所以说,科学既是哲学-科学的继承者,又是哲学的"终结者"。人们用各种各样的口气谈到这一点。海德格尔说:科学的发展定型"看似哲学的单纯解体,其实恰恰是哲学的完成。"[②] 哲学的终结意味着科学技术世界以及适应于这一世界的社会秩序的胜利,"哲学的终结意指:基于西欧思想的世界文明的开始"。[③] 西文的 telos 或 Ende,本来就有终结和目标的双重含义。阿多诺认为,一方面,哲学把科学当作自己的榜样,另一方面,哲学和科学,从亚里士多德起,就隐含着矛盾,而到笛卡尔那里,这一矛盾凸显出来。只要存在着宇宙

---

　　① 巴门尼德关于无物运动的思想,赫拉克里特关于万物永恒流变的思想,虽然偏重概念考察一端,但他们对单一原理的追求已提示了哲学-科学的方向。

　　② 海德格尔:《哲学的终结和思的任务》,孙周兴译,载于《海德格尔选集》(下),上海三联书店,1996 年,第 1244 页。

　　③ 同上书,第 1246 页。

论方面的思辨，科学就不断地剥夺形而上学要据为己有的东西。哲学有一种向科学转化的倾向，然而，"哲学变形为科学，……这并不是可庆的成熟，仿佛思想蜕去了它身上的稚气，蜕去了主观的意愿和设想。倒不如说，这一变形也葬送了哲学这个概念本身"。①

不管我们怎样描述或评估这一转变，下面的问题都不可避免：在实证科学以它的方式提供了世界的整体图景之后，哲学何为？

按照笛卡尔的看法，形而上学是学问体系的根基，各门科学都是从这个根基生长起来的。笛卡尔并不是说，从历史看，近代科学继承了哲学-科学的事业。他是说，哲学原理为科学提供了基础，不妨说，科学大厦尽可以高耸入云，但其基础是哲学提供的。本书想表明，这个主张实在很可疑。近代科学毋宁是在不断摆脱、反对形而上学原理的努力中成长起来的。如普特南所断论，科学一直反对形而上学。到今天，这一点应当十分清楚，尽管还有时不时会有人仍然妄想着为科学奠基。诚然，西方的科学家比中国的科学家富有哲学思辨的兴趣，差不多所有大科学家都熟悉柏拉图和康德，但这恐怕不能作为证据表明哲学是科学理论的基础。

不说提供基础，说提供一般性的指导吧。只怕科学家不买账。温伯格说："好的科学哲学是对历史和科学发现的迷人解说，但是，我们不应指望靠它来指导今天的科学家如何去工作，或告诉他们将要发现什么。"温伯格愿意承认"哲学家的观点偶尔也帮助过物理学家"，不过，这"一般是从反面来的——使他们能够拒绝其他哲学

---

① 西奥多·阿多诺（Theodor Adorno）：《反对认识论》（*Against Epistemology*），布莱克威尔出版社，1982年，第41—42页。

家的先入为主的偏见"。[1] 哲学家怀特海也这样说，说得简明干脆："科学拒绝承认哲学"。[2]

那么，不说奠基和指导，哲学也许是对自然科学和社会科学的事后总结和概括？把科学上升到哲学的更高层次？且不问哲学怎么一来就是一个更高的层次，只问问这种上升这种概括有多大意义？再说，你连一门科学都不精通，你怎么概括全部科学？

逻辑实证主义不承认有高于科学的哲学，也不认为哲学和科学并列。哲学该做的是另一件事情："哲学使命题得到澄清，科学使命题得到证实。科学研究的是命题的真理性，哲学研究的是命题的真正意义。"[3] 真有哪个科学家等到哲学家澄清了命题的真正意义才开始去证实它吗？也许他等不及哲学家澄清就开始去证实一些意义含混不清的命题了？科学事关一种狭义的真理而哲学事关意义和理解，维特根斯坦的这一思想在逻辑实证主义的浅薄框架中窒息了。哲学和科学并非分别关心同一些命题的意义和真理性，它们是用不同的语言或曰"命题"开展其工作的。

也许，关于自然，我们有两种类型的理论，一类是科学理论，一类是哲学理论。牛顿以后，物理科学成功地建立了自己的理论，而在此之后，十八世纪末，德国古典哲学家重新兴起了自然哲学。黑格尔的自然哲学是一个代表。科学研究时间、空间、力、粒子、化合，

---

[1] S. 温伯格:《终极理论之梦》，李泳译，湖南科学技术出版社，2003 年，第 132—133 页。这一章(第七章)的标题是"反对哲学"。

[2] 怀特海(Alfred North Whitehead):《科学与近代世界》(*Science and the Modern World*)，自由出版社，1997 年，第 16 页。

[3] 石里克:《哲学的转变》，载于洪谦主编，《逻辑经验主义》，商务印书馆，1989 年，第 9 页。

哲学在另一个上下文中也研究这些。虽然黑格尔早就认识到"哲学是概念性的认识"，[①] 换言之，"整个哲学的任务在于由事物追溯到思想，而且追溯到明确的思想"，[②] 然而，他仍然怀有重建亚里士多德型哲学的希冀，相信我们可以通过"概念性的认识"揭示宇宙的本质。用伽达默尔的话说，那是最后一个意在综合自然和历史、综合自然和社会的宏大哲学体系，其秉持的理想是"最为古典的诉求"——"通过存在的逻各斯来思考"。[③] 黑格尔在柏林大学讲授其《哲学全书》，他在开讲辞的结尾处说："精神的伟大和力量是不可低估和小视的。那隐蔽着的宇宙本质自身并没有力量足以抵抗求知的勇气。对于勇毅的求知者，它只能揭开它的秘密，将它的财富和奥妙公开给他，让他享受。"[④] 这里所说的"隐蔽着的宇宙本质"只能理解为思想的本质，如果理解为物理本质，那它确实有力量抵抗精神的力量。不管黑格尔思想在其他方面还多么充满活力，他尝试提供普适理论的哲学体系从他死后就成为笑柄，而黑格尔哲学在他身后很快没落，成了"死狗"，一个重要原因就在于他的自然哲学太牵强了。而从那时到现在，也一直很少有人再认真对待黑格尔的自然哲学。[⑤] 在科学革命之前写自然哲学是一回事，在那之后还写

---

① 黑格尔：《小逻辑》，贺麟译，商务印书馆，1980 年，第 327 页。

② 同上书，第 230 页。

③ 伽达默尔：《科学时代的理性》，弗雷德里克·G. 劳伦斯译，麻省理工学院出版社，1983 年，第 24 页。

④ 同上书，第 36 页。上面说到，现象的机制可以自然地得到理解，这构成了科学-哲学的基本信念。黑格尔的这段话就明确表达了这一信心。

⑤ 最近几十年黑格尔重新得到重视，更多是由于他的政治哲学，而不是他的宇宙体系又引起了人们的兴趣。

自然哲学是另一回事。今天，我们眼前摆满了前所未知的事实，这些事实是由复杂科学理论引导下所设计的实验产生出来的，只有那些复杂的科学理论能为之提供合理的说明。**我们的自然理性或曰"存在的 logos"无法把这些事实容纳到条理一贯的理论中去。**如果能够，一开始也不会出现从哲学到科学的转型了。且不说实际上一开始就只有借助科学理论的语言才能确切地陈述这些事实。

相形之下，奥斯特瓦尔德的《自然哲学讲演录》《自然哲学概论》是更地道更传统的自然哲学。但奥斯特瓦尔德把自然哲学视作自然科学的一部分，是"自然科学的最普遍的分支"。[①] 自然科学里该有这样一个分支吗？"最普遍的分支"这话本身就费商量。自然哲学不是科学的一个分支，它是哲学的一个分支，它是前实证科学时代的关于自然的理论体系，面对成熟的实证科学，自然哲学总体上已经丧失了生命力。诚然，我们随时都可以在实证科学尚未到达的领域里继续富有成果的哲学思辨，薛定谔的《生命是什么？》就是一个突出的例子。它可以引导科学进入这一领域，并在最初为实证研究提供启发，但这样的思辨说不上是系统的理论，一旦实证科学在这个领域内建立起可靠的理论，这类先知类型的著作，智慧仍在，其具体内容则不再重要。

十九世纪，一大批哲学家尝试在 Naturwissenschaften〔自然科学〕和 Geist-wissenschaften〔精神科学〕之间画出界线。我们可以建立实证性质的物理学理论、化学理论、生物学理论、生理学理论，

① F. W. 奥斯特瓦尔德：《自然哲学概论》，李醒民译，商务印书馆，2012 年，第 3 页。

但我们无法用实证方法建立人的理论，国家的理论和社会的理论。然而，也就是在十九世纪末二十世纪初，关于人和社会的研究开始大规模地采用实证方法，语言学、心理学、人类学、社会学、经济学、政治学。这差不多应了马克思的预言："在思辨终止的地方，在现实生活面前，正是描述人们实践活动和实际发展过程的真正的实证科学开始的地方。关于意识的空话将终止，它们一定会被真正的知识所代替。"①

科学似乎把人的领域也拿过去了，知识世界似乎最终已经被各门科学瓜分完毕。哲学李尔王还剩下什么？孔德说，剩下逻辑。但据我所知，今天多数逻辑学家把逻辑学视作一门独立科学，若把它归并到哪个大学科里，它也更该归并到数学名下而非哲学名下。

伦理学、美学这样的学科还没有实证化，也许永远无法实证化。它们没有变成科学，幸欤，不幸欤？除了它们使用一些不大好懂的词汇，它们和德育课程和读诗感想有什么区别吗？

据说，哲学是世界观。没有哲学我们也有世界观。我们可以有儒家的或道家的世界观，可以有信鬼信巫的世界观。且不说这种提法太宽泛了，无法把哲学和神话、宗教等其他精神形态区分开来，且让我们反过来看一看，有谁会说到哲学的世界观。那还不如说我

---

① 马克思：《德意志意识形态》，载于《马克思恩格斯选集》第一卷，人民出版社，1995年，第73—74页。在所引的这段话之后，马克思接着说："对现实的描述会使独立的哲学失去生存环境，能够取而代之的充其量不过是从人类历史的观察中抽象出来的最一般的结果的概括。这些抽象本身离开了现实的历史就没有任何价值。它们只能对整理历史资料提供某些方便，指出历史资料的各个层次的顺序。但是这种抽象与哲学不同，它们绝不提供可以适用于各个历史时代的药方或公式。"在这里，马克思明确区分了前实证科学的哲学思辨和后实证科学的抽象概括活动，对后者的价值颇为小视。

们应当具有科学的世界观呢。哲学是世界观的提法完全忽略了哲学之为"学"。世界观指称一种总体态度，不是"学"。离开了学，离开了和科学的紧密联系，我们仍然可以在周末消闲版上把哲学进行到底，用随感和格言写写大众喜闻乐见的人生哲学。我们不再有帕斯卡那种"随感录"，那种 pensée，思想。

哲学真的无事可做了吗？让我们想想那个常见的比喻：哲学是母体，科学是先后出生的孩子。或者，哲学是太阳，科学是行星。奥斯汀把哲学比作"处在中心的太阳，原生旺盛、狂野纷乱"，过一阵子它会甩出自身的一部分，成为一门科学，就像一颗行星，"凉冷、相当规则，向着遥遥的最终完成状态演进"。[①] 罗森堡一一列举说："从古希腊到现在的科学史，是哲学中的某一部门不断从哲学中分化出来成为一门独立学科的历史"：公元前三世纪，欧几里得几何学；十六至十七世纪，伽利略、牛顿的物理学；1859 年，达尔文的生物学；二十世纪初，心理学；最近五十年来，逻辑学催生了计算机科学。[②] 母亲和孩子，拉斐尔的圣家庭，倒是一幅美好的画面。但我们现在关心的是这个比喻的下文：儿女茁壮成长，母亲逐渐衰老。衰老到什么程度呢？哲学是否已经死亡？

奥斯汀总是乐观积极的，太阳的比喻适合他：太阳甩出来的物质形成了行星，那不过是太阳的一小部分物质罢了，太阳仍然是永恒的母亲。哲学是所有未加明确分科的生趣盎然的思想探索，这的

---

① J. L. 奥斯汀（J. L. Austin）：《诸种如果与诸种能够》（Ifs and Cans），载于《哲学论文集》（*Philosophical Papers*），克拉伦登出版社，1961 年，第 180 页。

② 亚历克斯·罗森堡：《科学哲学》，刘华杰译，上海科技教育出版社，2004 年，第 2 页。

确是对哲学的一个出色的描述；然而，在科学革命以后，物理学成了太阳，或至少是另一个太阳，化学、生物学等等，即使仍然是从哲学太阳甩出来的，一旦甩出来，就产生出 physics envy（羡物理学情结），开始围绕物理学周行，不再成为哲学太阳的行星。进一步，现代科学越来越多从它自身分岔，不再从哲学寻求灵感了。在上引的那段话里，奥斯汀考虑的是语言学尤其是语义学和哲学的关系，然而，语言学尤其是语义学和其他科学并不同类。

哲学还能做什么？据罗森堡，每一门独立出来的科学都有一些它自身不能解答的问题，把它们留给哲学。例如，数学不回答或不能回答数是什么，牛顿物理学不回答或不能回答时间是什么。用时、分、秒这样的术语去定义时间并不回答时间是什么，这种"定义"涉及的是时间的单位，而不是所测量的内容。数是什么这样的问题，科学现在不能回答，甚至永远不能，这样的问题要由哲学来回答，此外，"有关为什么科学不能回答第一种类型问题的问题"也要由哲学来回答。[①]

科学现在不能回答和永远不能回答的问题是两类根本不同的问题，不宜混为一谈。科学现在无法回答无机物通过何种机制产生生命，但这仍是一个典型的科学问题，因为它寻问机制。假以时日，科学有望回答这个问题。这里的要点是，无论科学现在乃至将来能不能回答这类问题，哲学都无望回答它们。

再说，爱因斯坦没有回答时间是什么的问题吗？布里齐曼甚至会争辩说，关于时间，我们要弄清楚的只是怎么测量而已，只是怎

---

① 亚历克斯·罗森堡:《科学哲学》，刘华杰译，上海科技教育出版社，2004 年，第4—5 页。

样用时、分、秒这样的术语去定义时间，此外并没有什么东西叫作
"时间的内容"。罗森堡也许是对的，布里齐曼和爱因斯坦所讨论的
时间，似乎和我们所关心的时间并不完全重合，这要从自然概念和
技术性概念的角度来加以分辨，"时间的单位"和"测量的内容"这
些用语有点儿不着边际。

　　罗森堡接着把哲学问题说成"规范性的问题"，例如何者为正
义，何者为善，我们应当怎么做。科学是描述的或实证的，从原则
上不回答或不能回答这些问题。[①] 这里似乎出现了某种混乱。且不
说哲学是否真的能够教导我们应当做些什么，单说数是什么和我们
应当怎么做，它们一眼望去就是截然不同的两类问题，想不出依据
什么道理把它们放到一处。

　　哲学也许还剩下另外一些工作可做，哲学家还可以对上帝或
其他奥秘进行思考，对自然和历史提供先验思辨，还可以参与文化
批评。好吧，哲学还没有完全失业，还有些事情是科学不能做的或
不愿做的。不难注意到，罗森堡，像很多论者一样，是从"哪些是
科学不能做的"这个反面角度来谈论哲学任务的，仿佛世上有好多
并列杂陈的工作要做，科学承担了其中大部，没关系，哲学就从事
剩下的那些。然而，科学并不是在招聘目录上捡走了一些或大半任
务，科学是从哲学内部接过了建构普适理论这一根本任务。科学一
步步瓜分曾由哲学垄断的知识世界这一叙事，无论多么常见，都是
浮面之谈。科学取代哲学，不在于知识领域的瓜分，而在于知识观

---

　　① 亚历克斯·罗森堡：《科学哲学》，刘华杰译，上海科技教育出版社，2004年，
第5页。虽然科学也许能够回答诸如"为什么这里的人认为这是正义的，或善的。"

念的根本转变，占主导地位的认知形态变了，或说对"真实"的主导定义发生了转变。哲学所需要的，不是检点还残留了哪些事情可做，而是从内部反思自身的历史，获得更清醒的自我认识，获取新鲜的生命形态。

第四节　哲学何为？

科学革命之后的哲学，逐渐丧失了哲学-科学的性质，从对世界的整体解释退回到概念考察的领域。今天的哲学早已不再是亚里士多德式的哲学，也不可能还是那样的哲学。那么，今天的哲学的任务是什么？我希望就这个问题提出比较系统的看法，眼下，我要做的只是沿着本书的论述脉络提一点儿导论式的看法。[①]

在我看来，哲学是道理之学。哲学关心包含在经验和概念之中的道理，明述这些道理，并把它们勾连贯通。科学不是明述的自然理解，哲学却是。我们普通人会正确使用鱼、鸟、感觉、好坏这些概念，就此而言，我们已经知道包含在这些词里的道理，但我们不一定知道怎样明述这个道理，明述我们在使用中已经知道的东西。[②]

哲学不止于明述经验中包含的道理。道理连着道理，哲学家不断追索浅显道理背后的深层道理。这种追索时常把他引到与常识相反的结论那里。前面说到，科学理论会提出日心说、空间弯曲等

---

① 此即《说理》一书。

② 这也是 know how（知道怎样使用）和 know that（在命题层面上知）之区别的一例。

等不同于常识的结论；哲学家的结论也可能与常识大异其趣。我们看到有的东西在动，有的东西在静止，巴门尼德和芝诺却断言：无物运动；而赫拉克里特得出相反的结论：无物静止。我们明知白马也是马，公孙龙子非要证明白马非马。我们看见树林、牛羊、桌子板凳，罗素和艾耶尔却告诉我们，我们看到的其实都是 sense-data，感觉与料。我们平常人相信有很多事物，应该说，差不多所有事物，都是在我之外存在的，但笛卡尔和贝克莱却怀疑外部世界是否存在，或者干脆断定外部世界并不存在。我们平常看到人和人是不平等的，有的婴儿一落地就又白又胖，有的生出来就是个畸形儿，有人生在豪富之家，有人生在赤贫之家；哲学家却会主张，人生而平等。不管我们是否接受这些古怪的结论，但有一点是清楚的：哲学结论与常识相乖异，不同于科学结论与常识相乖异。实证科学从一开始就致力于从外部处理资料，因此不在意创立很难或无法得到自然理解的概念，如不可见光等等，这些概念原则上无法用自然语言来表述，它也不在意我们是否能依赖常识来理解它的结论，例如理解波粒二象性。与之对照，哲学，包括哲学-科学理论，其所依据的所有道理都来自常识，无论它得出的结论多么有悖常识，它们所依的道理都需要常识认可，一定要能够用常识所能理解的论证来向常识证明自己。哲学结论不是通过对世界的探究而是通过经验反省达到的，它们始终依赖于我们能够自然理解的道理。白马非马这个论断够古怪的，但公孙龙子是从我们都同意的前提一步步推论出来的。存在即是被感知，物质世界并不存在，这个主张和常识不合，但贝克莱却明称，这些都是人们观察世界的自然方式，尽管人们自己没有意识到是这样。他的非物质论是要"把人们唤回到常识"。

罗素同样声称他的哲学有意维护"健全常识"。不妨说，在他们看来，那些古怪的结论其实就潜藏在平常理解之中，思想通过对平常理解作更深刻的反思达乎这些见解。

哲学家的论断当然并不都对。白马当真不是马？当真无物运动？在什么意义上人生而平等？某个哲学论断是否来自正当的推理，抑或是在表述和推论的过程中偷换了概念，这需要具体探讨。我这里想说的是，由于哲学必须与常理相通，**我们普通人原则上可以依赖自己的心智对哲学论断做出评价**。哲学结论既然来自经验反思和概念考察，我们就能够通过经验反思和概念考察来检查哲学论证的正误，无须等待更多的证据。科学结论就不是这样。一个结论来自违背常识的波粒二象性这样的概念框架，并不是我们拒斥这个科学结论的理由。由于科学理论意在从外部说明资料，有时我们就需要等待更多的观察-实验证据才能够判断一个结论的真伪。

哲学是自我反思的理性，这包括对它自身任务的反思——它通过这一反思不断努力获得正当的自我理解。前面说到，经验反思和概念考察从来就是哲学的出发点，今天的哲学继承了哲学-科学的这一认知形态。但它已经知道，这种思考方式不能为世界运行的机制提供理论。哲学不能建立大一统的理论，不能为任何问题提供唯一的答案，不能为未来事件提供预测。这些都是实证科学的特点。科学通过巨大的努力摆脱了形而上学的统治；哲学面临着相应的任务：**哲学需要摆脱实证科学的思想方式**。

哲学-科学曾以建构普适理论为己任。二十世纪以后，大概没有哪个哲学家还幻想建立关于自然界的哲学理论了，但直到今天，哲学-科学的惯性仍在，人们仍然一而再再而三地尝试在其他领域建构普适哲学理论，我们有各种国家理论，有真理的符合论、融贯论、实用论、冗余论，有语词意义的指称论、观念论、可证实论等等。但不管建立普适理论的自信有多少，事实上却从来没有哪个哲学理论获得公认，甚至像胡塞尔、卡尔纳普那样精心构造的理论，几乎只对学院里少数几个教授有意义，我们从黑格尔、胡塞尔、卡尔纳普那里学到好多东西，但这并不要求我们接受他们的整体理论。我希望本书的论证已强烈提示，哲学不可能建立任何普适理论。我也希望有机会对此进行更完备的专题论证。

与营建哲学理论的冲动相呼应的有另一种倾向，人们不假思索地认为，如果我们有什么事情弄不清楚，科学迟早会把它弄清楚。我们期待大脑神经的研究来解决意识的缘起问题、语言和思想的关系问题，期待基因研究来解决遗传与教育的问题，来解决自私和无私的问题，期待对生物择偶的研究来解决美感问题，解决幸福和不幸的问题。这些是虚幻的期待。我们都知道，奥古斯丁在《忏悔录》中用了大量篇幅来探讨我们每个人只要对时间有所思考就会碰到的困惑。奥古斯丁问道：在上帝创造世界之前，上帝在干什么？他回答说，时间是随着创世一起创造出来的，因此，并没有上帝创造世界"之前"这回事。当代物理学有一套成熟的时间理论。这些极为成功、极为高深的理论，是否已经"解决了时间问题"？是否释解了奥古斯丁关于时间的困惑？我不知道你对奥古斯丁的这个回答是否感到满意。如果你听了奥古斯丁的回答仍然感到困惑，那么，你听了大爆炸之前没有时间这回事恐怕也仍然感到困惑。不管物理学或任何别的科学提供给我们什么普适理论，我们仍然在经验这个世界，我们仍然用平常的方式说到运动、静止、日出日落，过去与将来。对时间感到的困惑，用上引维特根斯坦的那段话来说，是"关于事件的持续，关于事件的过去、现在或未来的各式各样的陈述"的困惑。而这些困惑，又和我们对生死的体悟、感叹或诸如此类的东西联系在一起。这些困惑，不是物理学所能释解的，当然，也不是物理学所要解释的。科学成功地建立了关于物理世界的普适理论，但它并没有达到哲学-科学欲求的普遍理解，因为它把最重要的东西，心灵，留在了世界画面之外。科学是真理，但它不是全部真理，也不是首要的真理。

今天，科学昌明，我们也早已接受了物理学为我们提供的物质世界画面，但我们仍然在经验世界，仍然用自然语言"陈述"世界，有些经验，有些陈述，仍然让我们感到困惑。由此，我们反思这些经验和这些陈述，以期揭示自然理解之中错综复杂的联系，克服常识的片断零星，使我们的理解在这里在那里变得连贯一致。这种连贯总是局部的、多义的、不固定的。理解向来与我们变迁不定的生活世界联系在一起，也许有人能入乎万物一体的融通之境，但没有人能够提供对世界的巨细无遗的完整理解。

哲学通过反思求取理解。于是，人们会说哲学家专尚空谈，并不能提供新知识。科学家不是这样，他要研究物质和心灵，不只是总坐在那里考虑物质、心灵及其相关概念，他通过电子显微镜乃至粒子对撞机去发现或制造更多的关于物质结构及物质微粒相互作用的事实，他在我们脑袋上绑上电极，仔细记录脑电图的谱线。他创造新概念，提出假说，建构理论，进行计算，站在事实之外为这些事实提供说明。哲学放弃了探索事物的"客观结构"的任务，在这个意义上，哲学的确并不提供新知识。然而，**明白道理也是知**，也许是最重要的知。庄子说："天下皆知求其所不知而莫知求其所已知者"，^① 老子甚至说，"为学日益，为道日损"。他们早已明知，哲学家不是要知道更多，他在我们已经知道的事情中逗留，在已知的事情里求清楚的道理。哲学之知的确不是今人通常所称的知识。它使我们更加明白自己是怎样理解世界的，从而加深我们对世界的理解。

---

① 《庄子·外篇·胠箧》。

图书在版编目(CIP)数据

哲学·科学·常识/陈嘉映著. —北京:商务印书馆,2023
(陈嘉映著译作品集;第4卷)
ISBN 978-7-100-22226-6

Ⅰ. ①哲…　Ⅱ. ①陈…　Ⅲ. ①科学哲学—研究
Ⅳ. ①N02

中国国家版本馆 CIP 数据核字(2023)第 052129 号

陈嘉映著译作品集
第 4 卷
哲学·科学·常识
陈嘉映 著

商 务 印 书 馆 出 版
(北京王府井大街 36 号　邮政编码 100710)
商 务 印 书 馆 发 行
北京市十月印刷有限公司印刷
ISBN 978-7-100-22226-6

2023 年 6 月第 1 版　　　开本 710×1000　1/16
2023 年 6 月北京第 1 次印刷　印张 22¾
定价:112.00 元

陈嘉映著译作品集